科技部科技基础性工作专项（2013FY113000）系列成果

国家科学技术学术著作出版基金资助出版

疑源类化石图鉴

Illustrated
Book
of
Organic-Walled
Microfossils

尹磊明　袁训来　孟凡巍　编著

ZHEJIANG UNIVERSITY PRESS
浙江大学出版社

图书在版编目（CIP）数据

疑源类化石图鉴/尹磊明,袁训来,孟凡巍编著.
—杭州：浙江大学出版社,2018.11
ISBN 978-7-308-18633-9

Ⅰ.①疑… Ⅱ.①尹… ②袁… ③孟… Ⅲ.①疑源
类—化石—世界—图集 Ⅳ.①Q915.81－64

中国版本图书馆 CIP 数据核字（2018）第 214368 号

疑源类化石图鉴

尹磊明　袁训来　孟凡巍　编著

责任编辑	伍秀芳（wxfwt@ zju. edu. cn）　吴伟伟	
责任校对	陈静毅　梁　容	
封面设计	程　晨	
出版发行	浙江大学出版社	
	（杭州市天目山路 148 号　邮政编码 310007）	
	（网址：http://www. zjupress. com）	
排　　版	杭州林智广告有限公司	
印　　刷	浙江省邮电印刷股份有限公司	
开　　本	787mm×1092mm　1/16	
印　　张	24.5	
字　　数	602 千	
版 印 次	2018 年 11 月第 1 版　2018 年 11 月第 1 次印刷	
书　　号	ISBN 978-7-308-18633-9	
定　　价	188.00 元	

浙江大学出版社市场运营中心联系方式：（0571）88925591；http://zjdxcbs. tmall. com

前　言

在研究我们所在星球——地球的生物圈演化史和探寻生物化石记录的过程中,我们发现,海洋微体浮游生物的化石几乎记录了整个地球生物圈的形成和演变。由于这些微体浮游生物是基础的食物链分子,对它们的研究可以为恢复不同地质时期的古地理、古生态环境、古气候的原貌等提供重要的基础资料。它们大多是具有有机质壁的单细胞或多细胞微体浮游植物,且数量丰富,在沉积岩及中—轻度变质岩中皆有保存,因此,研究它们死亡埋葬过程中细胞或囊胞的质、壁分解产物,对于有机矿藏的探寻和开发具有重要意义。

2006年,在收集和整理国内关于前寒武纪和古生代疑源类化石(微体浮游生物化石之一)的资料的基础上,编著者之一(尹磊明)整理、编著并出版了《中国疑源类化石》一书,该书介绍了疑源类化石的基本形态特征和分类命名,并着重对在我国出现的前寒武纪、早古生代地质时期疑源类化石及其组合面貌进行了整理。近年来,随着国内外地质、古生物工作者对微体浮游植物化石的研究更加广泛和深入,新的资料不断涌现,加之国民经济发展的迫切需求,我们有必要对疑源类化石及其他微体浮游植物化石(如蓝菌和隐孢子等)做更全面的整理和介绍,特编著本书。本书是全球各地质时期疑源类化石的浓缩版,共呈现了近400幅精美图版,这些图版按不同时代排序,便于应用。另外,我们还对疑源类及其他微体浮游植物化石的生物地球化学特性及其在不同地质生态环境中的作用和影响做了简要陈述。

为方便读者,尤其是从事相关学科调查研究和实际应用人员的查询,本书采用图鉴方式,在整理自20世纪70年代以来国内外相关核心刊物文章和出版物的基础上,着重选择、译释世界不同国家和地区记述、发表的显生宙地质时期重要疑源类和其他浮游植物化石属、种,并配以清晰图像。编著者对所引文章的作者及相关期刊、书籍的出版商和出版社的支持深表谢意,并衷心感谢那些提供已出版的化石标本原始图像的作者。

目　　录

第一章　微体浮游植物化石一般形态学及应用

自 20 世纪末,国际化石孢粉学界将凡是应用化学浸渍或物理超声波等方法获得的,直径为 5~500μm,具有由几丁质、假几丁质或孢粉素等有机组分构成的膜壳壁的微体动、植物化石,皆归属为"孢粉类群",并冠之"孢粉型化石"(palynomorphs),诸如沟鞭藻囊胞(dinoflagellate cysts)、疑源类(acritarchs)、孢子(spores)、花粉(pollen)、真菌(fungi)、虫牙(scolecodonts)、节肢动物器官(arthropod organs)、几丁虫(chitinozoans)、微有孔虫(microforams)等。本书着重描述疑源类化石,并收集、整理了部分常见的蓝菌和隐孢子的已知资料。

一、疑源类

(一) 疑源类一般形态及分类

Evitt(1963a,b)将"疑源类"定义为:"未知或可能有多样生物亲缘关系的小型微体化石,由单一或多层有机成分的壁包封的中央腔组成;它们的对称性、形状、结构和装饰多种多样,其中央腔封闭,或以孔状、撕裂状不规则破裂、圆形开口(圆口)等多种方式与外部相通。"它们是一个未知或不确定生物亲缘关系的有机质壁微体化石类群,可能代表包括海生杂色藻、绿藻和单细胞原生物的化石化有机质壁囊胞,以及一些真菌孢型、高等生物的卵及其他非海相形态类型。此外,一些不能确定生物亲缘关系的定形、非定形集合体或多细胞微体化石也被纳入疑源类。疑源类的膜壳表面,除部分光滑、无明显雕饰外,都显现不同大小及形态的雕饰,其中许多术语与孢粉学的一般术语相同,如 Eisenack et al. (1973)曾给出常见疑源类的壳壁表面雕饰类型:光滑(psilate)、皱(rugulate)、粗糙(scabrate)、条纹(striate)、网状(reticulate)、丝状(filose)或纤毛状(ciliate)、颗粒(granulate)、齿状(denticulate)或棘刺(echinate)、疣(verrucate)、棒杆(baculate)或基柱(pilate)、棒瘤(clavate)、鲛粒(shagrinate)等。

疑源类的壁结构涉及内部超微结构和外包被壁的化学组分。疑源类通常保存了原始的有机质成分,这些有机质成分没有被无机矿物替代或石化。壁结构所含的孢粉质产物能在不利的环境条件下完好保存生命原生质体,因为孢粉质是一种与酯相关的类胡萝卜素派生物,它是疑源类避免成岩作用破坏且抗酸、碱的主要化学组分之一。

Talyzina & Moczydłowska(2000)应用超薄切片及扫描和透射电子显微镜技术,对收集自爱沙利亚寒武纪早期的不同疑源类属、种标本进行了壁结构观察研究,其结果表明不同疑源类类型标本的壁存在从单层至多层结构的区别。这里从中选择了三个常见疑源类形态类型的壁结构电子显微镜图像,如图 1.1 所示。

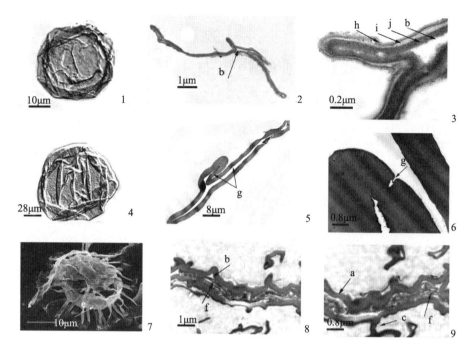

图 1.1　三个常见疑源类形态类型的壁结构电子显微镜图像
（图像及说明修改自 Talyzina & Moczydłowska（2000））

1—3.　光面球藻（未定种）（*Leiosphaeridia* sp.）。1. 标本的光学照相；2, 3. 标本经超薄切片后，在透射电子显微镜不同倍数下显示膜壳壁及壁的多层结构。图中"b"为内腔，"h"为外层，"i"为浅色、电子稀薄的中间层，"j"为暗色、电子致密、均匀的内层。

4—6.　娇嫩塔斯曼利藻（*Tasmanites tenellus* Volkova, 1968）。4. 标本的光学照相；5, 6. 标本经超薄切片后，在透射电子显微镜不同倍数下显示均匀、致密、暗色的电子壁层。图中"g"为穿过壁的孔道。

7—9.　压缩斯克阿棘藻（*Skiagia compressa*（Volkova, 1968）Dowie, 1982）。7. 标本的扫描电子显微镜照相；8, 9. 标本经超薄切片后，在透射电子显微镜不同倍数下显示均匀、致密、暗色的电子壁层。图中"a"为膜壳壁电子致密层，"b"为内腔，"c"为突起，"f"为膜壳内部可能呈现颗粒状保存的细胞质体。

　　疑源类依据膜壳形状和突起在膜壳的分布情况，建立了 13 个形态亚类和 1 个未定（uncertain）亚类（Downie *et al.*, 1963）。这 13 个形态亚类包括：

- ◆ 棘刺亚类 Acanthomorphitae
- ◆ 多角亚类 Polygonomorphitae
- ◆ 棱柱亚类 Prismatomorphitae
- ◆ 对弧亚类 Diacromorphitae
- ◆ 蛋形亚类 Oömorphitae
- ◆ 舟形亚类 Netromorphitae
- ◆ 双棱亚类 Dinetromorphitae
- ◆ 冠形亚类 Stephanomorphitae
- ◆ 翼环亚类 Pteromorphitae
- ◆ 栅壁亚类 Herkomorphitae
- ◆ 扁体亚类 Platymorphitae
- ◆ 球形亚类 Sphaeromorphitae
- ◆ 套球亚类 Disphaeromorphitae

（二）疑源类保存及研究方法

疑源类绝大多数是海生的浮游原生生物,它们通常保存在海相碳酸盐岩和细碎屑岩中。细碎屑岩是指粉砂级(粒径一般在0.1mm以下)的页岩、粉砂岩、泥岩等,它们通常形成于较深的水沉积环境。在沉积和固结成岩过程中死亡、埋藏的具有机质壁的浮游生物,一般没有受到矿物重结晶或组合的直接破坏,加之细碎屑岩的沉积和形成环境相对其他岩石类别更为宽广,更少受各种地球化学条件的约束或限制,因此,细碎屑岩是埋藏和保存浮游原生生物最多的岩石类别。

沉积形成的硅质层、燧石结核、磷块岩等也保存了丰富的浮游原生生物化石标本。此外,在中—轻度沉积变质岩,如常见的千枚岩、板岩,甚或大理岩,也可观察和收集到它们的遗迹。

迄今,收集疑源类化石标本最适用的方法,依然是常规的孢粉化石分析处理方法,即应用盐酸、氢氟酸溶解去除岩石样品中的钙质、硅质胶结物,从不易溶解于酸的有机质残留物中,应用比重差异的重液或不同孔径尼龙编织的"筛绢"进行分选和收集。此种方法几乎适用于从所有沉积岩和中—轻度变质岩收集疑源类化石标本。应用上述方法收集的化石标本,由于历经埋藏、成岩过程中的细菌分解、外力挤压、热熏烤和氧化—还原作用,一般为扁平状,且呈现不同程度的"热成熟",反映出从浅色,逐渐深色,乃至黑色,直至石墨化的变化。另外,在氢离子浓度高的还原环境,常有铁的氢化物,即呈立方晶体形或聚合生成含多个晶体或非晶形的霉球状黄铁矿;在如此沉积环境保存的疑源类化石标本,由于经受了黄铁矿的挤压及嗜硫细菌的分解,它们的膜壳壁上常留下次生形成的,大小和分布不规则的,多边形、近圆形的压迹或孔洞(图1.2)。

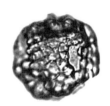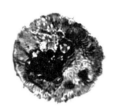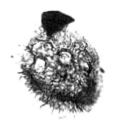

图1.2　疑源类标本的膜壳壁显示被黄铁矿挤压留下的多边形孔洞

从硅质层或燧石结核中观察、收集渗透矿化的疑源类及其他浮游生物标本,通常采用的方法是在光学显微镜下辨识它们在岩石不同厚度的切、磨薄片中所保存和呈现的二维或三维形态结构。疑源类多数有封闭的膜壳,膜壳内外的硅质矿物明显不同;在偏光显微镜下观察,膜壳外围绕的是自形、半自形石英结晶,膜壳内则是呈现波状消光的玉髓等硅质慢结晶矿物(图1.3)。

另外,对碳酸盐岩、黑色页岩和硅质燧石等的小粒样品或岩石薄片,可预先用少量稀释盐酸或氢氟酸刻蚀、清洗、干燥后,放在扫描电子显微镜下观察和照相,从中获取通常在光学显微镜下难以观察和捕捉到的微米级,乃至纳米级保存的"超微小化石"(图1.4)。

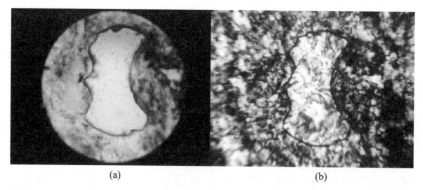

图 1.3 原位保存在埃迪卡拉系陡山沱组燧石中的大型疑源类化石标本。在偏光显微镜下观察(b),疑源类膜壳壁外被自形、半自形石英结晶围绕,膜壳内具有呈现波状消光的玉髓矿物

图 1.4 从湖北宜昌地区埃迪卡拉系陡山沱组二段黑色页岩发现、收集的超微小化石和有机质结构物(引自 Borjigin *et al.*, 2014)

此外,对碎屑岩酸泡溶解后的残留有机物应用光学显微镜或电子显微镜仔细观察,有时能获得意想不到的微体生物遗迹。这可为探寻和收集早期生命化石遗迹提供有意义的补充资料(图 1.5)。

图 1.5 丝状藻类和可疑的生物化石碎片。(a)保存在山西永济地区中元古界汝阳群北大尖组页岩的球形石英颗粒中的丝状藻类化石;(b)、(c)从湖北宜昌地区埃迪卡拉系陡山沱组二段黑色页岩提取的可疑的生物化石碎片

二、蓝菌(Cyanobacteria)

蓝菌作为行光合作用的原核生物,其大多数皆是光照环境的类型。它们是地球上数量最多的生物。据保守估计,它们的全球生物量可折合成 3×10^{14} g 有机碳,或 10 亿吨(1×10^{15} g)湿生物质(Garcia-Pichel *et al.*, 2003)。蓝菌是行含氧光营养的原核微生物,形态多样,单细胞或多细胞(数个细胞以细胞质彼此连接),单个或群体,球形的或丝状的,还有形态特异类型。它们的基本能量来源于色素的光合作用。如同许多其他原核生物,蓝菌也是以拟有性过程为特征,即通过细胞间遗传物质的部分交换来繁殖(Kumar,1985;Wasser, 1989)。

当前,蓝菌划归为两个分类单元,即球子亚目(Coccogoneae)和段殖体类(Hormogoneae)。

(一)蓝菌简介

(1) 色球藻纲(Chroococcophyceae)

本纲包括简单球形、椭球形的,有时类型较复杂的单细胞蓝菌,其细胞裸体有单层至多层衣鞘,它们以单个或群体出现。它们以细胞有序或无序分裂的生殖方式,生成外生孢子(exospores)或内生孢子(endospores)。按系统分类,该纲包括 3 个目、5 个科,现简单介绍如下。

- 色球藻目(Chroococcales)
- ·色球藻科(Chroococcaceae)

由单个或多个细胞构成的多种形态的蓝菌,无衣鞘或具有单层至多层衣鞘。

- ·石囊藻科(Entophysalidaceae)

主要是由群体构成的蓝菌。它们与色球藻科分子水平上的区别,在于细胞的极性生长以及由嵌入在黏液中的不动孢子构成的四集藻型群体。

- 管孢藻目(Chamaesiphonales)

由单细胞组成或外生孢子附着产生的群体类型。

- 宽球藻目(Pleurocapsales)
- ·皮果藻科(Dermocarpaceae)

本科分子常被划归入管孢藻目,其特点是群体中细胞的大小和形态很少变化,大多数类型附着基质,包括用途特殊的小杆。

- ·宽球藻科(Pleurocapsaceae)

其特征是由多个细胞构成的、复杂而易于区分的群体,其中细胞平行排列,且通常在侧部有假丝状排列和叉状分枝的衍生物,而细胞的平面分裂变化偶尔也造成衍生物。在 2 个或者 3 个平面的细胞分裂过程中,可形成包裹在假薄壁组织内的三维细胞聚集体或"外壳"。

- ·蓝枝藻科(Hyellaceae)

该科分子也包含形态分化的假丝状群体,它们属于存在进入基质的石内类型。

(2) 段殖体类(Hormogoneae)

- 颤藻目(Oscillatoriales)

由同样类型的细胞(形态和功能没有分化)构成的 homocytic 藻丝,但在其中间、基端和末端细胞可见微弱分化,而末端细胞常转化为"根冠"。在包被鞘内,可以有单根藻丝或少数多根藻丝;没有包被鞘的藻丝可扭曲呈圆柱形螺旋;以连锁体和无性生殖细胞方式进行繁殖。颤藻目可划分为几个不同的科,但所有种类可认为都在颤藻科的界线之内。

● 念珠藻目(Nostocales)
· 念珠藻科(Nostocaceae)

没有分叉的丝体,有或没有包被鞘,单根或群体。有时嵌入共同黏质物,或者具有球形群体的外包被;藻丝体对称,单极。异形胞和厚壁孢子位于中间部位或在末端。

· 伪枝藻科(Scytonemataceae)

具有包被鞘的联合丝体,显示假分枝,单根或形成群体。藻丝体相当对称,而具有生长顶端分生组织带的末端部分些许凸出于包被鞘之外。异形胞位于中间部位。

· 胶须藻科(Rivulariaceae)

分叉或不分叉的丝体,有或没有包被鞘围绕藻丝,单根或群体。藻丝不对称,异极,狭窄地朝向顶端,经常终结为末端毛发。厚壁孢子位于中间部位或在基端。

● 真枝藻目(Stigonematales)
· 鞭枝藻科(Mastigocladaceae)

具有"V"字形(环圈样)分叉的丝体,且异形形态强烈。

· 拟珠藻科(Nostochopsidaceae)

具有"T"字形分叉的丝体,分叉是中间部位细胞的侧面简单膨胀的结果。

· 真枝藻科(Stigonemataceae)

具有正常二歧"Y"字形分叉的丝体,且有最强烈的形态异化的藻丝。

(二)蓝菌化石记录概要

已知生物化石记录表明,最古老的蓝菌样遗迹发现于35亿~32亿年前的叠层石,它们可能行产氧的光合作用。当前关于蓝菌和产氧光合作用的起始时间仍没有定论。正如Schopf(2012)所概括的,尽管从老于20亿年的沉积地层获得了有细胞保存的微生物遗迹,但由于化石记录稀缺或不完整,致使不同微生物世系的历史进程难以解释清楚(图1.6—图1.8)。

目前从叠层石、燧石中获得的蓝菌化石类型,基于与现生蓝菌的形态学对比,主要涉及段殖体形式的颤藻类、念珠藻类,以及球形细胞的色球藻类、石囊藻类和宽球藻类。

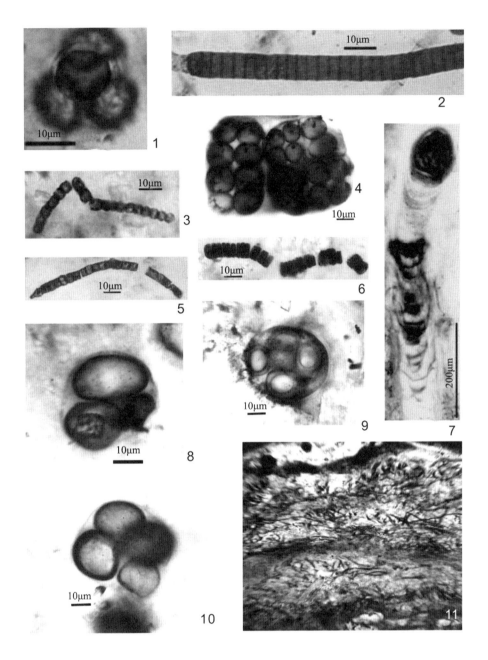

图 1.6　蓝菌化石择选标本(1—7 化石图像引自 Schopf，2000；8—11 化石图像引自 Yin，1990b)

1,4,8,9,10. 化石色球藻类的蓝菌。1. 显示被衣鞘包裹 4 个细胞的群体，标本来自澳大利亚中部约 8 亿年前的苦泉组叠层石燧石；4. 包裹许多细胞的化石色球藻类群体，标本来自俄罗斯西伯利亚约 10 亿年前的 Sukhaya Tunguska 组叠层石燧石；8,9,10. 宿县古粘球藻(*Gloeodiniopsis suxianensis*)，标本来自安徽宿县青铜山上元古界倪园组。2,5,6. 化石颤藻类蓝菌。2. 乳液头丝藻(*Cephalophytarion laticellulosum*)，标本来自澳大利亚中部约 8 亿年前的苦泉组叠层石燧石；5. 悦目颤藻(*Oscillatoria amoena*)，标本来自澳大利亚中部约 8 亿年前的苦泉组叠层石燧石；6. 短凸丝状蓝藻(*Oscillatoriopsis breviconvexa*)，标本来自澳大利亚中部约 8 亿年前的苦泉组叠层石燧石。3. 愉悦古念珠藻(*Veteronostocale amoenum*)，标本来自澳大利亚中部约 8 亿年前的苦泉组叠层石燧石。7. 具"柄"形的宽球藻类蓝菌群体 *Polybessurus bipartitus*，标本来自澳大利亚南部约 7.75 亿年前的 River Wake Field 组叠层石燧石。11. 丝状蓝菌构成的"藻席"(图像放大 450 倍)。

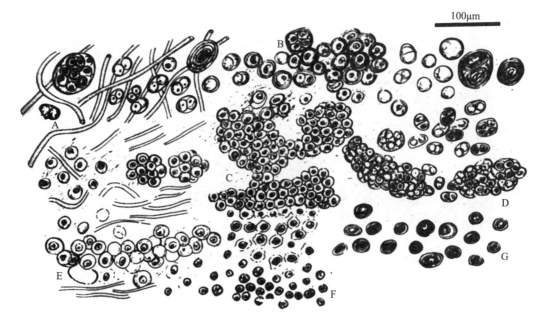

图 1.7　管鞘藻(*Siphonophycus*) 和 *Gloeodiniopsis lamellosa* 蓝菌群落的不同降解阶段的状态
(引自 Sergeev *et al.*，2012)

A—B. 显示管鞘藻的衣鞘和 *Gloeodiniopsis lamellose* 的膜壳有微弱变化;C—E. 中等改变形成类似"假四集藻"型的原始石囊藻(*Eoentophysalis*)状的微体化石(如 C 所示)或假丝状的古宽球藻(*Palaeopleurocapsa*)样的集合体(如 D, E 所示);F—G. 高度变化的膜壳,以至仅中央部分幸存类似 *Glenobotrydion* 状(如 F 所示)或 *Globophycus* 样(如 G 所示)的集合体。

三、隐孢子(Cryptospores)

早在 20 世纪 70 年代,人们就注意到,陆生植物的最早期化石记录是来自分散保存的微小孢子(Gray and Boucot,1971)。多年来,陆续从世界各地的早古生代地层收集、报道了与稍晚地质时期出现的陆生孢子可比较的孢子状形态类型。它们没有明显可视的三缝线痕,通常以二分体(dyad)、四分体(tetrad)出现。Richardson *et al.* (1984)和 Richardson(1988)将"隐孢子"(Cryptospores)定义为"由永久四分体、二分体及无痕单孢体(monad)(包括从二分体分开的孢子)构成的非海相孢子形态物"。在我国多处晚奥陶世—早志留世的全球界线地层剖面也有陆生隐孢子的发现和报道(李军和王怿,1997;Yin and He,2000)。由于迄今缺乏母体植物的直接化石证据,依据孢子形态学和与之一起保存的孢子囊化石,当前最广为人们所接受的说法是陆生隐孢子(即有胚植物遗迹)最早出现于中奥陶世早期。但是,自 21 世纪初以来,相继从美国西部和北部以及我国贵州等地的更古老的早—中寒武世地层收集到了"隐孢子"化石(Strother *et al.*，2004; Yin *et al.*，2012)。它们虽然没有如同中—晚奥陶世四分体隐孢子那样清晰的几何排列和可信的孢子囊化石证据,但同样呈现为二分体、四分体和无痕单孢体。对它们的膜壳壁超微结构的研究表明,它们显示的多层壁特征与较晚地质时期陆生孢子壁的多层结构相似。尽管对它们的生物亲缘关系仍存有争议,但无可置疑的是,它们区别于藻类细胞的是具有更为坚实的可抵御外界环境变化的壁。它们很可能代表从绿藻衍生的隐花植物的孢子(Taylor and Strother,2008)。最近,Strother(2016)依据从美国田纳西州寒武系第二统页岩获得的完好标本,详细描述和确立了寒武纪隐孢子的 3 个形态属,5 个形态种(图 1.9—图 1.11)。

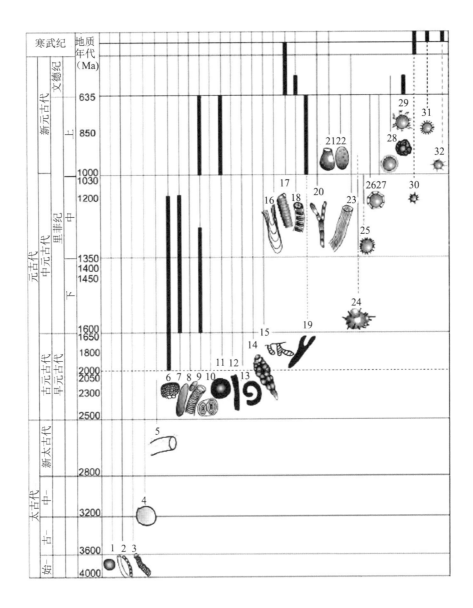

图 1.8　太古代和元古代蓝菌以及其他重要微体化石类型(修改自 Sergeev *et al.*，2012)

1. 小于 10μm 的单个球形化石；2. 直径小于 10μm 的丝状微体化石；3. 直径大于 10μm 的细胞列或藻丝状化石；4. 含致密体或无内含物的球形微体化石，可能是色球藻类蓝菌遗迹；5. 直径大于 35μm、无隔壁的丝状体，可能是蓝菌颤藻类的管状衣鞘；6. 蓝菌石囊藻的遗迹(如同 *Eoentophysalis*)；7. 蓝菌(*Archaeoellipsoides*)的厚壁孢子；8. 椭球形色球藻类 *Synechococcus* 样的单细胞蓝菌；9. 蓝菌的藻丝或丝体；10. 单细胞色球藻类 *Gloeocapsa* 状的蓝菌(*Gloeodiniopsis*)；11. 大的 *Chuaria* 样的球形微体化石；12. 大的带状类型(*Tawuia*)；13. 宏观螺旋状微体化石(*Grypania*)；14. 宽球藻类蓝菌(*Palaeopleurocapsa* 和其他属)；15. 石内蓝菌(*Eohyella* 和其他属)；16. 茎状蓝菌(*Polybessurus*)；17. 螺旋柱状蓝菌(*Obruchevella*)；18. 红藻(*Bangioporpha*、*Wengania*、*Thallophyca* 及其他属)；19. 亲缘关系不明的分叉丝状体(*Ulophyton*、*Majaphyton*)，可能是真枝藻类的蓝藻细菌，或是红藻、绿藻；20. 管枝藻类绿藻(*Proterocladus*)的丝体；21. 真核瓶形微体生物(*Melanocyrillium* 和其他属)；22. 与现生具有硅酸质鳞的金藻(*Characodictyon*、*Paleohexadictyon* 及其他属)可比较的具鳞微体化石；23. 蓝菌的藻丝，或是绿藻(*Polysphaeroides*)的丝体；24. 塔潘藻(*Tappania*)；25. 水幽沟藻(*Shuiyousphaeridium*)；26. 粗刺球藻(*Trachyhystrichosphaera*)；27. 波纹球藻(*Cymatiosphaeroides*)；28. 瓦丹罗球藻(*Vandalosphaeridium*)；29. 埃迪卡拉复杂具刺疑源类(*Alicesphaeridium*、*Appendisphaera*、*Tianzhushania*、*Cavasina*、*Papillomembrana*、*Tanarium* 及其他形态属)；30. 小刺藻(*Micrhystridium*)；31. 斯卡奇藻(*Skiagia*)；32. 波罗的海藻(*Baltisphaeridium*)。

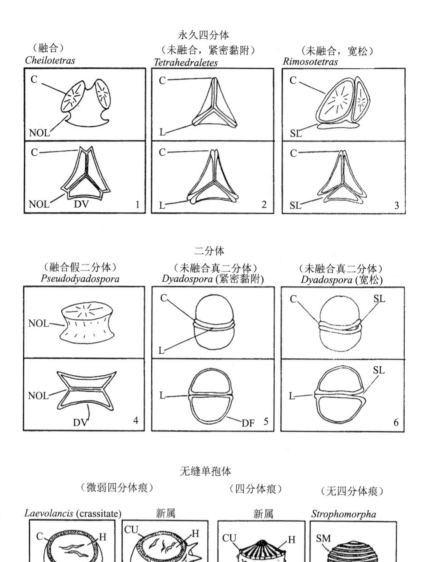

图 1.9　隐孢子形态特征示意(修改自 Richardson,1996)

NOL. 没有连接线;L. 连接线(参照 Wellman and Richardson, 1993); C. 赤道部位加厚程度; CU. 弯曲加厚; D. 远侧面; DF. 远侧膨出; DV. 远侧收进; H. 脐凹; SL. 沿连接线分开; SM. 螺旋幕黎纹饰。

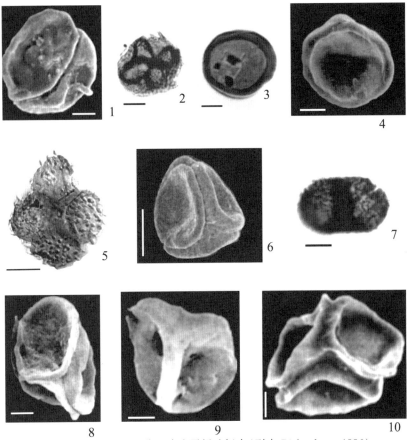

图 1.10　志留纪、泥盆纪隐孢子择选标本(引自 Richardson, 1996)

1. *Rimosotetras problematica*,产自苏格兰志留世 Sheinwoodian 地层。
2. *Tetrahedraletes medinensis*,产自苏格兰志留世 Sheinwoodian 地层。
3. *Cheilotetras caledonica*,产自苏格兰志留世 Sheinwoodian 地层。
4. *Dyadospora murusdensa*,产自苏格兰志留世 Homerian 晚期地层。
5. *Velatitetras rugulata*,产自威尔士西南部志留世 Rhuddanian 和 Llandovery 地层。
6. *Lanvolancis divellomedia*,产自利比亚志留世 Ludfordian 晚期地层。
7. *Lanvolancis divellomedia*,产自苏格兰志留世 Sheinwoodian 地层。
8. *Tetrahedraletes medinensis*,产自英格兰泥盆世 Gedinnian 早期地层。
9. *Segestrespora membranifera*,产自威尔士西南部志留世 Rhuddanian 和 Llandovery 地层。
10. *Tetraletes valiabilis*,产自利比亚志留世 Ludfordian 晚期地层。
注:化石标本图像中线段比例尺 =10μm。

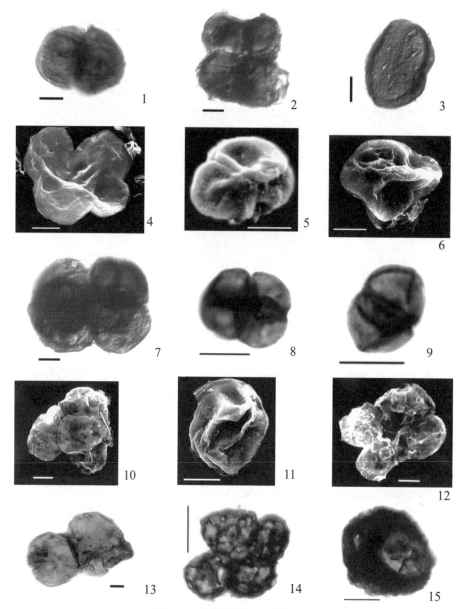

图 1.11　寒武纪隐孢子择选标本

1,9,13. 二分体；2,4—8,10,12,14. 四分体；3,11,15. 单孢体。1—4,6,7. 报道自美国亚利桑那州科罗拉多大峡谷中寒武世 Bright Angel 页岩（引自 Strother and Beck, 2000）；5,8,9. 分别收集自美国田纳西州和威斯康星州中—晚寒武世地层（引自 Strother and Taylor, unpublished）；10,11,12. 报道自美国内华达州寒武系 Log Cabin 段 Pioche 页岩（引自 Yin et al., 2013）；13,14,15. 记述、报道自贵州剑河地区寒武系凯里组（引自 Yin et al., 2013）。
注：化石标本图像中线段比例尺 =10μm。

第二章 疑源类的生物属性：来自生物标志化合物的证据

古生代和前寒武纪的微体浮游藻类大多以具有机壁化石的形式保存下来，因为它们的面貌与中、新生代常见的浮游藻类（如颗石藻、沟鞭藻、硅藻等）不同，加上亲缘关系未定，所以被归属为"疑源类"，表明它们是亲缘关系不明的、具有机壁的微体化石。虽然从形态特征上难以将它们归入现代藻类的分类体系，但推测它们大都属于浮游藻类，少数为动物的卵。一直以来，科学家通过各种方法对其亲缘属性进行分析、研究、讨论和推测。

一、三叠纪之前能形成囊胞的海相沟鞭藻祖先：来自生物化学地层的证据

沟鞭藻即甲藻，除了少数种类是寄生和共生关系外，绝大多数是海洋浮游植物，也是整个海洋生物链的重要初级生产者。毫无争议的最古老的沟鞭藻囊胞化石，出现在三叠纪中期（2.4 亿年前）（Goodman，1987；Helby et al.，1987），而有争议的最古老的沟鞭藻囊胞化石则出现在突尼斯的泥盆纪沉积中（Calandra，1964；Sarjeant，1978；Bujak and Williams，1981；Evitt，1985；Goodman，1987）。在三叠纪之前的沉积中大量出现的具有机壁化石，因为其亲缘关系不明，都被归入"疑源类"。微体古生物学家长期以来推测，至少部分疑源类是甲藻的祖先（孟凡巍等，2006）。

通过形态学、超微结构和生物化学的分析，甲藻被认为是非常原始的种类（Margulis，1970；Evitt，1985；Taylor，1987；Withers，1987；Knoll，1993；Fensome et al.，1993）。甲藻的囊胞化石可以作为有机壁化石保存下来，并通过酸泡的方法从沉积物中提取出来。三叠纪之前甲藻化石的缺失可以通过对现代甲藻的研究进行解释：现生甲藻的 14 个目中，仅有 7 个目能够产生囊胞（Fensome et al.，1993），因此，沉积物中没有发现甲藻的囊胞并不代表沉积时期一定没有甲藻的存在（Evitt，1985）。

生物标志化合物（biomarker），也称为"分子化石"，就是沉积岩抽提物和石油中那些来源于活的生物体，它们是在有机质演化过程中具有一定的稳定性，没有或较少发生变化，基本保存了原始生化组分的碳骨架，记载了原始生物母质的特殊分子结构信息的有机化合物。因此，它们具有特殊的"标志作用"。生物标志化合物的各种指数在有机地球化学中可以用来指示海相或者非海相的环境、古代沉积水体的盐度、还原的沉积环境等（Peters and Moldowan，1993），而某些生物标志化合物来自一些特定的生物类群，即所谓"分子化石"。例如，奥利烷（oleanane）主要来自被子植物，并在地质记录中反映了白垩纪被子植物的辐射（Moldowan et al.，1994）；24-异丙基胆甾烷（24-isopropylcholestane）主要来自海绵动物，在新元古代晚期和寒武纪的石油中含量十分丰富，可能暗示了海绵动物的早期辐射（McCaffrey et al.，1994）；近年来，中国皖南寒武纪海绵化石和丰富的黄体矿化海绵骨针的出现，也吻合生物标志化合物的证据。

甲藻的生物标志化合物则是甲藻甾烷,其芳构化的产物为三芳甲藻甾烷。甲藻甾烷的前驱物是甲藻中的甲藻甾醇,而甲藻甾醇几乎只存在于甲藻之中,且只在一个属中缺失(Kokke *et al*.,1981),是甲藻中的主要甾醇(Shimuzu *et al*.,1976;Withers,1987)。曾在一种硅藻中发现了少量甲藻甾醇(占甾醇含量的 2.0%~3.6%)(Volkman *et al*.,1993),而其他 25 种硅藻中都没发现甲藻甾醇(Volkman,1986),因此,硅藻不可能是甲藻甾烷的主要提供者。

在大部分中生代海相地层中,三芳甲藻甾烷都很丰富。在三叠纪晚期到白垩纪的海相抽提物中都发现了三芳甲藻甾烷;在二叠纪和石炭纪的海相抽提物中,三芳甲藻甾烷缺失;在三叠纪中—晚期的地层中,三芳甲藻甾烷十分丰富;在三叠纪早—中期的地层中,三芳甲藻甾烷含量极低,甚至缺失,而这些缺失表明三芳甲藻甾烷在三叠纪早期的地层中并非是广泛分布的。三芳甲藻甾烷在三叠纪海相地层中的分布,也吻合甲藻从三叠纪中期之后逐渐增长的地质记录。

三芳甲藻甾烷的丰度曲线大致吻合疑源类化石和沟鞭藻化石种的分类丰度曲线(图 2.1)。三芳甲藻甾烷在元古代—泥盆纪的出现概率是 9%~60%,在中生代样品中几乎为 100%,因此,三芳甲藻甾烷的丰度曲线大致吻合疑源类化石种的丰度曲线,暗示许多疑源类化石中存在甲藻的祖先,至少在生物化学上是它们的祖先。

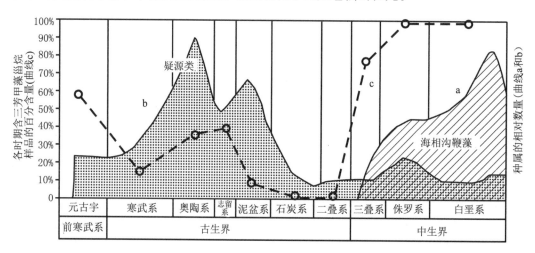

图 2.1　三芳甲藻甾烷的丰度曲线大致吻合疑源类化石和沟鞭藻化石种的分类丰度曲线(修改自 Moldowan *et al*.,1996)

二、疑源类的生物属性:来自生物标志化合物的证据

原苏联爱沙尼亚共和国早寒武世地层 Lukati 组中的疑源类保存良好,颜色发黄而透明,具有很强的自发荧光。Lukati 组中的疑源类通过荧光细胞分流器可以分成两类,一类是高荧光部分,另一类是低荧光部分。对这两部分进行热模拟分析后,将它们送入 GC—MS 仪器进行生物标志化合物的分析。

高荧光部分主要由带刺疑源类组成,而低荧光部分主要由光球疑源类组成,含少量的蓝藻丝体。对生物标志化合物的分析发现,高荧光部分显示高的 C_{27}/C_{29} 甾醇比值,即 C_{27} 甾醇优势(C_{27}—C_{28}—C_{29} 甾烷的相对丰度),而低荧光部分显示低的 C_{27}/C_{29} 甾醇比值,

即 C_{29} 甾醇优势（C_{27}—C_{28}—C_{29} 甾烷的相对丰度）。以上分析说明：①某些现生绿藻中，C_{29} 甾醇相对 C_{27} 与 C_{28} 甾醇显示很高的丰度，特别是某些葱绿藻（prasinophyte）；其他的葱绿藻纲显示相似的 C_{28} 甾醇丰度，或者 C_{28} 与 C_{29} 甾醇丰度相似。②甲藻中含有甲藻甾醇，因此显示为 C_{27} 甾醇优势；而在沉积物中，4-甲基甾烷（包括甲藻甾烷）的高丰度伴随着 C_{27} 甾烷，表明了沉积物中沟鞭藻的爆发式输入（Peters et al. , 2005）。

三、石油地质方面的启示

中国塔里木油田的下古生界烃源岩以及阿曼的元古代的石油都显示了显著的 C_{29} 甾烷优势（陈世加等，2001；Granth，1986）。长期以来，人们对早古生代和前寒武纪海相石油和烃源岩中 C_{29} 甾烷优势的生物来源有许多推测。有人认为其来源于蓝藻（陈世加等，2001；Granth，1986），但蓝藻是原核生物，不能产生甾烷（Brock et al. , 1999）。也有人认为其来源于宏体藻类（边立曾等，2003），但海洋中主要的生产力来自浮游藻类（王睿勇等，2003），因此，宏体藻类虽然局部上可能，但是不能成为主要的石油母质来源。宏体藻类包括宏体绿藻、宏体红藻和宏体褐藻。宏体红藻是非常原始的宏体藻类（袁训来等，2002），它的甾醇分布是 C_{27} 甾醇优势（Patterson，1971）；对宏体绿藻的石孔莼热模拟实验发现它的甾醇分布也是 C_{27} 甾醇优势（陈致林等，1989），因此，宏体红藻和宏体绿藻可以排除。宏体褐藻的热模拟实验表明它的甾醇分布是 C_{29} 甾醇优势（陈致林等，1989），但宏体褐藻一般生活在水体里比较深的地方（李伟新等，1982）。海洋中的主要生产力来自浮游藻类，因此，在早古生代和前寒武纪广泛出现的 C_{29} 甾烷优势，虽然不排除局部上有褐藻供给的可能（王飞宇等，2001），但不可能主要是宏体褐藻的供给。还有人认为，古生代和前寒武纪的海相石油和烃源岩中的 C_{29} 甾烷优势来自浮游绿藻（Granth，1986），而现生浮游绿藻的确具有 C_{29} 甾醇优势（Berkaloff et al. , 1983；Derenne et al. ,1992）。

因此我们可以推断，甾烷的不同优势组合代表了不同的生物来源，也代表了不同的水深。如果是 C_{27} 甾烷优势，就代表浅海环境；如果是 C_{29} 甾烷优势，可能代表河口或者深海环境；如果是强烈的 C_{29} 甾烷优势，则毫无疑问代表了远岸深水的沉积环境。如果对烃源岩进行微体化石分析，C_{29} 甾烷优势的烃源岩中如果产出薄壁的光球疑源类就代表河口环境，如果产出厚壁的光球疑源类就代表深水环境。C_{27} 甾烷与 C_{29} 甾烷的双峰优势就代表半深水环境的烃源岩输入。

对有 C_{29} 甾烷优势的早古生代和前寒武纪海相石油和烃源岩进行有机碳同位素（$\delta^{13}C$）研究，可进一步区别 C_{29} 甾烷优势的生物来源，因为底栖宏体藻类的 $\delta^{13}C$ 平均值普遍要高于浮游微体藻类，而宏体藻类中具有 C_{29} 甾烷优势的褐藻因为生活在相对较深的海水中，其 $\delta^{13}C$ 平均值更高。例如对崂山湾底栖宏体藻类的 $\delta^{13}C$ 值进行分析（表2.1），发现宏体绿藻的 $\delta^{13}C$ 值在 $-22.9‰ \sim -18.9‰$，宏体红藻的 $\delta^{13}C$ 值在 $-21.7‰ \sim -17.6‰$，宏体褐藻的 $\delta^{13}C$ 值在 $-19.1‰ \sim -15.2‰$；宏体藻类的 $\delta^{13}C$ 值全年平均值为（-18.5 ± 2.4）‰，浮游藻类的全年平均值为（-23.2 ± 2.4）‰（蔡德陵等，1999），而现代海洋沉积有机碳（主要来源于浮游藻类）（如果剔除陆源有机碳影响）大多数在 $-27‰$ 左右。地史时期由浮游藻类的脂类物质（与藻类体内不易保存的氨基酸等其他生化物相比，其 $\delta^{13}C$ 值偏负）（曾国寿和徐梦虹，1990）形成的腐泥质煤的 $\delta^{13}C$ 值为 $-35‰ \sim -30‰$（郑永飞和陈江峰，2000）。

表2.1　现代藻类的甾醇分布与有机碳同位素分布（孟凡巍等，2006）

藻类类型	浮游甲藻	浮游绿藻	宏体绿藻	宏体红藻	宏体褐藻
甾醇优势	C_{27}甾醇优势	C_{29}甾醇优势	C_{29}甾醇优势	C_{27}甾醇优势	C_{29}甾醇优势
有机碳同位素范围（$\delta^{13}C$）	−27‰左右（曾国寿和徐梦虹，1990）	−27‰（曾国寿和徐梦虹，1990）	−22.9‰～−18.9‰（曾国寿和徐梦虹，1990）	−21.7‰～−17.6‰（蔡德陵等，1999）	−19.1‰～−15.2‰（蔡德陵等，1999）

考虑到有机碳同位素的时代性问题，寒武纪和前寒武纪黑色页岩中的$\delta^{13}C$值普遍为负值，约为−30‰，因此，对具有C_{29}甾烷优势的早古生代和前寒武纪的海相石油和烃源岩的有机碳同位素进行分析，只有$\delta^{13}C$值大于−20‰的才可能主要是宏体褐藻的贡献，低于−27‰或者更低的只能来源于浮游藻类，而介于−30‰～−20‰的则可能是宏体藻类与浮游藻类的混合。这样就可进一步区别C_{29}甾烷优势的生物来源（图2.2）。

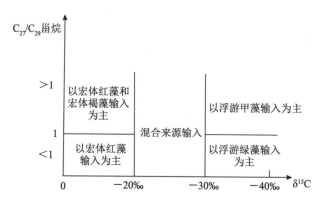

图2.2　利用C_{27}/C_{29}甾烷与$\delta^{13}C$值判断前寒武纪与早古生代石油与烃源岩的生物来源图解（孟凡巍等，2006）

地层中疑源类组合的生态分布具有以下特征：分异度大的带刺疑源类主要分布在浅海，而分异度较低的光球疑源类主要分布在滨海相或远岸深水；在浅海出现的是大量光球疑源类与少量带刺疑源类的组合，而在远海出现的是广泛的、单调的光球疑源类。

第三章　微体浮游植物化石属、种图鉴

　　我国前寒武纪和早古生代疑源类化石属、种在《中国疑源类化石》（尹磊明，2006）一书中已做介绍，不再重复。由于德国著名微体古生物学家 A. Eisenack 在 1973—1976 年先后整理、出版了四卷本的《化石沟鞭藻、刺球类和相关微体化石目录》（*Katalog der fossilen Dinoflagellaten Hystrichosphären und verwandten Mikrofossilen*），本图鉴着重选择 20 世纪 70 年代晚期以来国际重要学术刊物出版、发行的不同地质时期疑源类化石及其他有机质壁微体化石的新属、种，加以编译和整理。书中展示的化石图片大多从不同作者的原著或抽印件（纸质单行本或电子文档）中翻拍、复印获得，后经图像处理。其中，我们对 Fensome *et al.*（1990）中少数疑源类属、种的分类和命名进行了修改和变动，并在本图鉴收集的形态种同义名一览中做了简要标注，以便参阅。

　　本章中的所有化石标本的图像大小皆根据原出版物或原作者的记述以线段标识，除明确标出数值外，单线线段比例尺表示 10μm，双线线段比例尺表示 20μm。

一、疑源类

（一）显生宙疑源类

刺面对弧藻属　*Acanthodiacrodium*（Timofeev, 1958），emend. Deflandre and Deflandre-Rigaud, 1962

　　模式种　*Acanthodiacrodium dentiferum* Timofeev, 1958

　　属征　膜壳轮廓球形至椭球形；膜壳赤道区域光滑或褶皱，存在或没有横向褶皱。膜壳两极区（两端）相似，附有毛发状小刺或角状突起。膜壳具有薄膜或显示双轮廓。

劳舍尔刺面对弧藻　*Acanthodiacrodium rauscheri* Cramer and Díez, 1977

1977 *Acanthodiacrodium rauscheri* Cramer and Díez, p. 343; pl. 4, fig. 10.

　　种征　膜壳具有 4 枚主突起，这些主突起分布于膜壳伸展中心部位的各个角部。在接近膜壳两端处有 1~3 枚较小的突起，它们尽管在形态上没有差别，但大小明显不同。突起末端较尖，基部较厚。膜壳有约 10 条纵向弧形褶皱；膜壳长 40~50μm。主突起的长度与膜壳的相等或为膜壳长度的一半；小突起的长度是膜壳长度的一半。

　　产地、时代　摩洛哥；早奥陶世，阿仑尼格期早期（early Arenigian）。

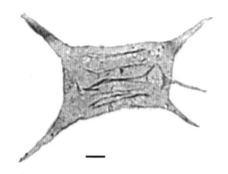

（引自 Cramer and Díez，1977；图版 4，图 10）

塔德勒刺面对弧藻　*Acanthodiacrodium tadlense* **Cramer and Díez，1977**

1977 *Acanthodiacrodium tadlense* Cramer and Díez，p. 343；pl. 4，figs. 4，7，9.

　　种征　该种以膜壳上有相对较多的纵向对弧褶皱和脊线而有别于其他种。膜壳附有许多同形状、大小不一、宽基部的突起，最大的突起靠近膜壳两端。膜壳长 40~50μm；突起的长度与膜壳的相等或是膜壳长度的一半。

　　产地、时代　摩洛哥；早奥陶世，阿仑尼格期早期（Early Arenigian）。

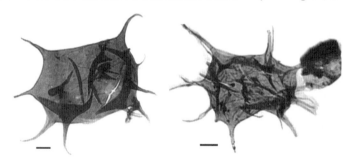

（引自 Cramer and Díez，1977；图版 4，图 7，9）

瓦芙尔窦娃刺面对弧藻　*Acanthodiacrodium vavrdovae* **Cramer and Díez，1977**

1977 *Acanthodiacrodium vavrdovae* Cramer and Díez，p. 343；pl. 5，figs. 4—5，9.

　　种征　膜壳稍显极性，以具有 6~20 枚宽基部的突起为特征。突起尖削至尖出，偶尔有更小的同形突起。膜壳上无对弧褶皱。膜壳长 45~65μm；突起的长度与膜壳的长度几乎相等。

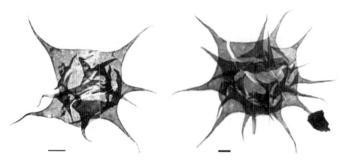

（引自 Cramer and Díez，1977；图版 5，图 4—5）

产地、时代　摩洛哥;早奥陶世,阿仑尼格期早期(Early Arenigian)。

锋边藻属　*Acriora* Wicander,1974

模式种　*Acriora petala* Wicander,1974

属征　膜壳球形,膜壳壁中等厚度;膜壳具有呈蜂窝状褶皱的雕饰。膜壳附有许多中空、光滑的突起,这些突起与膜壳腔不连通。突起远端分叉,形成4~6个小刺状分枝。该种具膜壳壁简单裂开的脱囊结构。

似花锋边藻　*Acriora petala* Wicander,1974

1974 *Acriora petala* Wicander, p. 16; pl. 5, figs. 5—8.

种征　膜壳为球形,直径35~40μm;膜壳壁为中等厚度。膜壳表面有波状凹坑;膜壳上呈扇形的脊以规则间隔形成尖钉。膜壳附有38~45枚光滑、中空的突起,其与膜壳腔不连通。突起长7~10μm,基部宽2.2μm;突起远端分裂为4~6个尖的分枝。该种具膜壳壁简单裂开的脱囊结构。

产地、时代　美国俄亥俄州;晚泥盆世。

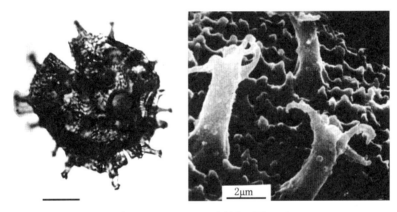

(引自 Wicander,1974;图版5,图5,8)

顶饰球藻属　*Acrosphaeridium* Uutela and Tynni,1991

模式种　*Acrosphaeridium esthonicum* Uutela and Tynni,1991

属征　膜壳球形。在同一标本,膜壳附有许多不同长度和宽度的简单突起。膜壳和突起表面遍布瘤饰。突起是否与膜壳腔连通不确定。膜壳直径<20μm。

密集顶饰球藻　*Acrosphaeridium densum* Uutela and Tynni,1991

1991 *Acrosphaeridium densum* Uutela and Tynni, p. 29; pl. 1, fig. 3.

种征　膜壳为小的球形,其上密集分布短的突起(突起长约为膜壳直径的1/8)。突起为圆柱形,其远端微膨大。在同一标本,突起宽度变化较大。突起表面光滑。膜壳上有中间裂缝。膜壳直径约8μm;突起长1~1.5μm,其直径为0.25μm。

产地、时代　爱沙利亚;中奥陶世。

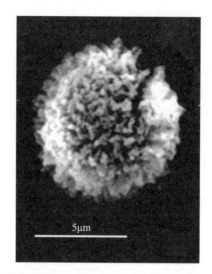

（引自 Uutela and Tynni，1991；图版 1，图 3）

爱沙利亚顶饰球藻　*Acrosphaeridium esthonicum* Uutela and Tynni，1991

1991 *Acrosphaeridium esthonicum* Uutela and Tynni，p. 29；pl. 1，fig. 4a—b.

种征　膜壳球形，附有许多特征性的锐圆形突起。沿膜壳断面轮廓可见约 50 枚突起，它们的长度约为膜壳直径的 1/6；突起宽度整体稳定，近端微宽。在同一标本中，所有突起形状完全相同。膜壳和突起表面覆有圆形瘤饰。膜壳未见圆形开口。膜壳直径 6~11μm；突起长 1.0~1.5μm，彼此间距 0.1~2.0μm。

产地、时代　爱沙利亚；中—晚奥陶世。

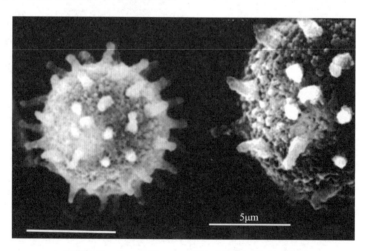

（引自 Uutela and Tynni，1991；图版 1，图 4a—b）

网顶饰球藻　*Acrosphaeridium reticulatum* Uutela and Tynni，1991

1991 *Acrosphaeridium reticulatum* Uutela and Tynni，p. 29；pl. 1，fig. 5.

种征　膜壳为小的球形，其上密集分布不同宽度和长度的突起，最长的突起也最厚。突起表面覆有密集的颗粒。膜壳未见中裂。膜壳直径 7μm；突起长 1~5μm。

产地、时代　爱沙利亚;中奥陶世,卡拉道克期(Caradoc)。

（引自 Uutela and Tynni, 1991;图版 1,图 5)

空穴藻属　*Acrum* Fombella, 1977

模式种　*Acrum novum* Fombella, 1977

属征　膜壳球形至亚球形,附有异形突起。膜壳表面中央部分有近统一形状的六角形网饰。突起形态简单,呈鞭毛状或尖出,彼此有透明膜状物连接。

贾斯珀空穴藻?　*Acrum*? *jasperence* Martin, 1992

1992 *Acrum*? *jasperence* Martin, p. 19; pl. 1, figs. 1—8,10—11.

种征　膜壳为球形至近球形,其轮廓为圆至亚圆形,单层壁。膜壳表面被划分为50~60个多角形(主要是六角、五角形)的凹穴,穴底平滑,各穴边有 3~5 枚小的棒形突起,并有连接的膜状物。膜状物形成网脊,其厚度与膜壳壁厚度几乎相等。小棒突起的末端略高于网脊。膜壳未见规则的开口脱囊结构。膜壳直径 10.5~21.0μm;小棒突起长0.7~3.0μm,基部宽 0.2~0.3μm;凹穴直径 1.2~2.5μm。

产地、时代　加拿大亚贝达省;早奥陶世。

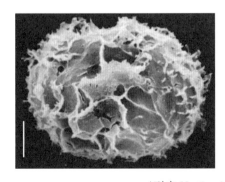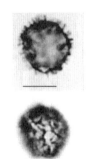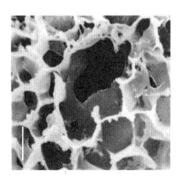

（引自 Martin, 1992;图版 1,图 1—2,5—6)

线藻属　*Actinotophasis* Loeblich and Wicander, 1976

模式种　*Actinotophasis complurilata* Loeblich and Wicander, 1976

属征　膜壳轮廓为多角形。膜壳附有宽基部的中空突起,并与膜壳腔自由连通。突起具二分叉,在模式种可达三级分叉。膜壳表面具有肋纹;肋纹始自突起分叉的端部,延伸至突起近基部,并以线纹与相邻突起连接;少数不连续肋纹出现分枝。膜壳未见脱囊开口。

多面线藻　*Actinotophasis complurilata* Loeblich and Wicander, 1976

1976 *Actinotophasis complurilata* Loeblich Jr. and Wicander, p. 6; pl. 1, figs. 1—3.

种征　膜壳具多角形轮廓,直径 15~23μm,边内凹;膜壳壁薄(厚度 <1μm),表面有褶皱。膜壳附有 15~18 枚中空、些许柔韧的突起;突起长 15μm,基部宽 8μm,与膜壳腔自由连通。突起从宽的基部往上尖削,继后持恒定直径至前端分叉处,末端呈现三级二分叉。突起的分叉表面光滑。突起表面有从突起远端分叉处伸展至膜壳表面的 7~9 条平行的圆形肋纹,这些肋纹与其他突起的肋纹汇合,致使膜壳表面覆有从一枚突起至另外突起伸展的线或肋纹。膜壳未见脱囊结构。

产地、时代　美国俄克拉荷马州;早泥盆世,吉丁期(Gedinnian)。

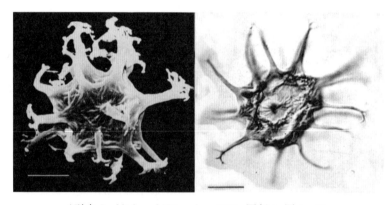

(引自 Loeblich and Wicander, 1976;图版 1,图 2—3)

艾拉藻属　*Adara* (Fombella, 1977), emend. Martin, 1981

模式种　*Adara matudina* Fombella, 1977

属征　膜壳圆形,附有许多短矮、圆锥形突起。膜壳表面没有明显的网状分布物。突起中空,与膜壳腔连通;突起远端通常为圆形。膜壳和突起表面光滑,或粗糙,或具鲛粒、颗粒、鲛刺。突起的近端至远端有薄而透明的膜状物在突起间伸展。膜壳未见脱囊开口。

起伏艾拉藻　*Adara undulata* Moczydłowska, 1998

1998 *Adara undulata* Moczydłowska, p. 49; fig. 21D—E.

种征　膜壳轮廓为圆形至椭圆形,膜壳壁光滑。膜壳附有许多坚硬、短锥形突起或突起物,形成多圆丘轮廓。突起(突出物)相互紧密分布,其基部宽,顶端窄圆或钝。突起中空,并与膜壳腔连通。膜壳直径 20~45μm;突起长 2~4μm。

　　产地、时代　波兰上西里西亚;晚寒武世早期。

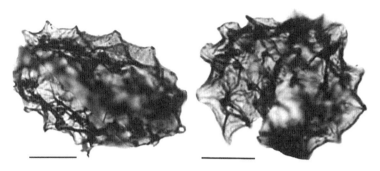

（引自 Moczydłowska,1998;图 21D—E）

皱壁藻属　*Alocomurus* Playford *in* Playford and Dring,1981

　　模式种　*Alocomurus compactus* Playford *in* Playford and Dring,1981

　　属征　膜壳中空,具圆形轮廓;膜壳壁单层。膜壳表面呈沟状至蜂窝状,有明显沟槽或凹坑。在半个膜壳的中央部位("极部")有一圆口状脱囊结构。

压缩皱壁藻　*Alocomurus compactus* Playford *in* Playford and Dring,1981

1981 *Alocomurus compactus* Playford *in* Playford and Dring, p. 11—12; pl. 1, figs. 1—6.

　　种征　膜壳原本球形,轮廓近圆形;膜壳壁最厚可达 1.8μm,通常为 0.6~1.0μm。膜壳表面有明显雕饰的小凹槽,偶尔还附有小点穴,形成显著的沟、穴。小凹槽宽 0.2~1.2μm(平均约 0.3μm),彼此间距 0.3~3.0μm;它们的形状较直,或为宽的弯曲,没有交织,极少分叉。小凹槽通常围绕膜壳的开口边缘呈辐射分布;在膜壳表面其余部位,小凹槽呈不规则或同心展布。膜壳表面的小点穴直径达 1.5μm。在另一半膜壳上有一个界线分明的小圆口构成的脱囊开口,开口边缘呈略微不规则状或圆齿状;膜壳直径与圆口的比值为 3~6。膜壳常原位保存有口盖,有些微位移或收缩;口盖厚度与膜壳壁厚度相同,但口盖表面几乎没有雕饰。

　　产地、时代　澳大利亚西部卡拉封盆地(Carnavon Basin);晚泥盆世。

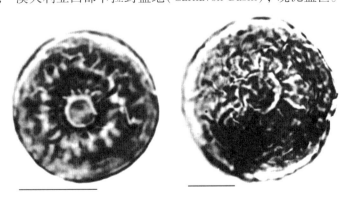

（引自 Playford and Dring,1981;图版 1,图 4—5）

羊突藻属 *Ammonidium* Lister, 1970

模式种 *Ammonidium microcladum*（Downie）Lister, 1970

属征 膜壳中空,球形至椭球形,单层壁,表面光滑或有雕饰。膜壳均匀分布许多坚硬、中空的突起,突起腔与膜壳腔自由连通;突起远端有相等分叉末端。膜壳的脱囊结构是位于顶部或近赤道的隐缝。

角状羊突藻 *Ammonidium cornuatum* Loeblich and Wicander, 1976

1976 *Ammonidium cornuatum* Loeblich Jr. and Wicander, p. 6—7; pl. 1, figs. 4—6.

种征 膜壳轮廓圆形,膜壳壁薄(厚约 0.5 μm),表面光滑。膜壳附有 28~35 枚薄壁、光滑至微粗糙的中空突起,突起腔与膜壳腔自由连通。突起基部宽度变化较大(达 3 μm),向远端微微尖削,并在外展前稍显收缩,看似吸盘。突起远端呈齿状(齿长小于 0.2 μm),致使挤压后的内侧呈现如同毛状突起的末端,而事实上,它们是环绕突起的顶端。膜壳直径 18~23 μm;突起长 7~9 μm。该种具膜壳壁简单裂开的脱囊结构。

产地、时代 美国俄克拉荷马州;早泥盆世,吉丁期(Gedinnian)。

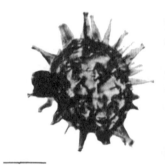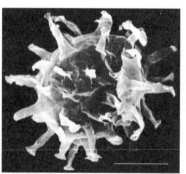

(引自 Loeblich and Wicander, 1976;图版 1,图 4,6)

钩突亚摩尼藻 *Ammonidium hamatum* Wicander, 1974

1974 *Ammonidium hamatum* Wicander, p. 16; pl. 5, figs. 10—12.

1990 *Multiplicisphaeridium perhamatum* Fensome et al., p. 63.

种征 膜壳轮廓圆形,直径 27 μm;膜壳壁厚,表面光滑。膜壳附有 23~25 枚光滑、中空突起,其与膜壳腔自由连通;突起长 5.5~8.0 μm,基部宽 2.2 μm;突起远端分叉为 4 个小的、末端尖的分枝。该种具膜壳壁简单裂开的脱囊结构。

产地、时代 美国俄亥俄州;晚泥盆世。

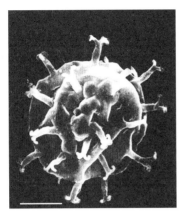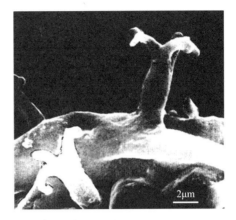

（引自 Wicander，1974；图版 5，图 11—12）

钩形羊突藻　*Ammonidium uncinum* Loeblich and Wicander，1976

1976 *Ammonidium uncinum* Loeblich Jr. and Wicander，p. 7；pl. 2，figs. 3—4.

　　种征　膜壳轮廓圆形，直径 16~25μm；膜壳壁厚略小于 1μm，在膜壳壁散布的颗粒间，表面光滑。膜壳附有 25~35 枚中空、柔韧、圆柱形的突起，其与膜壳腔自由连通；突起长 6~10μm，基部宽 1.5~2.0μm；突起表面光滑，仅有很少、稀疏分布的微小颗粒；突起近圆柱形，向远端尖削为尖锐的顶端，通常有 4 个排列如同莲座的小分枝（长 0.5μm）。该种具膜壳壁简单裂开的脱囊结构。

　　产地、时代　美国俄克拉荷马州；早泥盆世，吉丁期（Gedinnian）。

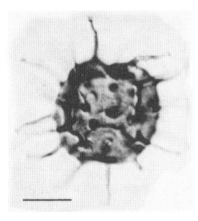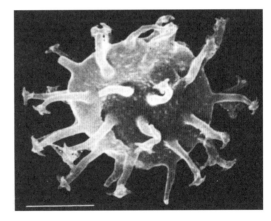

（引自 Loeblich and Wicander，1976；图版 2，图 3—4）

阿莫斯登藻属　*Amsdenium* Playford and Wicander，2006

　　模式种　*Amsdenium velatum* Playford and Wicander，2006

　　属征　膜壳原为球形，轮廓圆形至亚圆形；膜壳壁明显单层。膜壳的一极或顶部延伸形成圆柱形颈状结构物，其末端呈现圆形脱囊开口。膜壳附有刺状实心突起，突起被薄膜状墙脊连接形成精细的网。

掩帘阿莫斯登藻 *Amsdenium velatum* Playford and Wicander，2006

2006 *Amsdenium velatum* Playford and Wicander，p. 13；pl. 3，figs. 6—7；pl. 4，figs. 1—5,7—8.

种征 膜壳球形，轮廓圆形至亚圆形；膜壳壁厚0.8~1.5μm，表面光滑，通常有褶皱。膜壳附有实心、光滑和刺状的突起，从突起宽的基部（宽1.5~4.0μm，间距3~7μm）往上显著变细而呈线状，带有锐尖或锐圆形顶端；突起近端稍弯曲，长10~16μm；突起间有透明膜状物形成高而纤细的网。在膜壳一端有相对低矮、中空、壁薄、光滑的近圆柱形突出物，呈颈状，其末端为圆形脱囊开口（pylome）；颈状物同宽或向远端递减，其内与膜壳腔自由连通。膜壳未见口盖。

产地、时代 北美；晚奥陶世。

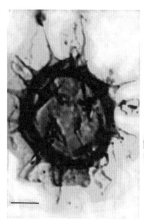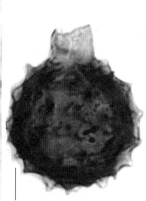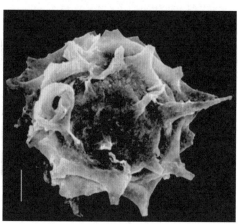

（引自 Playford and Wicander，2006；图版4，图1，4，7）

钩球藻属 *Ankyrotrochos* Vecoli，1999

模式种 *Ankyrotrochos crispum*（Vavrdová），comb. Vecoli，1999

属征 膜壳原本球形，轮廓圆形至亚圆形，与突起分界明显；膜壳壁单层，表面光滑。突起近同形、中空，主干圆柱形，远端明显分叉；由于基部塞的干预，突起与膜壳腔不连通；突起壁光滑或有稀疏颗粒，通常不明显。突起近端与膜壳呈角度接触，远端有与突起主干近垂直的第一次分叉的2~4个羽枝，它们再分叉为2~4个次羽枝；羽枝和次羽枝常有颗粒和棘刺，这些雕饰分子朝向末端增大和加密。膜壳具中间裂开的脱囊结构。

易碎钩球藻 *Ankyrotrochos crispum*（Vavrdová），comb. Vecoli，1999

1990 *Kladothecidium crispum* Vavrdová，p. 247；pl. 4，fig. 3.

1999 *Ankyrotrochos crispum* Vecoli，p. 31；pl. 2，figs. 8—9.

种征 膜壳球形，轮廓圆形至亚圆形；膜壳壁薄（<1μm），单层，表面光滑或具稀疏的颗粒（基部直径和高度约0.5μm）。膜壳附有10~25枚突起，突起近同形，但在同一标本，它们的长度明显不一样；突起主干圆柱形，中空，基部收缩；由于基部塞的嵌入，突起与膜壳腔不连通。突起近端与膜壳呈角度接触，突起壁与膜壳壁没有明显区别。突起远端分

叉形成 2~4 个显著的、与突起主干呈 90°、通常内卷的第一级羽枝,有近一半突起发育成第二级分叉,形成薄的、较长的内卷小羽枝。突起分叉的远端部分饰有颗粒,向末端渐变为鲛粒;颗粒和鲛粒的基部直径和高度为 0.5~1.0μm。膜壳具中裂的脱囊结构,突起常由于脱囊开口而变形。膜壳直径 40~60μm;突起主干长 9~25μm,宽 2.5~5.0μm;突起远端分叉总长 10~15μm。

产地、时代 捷克,德国东部,北非;早奥陶世,阿仑尼格晚期(late Arenigian)。

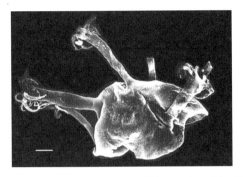 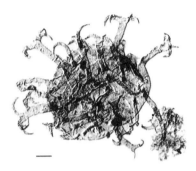

(引自 Vecoli,1999;图版 2,图 8—9)

畸形藻属 *Anomaloplaisium* Tappan and Loeblich,1971

模式种 *Anomaloplaisium ariacuspis* Tappan and Loeblich Jr.,1971

属征 膜壳为不对称梭形,一边膨胀呈宽的曲线,另一边通常呈直或些微膨胀;膜壳壁薄。膜壳端部有棘状突起,其中一枚较短;在突起基部,微刺更小,并减少乃至消失。刺的表面有鲛粒,显现微刺或球根状凸起,且与中空极面刺连接。离开膜壳壁光滑的中央部分,在接近端部突起基部,表面的鲛粒逐渐变为稀疏的小颗粒。膜壳未见脱囊开口。

塔潘畸形藻 *Anomaloplaisium tappaniae* Cramer and Díez,1977

1977 *Anomaloplaisium tappaniae* Cramer and Díez,p. 343;pl. 1,figs. 5—6.

种征 膜壳为规则或不对称的梭形,其中间部位表面光滑。膜壳两端有大小不同的突起。突起上半部不规则分布较长、常弯曲、实心尖出的小刺或小齿;这些雕饰不分叉,大小不一,且彼此间隔。膜壳长 90~120μm;突起长度是膜壳长度的 50%~125%;小刺长达 9μm。

产地、时代 摩洛哥;早奥陶世,阿仑尼格期(Arenigian)。

(引自 Cramer and Díez，1977；图版 1，图 6)

丛生藻属　*Arbusculidium*（Deunff, 1968），emend. Welsch, 1986

模式种　*Arbusculidium destombesii* Deunff, 1968

属征　膜壳为亚圆柱形或拉长的棱柱形，其两端异形对称；膜壳壁中央光滑，或有鲛粒、颗粒。突起顶端同形，不分叉，从基部至远端逐渐变细。在相对的另一极具有丝状物构成的网络。突起通常分叉支撑膜状物，而中心细丝状物可以形成围绕小刺的环，这在突起顶端清晰可辨。此外，在两极之间的膜壳壁也可出现少数突起。

框架丛生藻?　*Arbusculidium*? *adminiculum* Milia, Ribecai and Tongiorgi, 1989

1989 *Arbusculidium* sp. A Tongiogi and Ribecai, pl. 2, figs. 1, 4.

1989 *Arbusculidium*? *adminiculum* Milia, Ribecai and Tongiorgi, p. 10；pl. 1, figs. 14—16；pl. 3, figs. 2—4.

种征　膜壳轮廓为亚椭圆形，赤道部位收缩，具有异形端。膜壳顶端有简单突起，间或围绕有二裂或三裂的突起。在膜壳的相对不规则端，装饰有二裂或三裂的突起，它们的远端被丝状物连接形成网；在该端周边总有一些简单突起。膜壳长 18~34μm，宽 13~24μm；简单突起长 3~11μm；赤道带宽 6~9μm。

产地、时代　瑞典；寒武纪晚期。

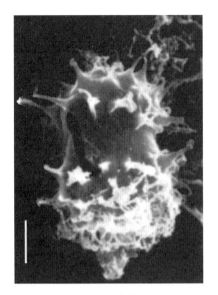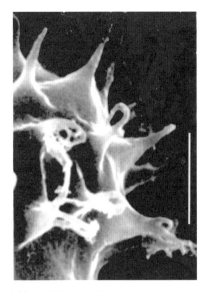

（引自 Milia *et al.*，1989；图版 1，图 15—16）

流行丛生藻　*Arbusculidium gratiosum* Cramer and Díez，1977

1977 *Arbusculidium gratiosum* Cramer and Díez，p. 344；pl. 4，fig. 6.

　　种征　该种具有 10 枚分布于膜壳顶部的主突起,偶尔在顶部区域有次一级的突起。相对应端有 6~10 枚鞭毛状棒样支撑的丝状结构物,这些棒状物通过不规则丝体(丝体呈圆柱式样排列)接合而构成较大圆柱形网;有些丝体交叉且与圆柱状覆盖物的对应边连接。膜壳壁约有 8 条对弧褶皱。膜壳长 50~60μm,宽 25~30μm;突起和棒状物的长度几乎等于膜壳长度。

　　产地、时代　摩洛哥;早奥陶世,阿仑尼格期(Arenigian)。

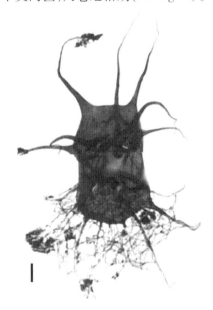

（引自 Cramer and Díez，1977；图版 4，图 6）

水螅样丛生藻 *Arbusculidium polypus* **Milia, Ribecai and Tongiorgi, 1989**

1989 *Arbusculidium polypus* Milia, Ribecai and Tongiorgi, p. 9; pl. 1, figs. 8—13.

种征 膜壳轮廓为矩形至亚矩形,具有异形端部。膜壳顶端有少数简单的、宽基部的锥形突起。位于膜壳不规则的另一端,有更多的突起分叉,具丝状末端,以至相邻突起整个被多种多样的丝状物连接。这些丝状物在突起末端连接形成密集的网。膜壳壁装饰有薄的、密集分布的纵向肋纹。膜壳长 23~37μm,宽 14~24μm;膜壳顶端突起长 6~24μm,不规则端突起长 9~23μm。

产地、时代 瑞典;寒武纪晚期。

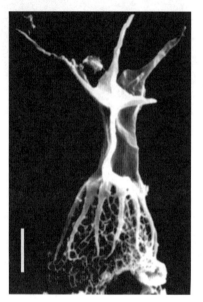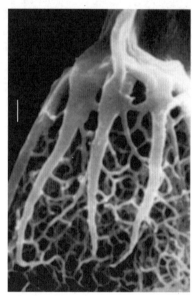

(引自 Milia *et al.* , 1989;图版 1,图 9—10)

缝合丛生藻 *Arbusculidium sutile* **Cramer and Díez, 1977**

1977 *Arbusculidium sutile* Cramer and Díez, p. 344; pl. 5, fig. 7.

种征 膜壳顶端具有 10~15 枚同形的主突起,偶尔在端部有次一级的突起;对应端有大的丝状结构物,但没有可区分的支撑棒。这些丝体交织,且越过和围绕端部形成裙状网络,其中的网眼大小不一,大的底部呈矩形,小的中部收缩。丝体末端没有外部覆盖物连接。膜壳壁约有 8 条对弧褶皱。膜壳长 60~75μm,宽 30~40μm;突起长度约为膜壳长度的一半。

产地、时代 摩洛哥;早奥陶世,阿仑尼格期(Arenigian)。

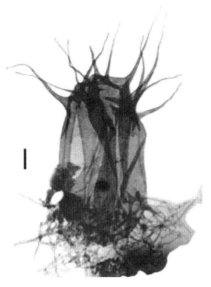

（引自 Cramer and Díez, 1977；图版 5, 图 7）

弓饰球藻属 *Arcosphaeridium* Uutela and Tynni, 1991

模式种 *Arcosphaeridium poriferum* Uutela and Tynni, 1991

属征 圆形至椭圆形的小膜壳, 突起聚在一起形成弓形。

异刺弓饰球藻 *Arcosphaeridium diversispinosum* Uutela and Tynni, 1991

1991 *Arcosphaeridium diversispinosum* Uutela and Tynni, p. 31; pl. 1, fig. 6.

种征 膜壳椭圆形, 附有许多短鞭状的突起（长度约为膜壳直径的 1/4）, 其中一些突起聚在一起呈弓形, 不规则分布。突起末端尖出, 不分叉。膜壳和突起表面覆有鲛粒。膜壳长 7~8 μm, 宽 5.5~6.5 μm；突起融合的弓形长 1~2 μm。

产地、时代 爱沙利亚；中—晚奥陶世。

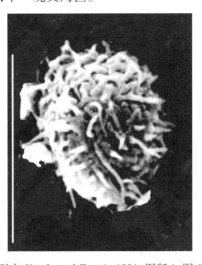

（引自 Uutela and Tynni, 1991；图版 1, 图 6）

具洞弓饰球藻　*Arcosphaeridium poriferum* Uutela and Tynni, 1991

1991 *Arcosphaeridium poriferum* Uutela and Tynni, p. 31; pl. 1, figs. 7a—b.

　　种征　膜壳球形,附有许多短而细的突起,突起单个或彼此融合呈不规则弓形。膜壳表面有网饰,网孔大小不一。突起表面光滑。膜壳长 9 μm,宽 7 μm;突起融合的弓形长 1 μm。

　　产地、时代　爱沙利亚;晚奥陶世,阿什极尔期(Ashgill)。

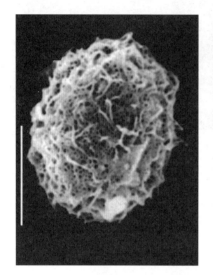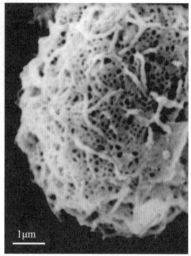

(引自 Uutela and Tynni, 1991;图版 1,图 7a—b)

阿雷莫尼卡藻属　*Aremoricanium* Deunff, 1955

　　模式种　*Aremoricanium rigaudiae* Deunff, 1955

　　属征　膜壳为两同心,内膜壳球形,覆有一些圆形穿孔的、低矮的凸起;外膜壳壁具有圆柱形至圆锥形延伸物,它们与内膜壳的孔口相对应。外膜壳附有长而中空的突起,它们的基部开放,且与两膜壳之间的空间相通。两膜壳的内腔通常彼此连接。

削头阿雷莫尼卡藻　*Aremoricanium decoratum* Loeblich and MacAdam, 1971

1971 *Aremoricanium decoratum* Loeblich Jr. and MacAdam, pp. 42—43; pl. 14, figs. 1—8; pl. 15, figs. 1—6.

　　种征　膜壳椭球形,具有明显管状延伸和圆形开口;膜壳壁薄,厚约 0.5 μm。膜壳附有许多不同大小和形状的突起,突起与膜壳腔不连通。一般与膜壳圆口相对应边有一枚较大突起或有对称分布的 2~3 枚或更多的大的突起;膜壳管状延伸壁上无突起,而接近管状延伸的突起较小。突起壁薄、透明,在高倍镜下显示凹痕和瘤;突起基部通常拱起呈肋状,其远端尖或可能破损变钝。在光学显微镜下观察,膜壳表面显示颗粒和褶皱;在扫描电子显微镜下,膜壳表面可见由不规则腔分隔的并由一系列不规则连接而形成脊的雕饰,以至出现海绵状的壁;这些雕饰在管状延伸处逐渐不明显,直至消失,其末端光滑或有非常微小的颗粒。膜壳未见口盖。从膜壳底边至管形颈状延伸的末端长 71~107 μm。

　　产地、时代　美国;中奥陶世,兰代洛期(Llandeilo)。

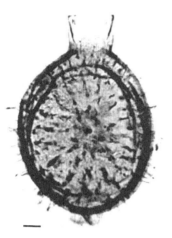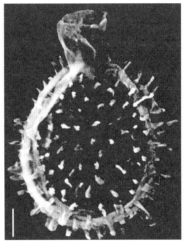

（引自 Loeblich and MacAdam，1971；图版 14，图 5，8）

简单阿雷莫尼卡藻　*Aremoricanium simplex* **Loeblich and MacAdam，1971**

1971 *Aremoricanium simplex* Loeblich Jr. and MacAdam, pp. 43—44; pl. 17, figs. 1—7.

种征　膜壳轮廓亚圆形至微椭圆形，具有末端明显圆口的颈状延伸；膜壳壁薄（厚约 1μm）。膜壳附有很少或数量不多的低矮、不明显的突起。在与圆口对应端偶尔可见一枚或几枚较长、宽而透明的突起，这些突起与膜壳腔不连通。膜壳表面在光学显微镜下显示颗粒，在电子显微镜下可见大量颗粒和不连续脊的组合。突起具有低矮的肋纹。膜壳未见口盖。从膜壳底部（不包括突起）至颈状延伸顶端，长 70~88μm，宽 55~60μm。

产地、时代　美国；中奥陶世，兰代洛期（Llandeilo）。

（引自 Loeblich and MacAdam，1971；图版 17，图 2，7）

粗糙阿雷莫尼卡藻　*Aremoricanium squarrosum* **Loeblich and MacAdam，1971**

1971 *Aremoricanium squarrosum* Loeblich Jr. and MacAdam, p. 44; pl. 18, figs. 1—8.

种征　膜壳轮廓亚圆形至梨形或长颈瓶形，具有末端圆口、长的颈状延伸。膜壳中部壳壁厚约 1μm。在光学显微镜下，壳壁表面光滑或显示微小颗粒，而在 2 万倍的电子显微镜下,膜壳和颈状延伸的表面显示海绵状的褶皱。膜壳附有许多(达24枚)壁厚约0.5μm的中空突起,其末端钝圆,大多(很少为单一的突起)在近末端二分叉处形成两个等长的分枝,或者从正常突起基部芽生出更小的突起。突起近端封闭。膜壳未见脱囊开口的口盖。膜壳底至颈状延伸顶部的长度为84~103μm(不包括突起)。

产地、时代 美国;晚奥陶世,卡拉道克期(Caradoc)。

(引自 Loeblich and MacAdam,1971;图版18,图1,3,7)

管子阿雷莫尼卡藻 *Aremoricanium syringosagis* Loeblich and MacAdam,1971

1971 *Aremoricanium syringosagis* Loeblich Jr. and MacAdam, p. 44;pl. 18, fig. 9.

种征 膜壳轮廓为梨形,具有明显的、末端圆口的颈状延伸;膜壳壁薄(厚约0.7μm),表面覆有微小颗粒。膜壳附有9枚壁薄(厚约0.3μm)的突起,其长可达58μm;膜壳远端钝圆,表面有微小颗粒和小褶皱。突起与膜壳交汇处有隔膜致使突起封闭,且与膜壳腔不连通。膜壳未见脱囊开口的口盖。膜壳底至颈状延伸顶部的长度为113μm(不包括突起)。

产地、时代 美国;晚奥陶世,阿什极尔期(Ashgill)。

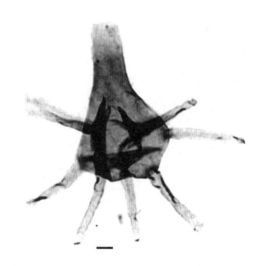

(引自 Loeblich and MacAdam,1971;图版18,图9)

多毛阿雷莫尼藻　*Aremoricanium tosotrichion* Loeblich and MacAdam，1971

1971 *Aremoricanium tosotrichion* Loeblich Jr. and MacAdam, p. 44—45; pl. 19, figs. 1—7.

种征　膜壳轮廓近圆形至微椭圆形，具有明显颈状延伸（长 12~26μm），其末端圆形开口（直径 16μm）；膜壳壁薄（厚度 <0.5μm）。在光学显微镜下，膜壳表面显示颗粒或小褶皱；在电子显微镜放大 1 万倍下，膜壳表面显示微小凸起有假皱纹雕饰。膜壳表面雕饰不同于颈状延伸，具有密集分布、极小的毛发状、透明的凸起物，它们的直径小于 0.5μm，长 5~7μm，通常沿周边缠结。膜壳未见脱囊开口的口盖。膜壳底至颈状延伸顶部，长 64~97μm（不包括突起），宽 51~66μm。

产地、时代　美国；中奥陶世，兰代洛期（Llandeilo）。

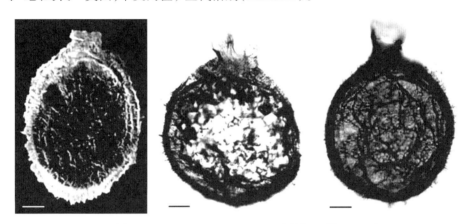

（引自 Loeblich and MacAdam，1971；图版 19，图 2—3,6）

阿克尼藻属　*Arkonia* Burmann，1970

模式种　*Arkonia uirgata* Burmann，1970

属征　膜壳轮廓呈三角形，三射分布简单突起。膜壳表面具有条纹或系列小褶皱。这些小褶皱间隔或聚集在一起，在突起和膜壳表面皆有分布；此种纹饰呈现交叉的扇形，而与真实网的相交肋纹（条纹、分开的褶皱）一致。肋纹源自三突起基部，它们要么与相邻膜壳边近平行，或者微内凹呈拱形；它们从三个方向在膜壳中部聚集，并逐渐消散或显著分异（肋纹辐射中心）。中心肋纹通常比膜壳外围的肋纹更加弯曲，相邻突起的外围肋纹可以融合或交互，呈现间隔或消散；扇形条纹可能由肋纹生成，也可能由微小雕饰（如小颗粒）相类似的排列造就。

凹边阿克尼藻　*Arkonia concave* Uutela and Tynni，1991

1991 *Arkonia concave* Uutela and Tynni, p. 32; pl. Ⅲ, fig. 25.

种征　膜壳三角形，在每个角部有一枚远端尖出的突起。膜壳边微内凹，表面有细小条纹和平行膜壳边排列的颗粒带。突起壁表面光滑。膜壳边长 25~31μm；突起长 20μm，彼此间距 65~75μm。

产地、时代　爱沙利亚；中奥陶世。

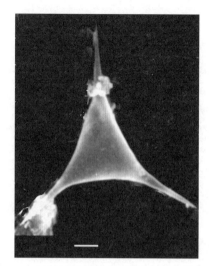

（引自 Uutela and Tynni，1991；图版 3，图 25）

半粒阿克尼藻　*Arkonia semigranulata* Uutela and Tynni，1991

1991 *Arkonia semigranulata* Uutela and Tynni，p. 33；pl. Ⅲ，fig. 26.

种征　膜壳三角形,边直而壳壁薄,每个角部有一枚远端尖出的突起。突起与膜壳的交汇界线模糊不清,近膜壳边有一些平行膜壳边的细小条纹。膜壳中部延伸至突起顶端都有锥形颗粒。膜壳边长 25~30μm；突起长 13~20μm，彼此间距 50~75μm。

产地、时代　爱沙利亚；中奥陶世，卡拉道克期(Caradoc)。

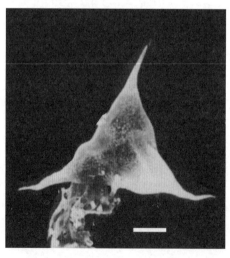

（引自 Uutela and Tynni，1991；图版 3，图 26）

袋形藻属　*Aryballomorpha* Martin and Yin，1988

模式种　*Aryballomorpha grootaertii* (Martin)，emend. Martin and Yin，1988

属征　从极面或侧面来看,膜壳呈现球形。大多数标本侧向附有明显的、远端圆形开口的管状延伸,未见口盖。膜壳壁表面光滑至棘刺。除管状延伸外,壳壁均匀分布许多易弯曲的突起。突起圆柱形或稍显锥形,中空,且与膜壳腔连通,但有两枚突起基部被膜壳壁的延伸所分隔。突起远端分叉为窄的带状分枝,与相邻突起的分枝连接构成精美、围绕的网,显示细而致密的网眼。

亚贝达袋形藻　*Aryballomorpha albertana* Martin, 1992

1992 *Aryballomorpha albertana* Martin, p. 21; pl. 2, figs. 5—7, 9—15.

种征　膜壳球形至近球形,从极面和侧面来看,其轮廓呈圆形至亚圆形。大多数标本侧面显示一枚中空、管状凸出,其远端圆形开口,未见口盖。管状延伸的长度和基部宽度通常分别为膜壳直径的 1/6~1/4 和 1/5~1/3。膜壳和管状突出的表面光滑或有多样棘刺。除管状凸出外,膜壳均匀分布大量(120 枚或更多)细长突起,它们显示纵向细小褶皱,偶尔有较短的突起。突起中空,其近端部分推测与膜壳腔连通;突起基部时有侧面“脊梁”连接,“脊梁”长度是膜壳直径的 1/25 或 1/10;突起远端分叉为 2 或 4 条带状分枝,且与相邻突起的分枝连接形成精细编织的网。膜壳直径 30~51μm(平均39μm);管状延伸长 5.5~8.0μm,宽 6~14μm;突起长 1.2~4.0μm,基部宽 0.3~1.0μm(通常 0.7μm)。

产地、时代　加拿大亚贝达省;早奥陶世,特拉马克期(Tremadocian)。

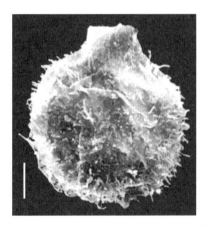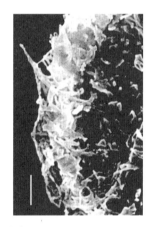

(引自 Martin, 1992;图版 2,图 13—14)

星形藻属　*Asteridium* Moczydłowska, 1991

模式种　*Asteridium lanatum* (Volkova, 1969), comb. Moczydłowska, 1991

属征　小的膜壳为球形至椭球形,膜壳薄壁,单层。膜壳附有不同数量的突起,这些突起为实心,与膜壳腔不连通;突起同形,简单,圆柱形,或基部微宽出;突起远端尖削,钝或膨大。突起长度通常小于膜壳直径。膜壳未见脱囊结构。

柔毛星形藻　*Asteridium lanatum* (Volkova, 1969), comb. Moczydłowska, 1991

1969 *Micrhystridium lanatum* Volkova, p. 227; pl. 50, figs. 27—28.

1991 *Asteridium lanatum* Moczydłowska, p. 47; pl. 1, figs. D—F.

种征　膜壳圆形至椭圆形。膜壳附有大量均匀分布的突起;突起同形,细长毛发状,且等长;突起基部稍宽,顶端尖。膜壳未见脱囊结构。膜壳直径 10~21μm;突起长2~5μm。

产地、时代 东欧地台,波兰东南部;早寒武世。

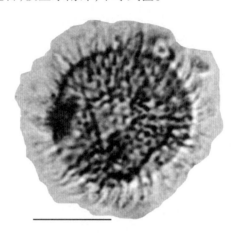

(引自 Moczydłowska, 1991;图版1,图 E)

苍白星形藻 *Asteridium pallidum*（Volkova, 1968）, comb. Moczydłowska, 1991

1968 *Micrhystridium pallidum* Volkova, p. 21; pls. 4. 5—9, 11. 4.

1991 *Asteridium pallidum* Moczydłowska, p. 48; pl. 1, figs. I —J.

种征 膜壳附有少数不规则分布的突起;突起圆柱形,锥形基部稍宽而顶端钝。膜壳未见脱囊结构。膜壳直径8~15μm;突起长约2μm。

产地、时代 东欧地台,波兰东南部;早寒武世。

(引自 Moczydłowska, 1991;图版1,图 I)

厚重星形藻 *Asteridium solidum* Moczydłowska, 1998

1998 *Asteridium solidum* Moczydłowska, p. 51; fig. 20E—F.

种征 膜壳轮廓圆形至椭圆形,附有大量短的粗刺。这些刺实心,密集均匀分布,其基部宽而顶端尖。膜壳直径 15~19μm;突起长约2μm。

产地、时代 波兰上西里西亚;中寒武世。

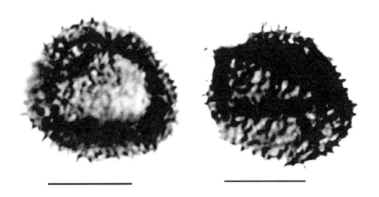

（引自 Moczydłowska，1998；图 20E—F）

棘刺星形藻　*Asteridium spinosum*（Volkova，1969），comb. Moczydłowska，1991

1969 *Micrhystridium spinosum* Volkova，p. 229；pl. 50，figs. 14—16.

1991 *Asteridium spinosum* Moczydłowska，p. 48；pl. 1，figs. G—H.

种征　膜壳圆形至椭圆形，壳壁附有大量均匀分布的突起。这些突起简单、细长。膜壳直径 7~12μm；突起长约 2~3μm。

产地、时代　东欧地台，波兰东南部；早寒武世。

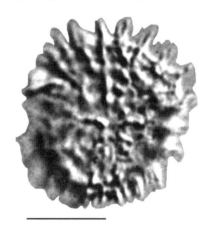

（引自 Moczydłowska，1991；图版 1，图 H）

圆轮星形藻　*Asteridium tornatum*（Volkova，1968），comb. Moczydłowska，1991

1968 *Micrhystridium tornatum* Volkova，p. 21；pl. 4，figs. 1—4；pl. 10，fig. 8.

1991 *Asteridium tornatum* Moczydłowska，p. 48；pl. 1，figs. A—C.

种征　膜壳轮廓圆形至椭圆形。膜壳壁表面均匀分布短的小刺状突起，并常有小的挤压褶皱。膜壳直径 8~21μm；突起长 1~2μm。

产地、时代　东欧地台，波兰东南部；早寒武世。

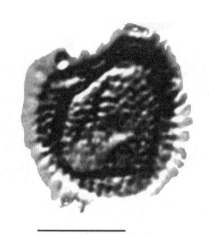

（引自 Moczydłowska，1991；图版 1，图 B）

阿萨巴斯卡藻属 *Athabascaella*（Martin，1984），emend. Martin and Yin，1988

模式种 *Athabascaella playfordii*（Martin，1984），emend. Martin and Yin，1988

属征 膜壳球形，其轮廓圆形，具明显的单层壁。膜壳壁表面光滑或有细微雕饰。膜壳附有许多显著突起。突起近端原本中空，与膜壳腔连通。突起远端为三至四级分叉，分枝很短，渐宽呈圆形，或拉长，远端渐尖削。相邻突起下部微锥形或稍显圆柱形，它们的远端分枝由于侧面扩张而彼此连接；突起远端可支撑精细、透明的膜状物。膜壳很少见到圆形脱囊开口。

森瓦普塔阿萨巴斯卡藻 *Athabascaella sunwaptana* Martin，1992

1992 *Athabascaella sunwaptana* Martin，p. 23；pl. 5，figs. 5—13.

种征 膜壳球形，其轮廓圆形，单层壁。膜壳壁表面有小棒状突起连接并相互编织形成外围细网。膜壳每面均匀分布有 80~100 枚突起，突起近端呈拉长圆柱形，原中空，是否与膜壳腔连通不清楚；突起主干有窄的基部，其长度是膜壳直径的 1/5 或者 1/3；突起末端从同一平面分叉形成 2~4 个分枝，且有二级、三级再分叉；突起主干和分枝侧面皆显扩展，并与相邻突起连接，以至一些标本显示出由突起远端分枝支撑的精细、透明的外包膜状物。膜壳脱囊开口尚不确定。膜壳直径 24~43μm（平均 33μm）。突起主干长 6~12μm，基部宽 0.7~1.0μm；突起远端分枝长达 5μm；棒状突出高 0.5~1.5μm。

产地、时代 加拿大亚贝达省；早奥陶世，特拉马克期（Tremadocian）。

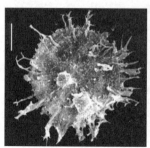

（引自 Martin，1992；图版 5，图 6，9，12）

棒凸球藻属　*Bacisphaeridium* Eisenack，1962

模式种　*Bacisphaeridium bacifer*（Eisenack，1934），Eisenack，1962

属征　膜壳球形，附有尖而明显的突起（少数具有两枚突起）。

颗粒棒凸球藻　*Bacisphaeridium granulatum* Uutela and Tynni，1991

1991 *Bacisphaeridium granulatum* Uutela and Tynni，p. 34；pl. Ⅲ，fig. 27.

种征　膜壳球形，膜壳壁薄；膜壳表面稀疏分布明显的颗粒。膜壳具有一枚与膜壳腔连通的突起，其远端窄细，渐尖出呈矛尖形。膜壳直径104μm；突起长21μm，宽14μm。

产地、时代　爱沙利亚；晚奥陶世。

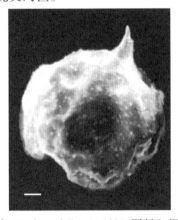

（引自 Uutela and Tynni，1991；图版3，图27）

毛刺棒凸球藻　*Bacisphaeridium saetosum* Uutela and Tynni，1991

1991 *Bacisphaeridium saetosum* Uutela and Tynni，p. 34；pl. Ⅲ，fig. 28.

种征　膜壳球形，膜壳壁薄。膜壳表面密集分布长约4μm的钉形装饰物。膜壳两边各有一枚近端弯曲、远端宽出的突起；突起表面相对光滑；突起可能与膜壳腔连通。膜壳直径70~82μm；突起长25~37μm，直径18μm。

产地、时代　爱沙利亚；晚奥陶世，阿什极尔期（Ashgill）。

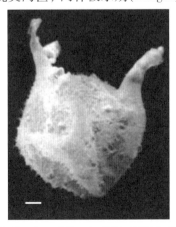

（引自 Uutela and Tynni，1991；图版3，图28）

波罗的海球藻属 *Baltisphaeridium* (Eisenack, 1958), emend. Eisenack, 1969

模式种 *Baltisphaeridium longispinosum* (Eisenack, 1931 ex O. Wetzel, 1933) Eisenack, 1969

属征 膜壳球形,辐射分布很多突起。大部分突起同形,其末端封闭。多数突起不分叉,但在同一标本中极少数突起出现分叉。突起空腔与膜壳腔不连通。突起(即使只有少数突起)通常对称分布。膜壳直径一般大于30μm(通常40~60μm),或可达70μm,乃至300μm。膜壳圆口(pylome)罕见。

两可波罗的海球藻 *Baltisphaeridium adiastaltum* Wicander, Playford and Robertson, 1999

1981 *Baltisphaeridium* cf. *B. hirsutoides* Wright and Meyers, p. 22; pl. 3, figs. a, c.

1985 *Baltisphaeridium* cf. *B. hirsutoides* Jacobson and Achab, pp. 172—175; pl. 2, figs. 5, 7.

1999 *Baltisphaeridium adiastaltum* Wicander, Playford and Robertson, p. 5; pl. 4, figs. 4—6, 9.

种征 膜壳轮廓圆形至亚圆形,膜壳壁表面光滑。膜壳附有很多相互离散,呈现拉长、中空、光滑或粗糙的突起;突起的近端封闭,与膜壳腔不连通,而远端渐收尖。该种具膜壳壁简单裂开的脱囊结构。

种征 膜壳轮廓圆形至亚圆形;膜壳壁单层,光滑,厚1.0~1.5μm。膜壳离散(间距7~14μm)分布16~31枚突起,它们直或微弯曲,同形,拉长。突起中空,由于近端少许加厚或有1~2μm的基塞而被封闭,与膜壳腔不相通。突起壁厚约0.5μm,表面光滑至粗糙。突起长20~44μm,基部宽2.5~4.5μm,其远端渐尖出。该种具膜壳壁简单裂开的脱囊结构。

产地、时代 北美;晚奥陶世,卡拉道克—阿什极尔期(Caradoc—Ashgill)。

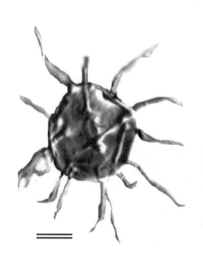 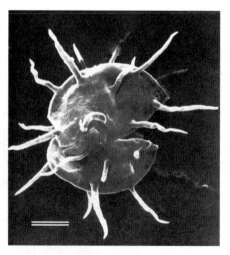

(引自 Wicander *et al.*, 1999;图版4,图6—7)

困惑波罗的海球藻 *Baltisphaeridium ainiktum* **Loeblich and Wicander**，1976

1976 *Baltisphaeridium ainiktum* Loeblich Jr. and Wicander, p. 7—8；pl. 2, fig. 1.

种征 膜壳轮廓亚圆形至亚多角形，最大直径 27μm。膜壳附有 13 枚柔韧、壁薄、中空的突起。突起与膜壳直径近等长，突起远端尖出，近端微收缩，被长度约 2μm 的、比突起和膜壳壁更致密的物质所堵塞。膜壳壁厚度小于 0.5μm，而突起壁更薄一点；突起和膜壳壁表面皆光滑。该种具膜壳壁简单裂开的脱囊结构。

产地、时代 美国俄克拉荷马州；早泥盆世，晚吉丁期（Late Gedinnian）。

（引自 Loeblich and Wicander, 1976；图版 2，图 1）

丘疹波罗的海球藻 *Baltisphaeridium aitholikellum* **Loeblich and Wicander**，1976

1976 *Baltisphaeridium aitholikellum* Loeblich Jr. and Wicander, 1976, p. 8；pl. 2, figs. 2,8.

种征 膜壳轮廓亚圆形至角圆形，直径 22~29μm。膜壳附有 14~18 枚长 23μm、近端宽 2μm 的中空突起。突起从膜壳壁外层升起，其与膜壳壁连接处微收缩，且被膜壳壁内层往上凸起或沉淀物形成的、长约 2μm 的塞所阻隔。突起柔韧，在光学显微镜下，它们的表面光滑，向突起远端缓慢尖出；突起壁双层，厚 1.0~1.5μm，在稀疏微刺（长 1.5μm、基部宽 0.5μm）间显现光滑表面。膜壳未见脱囊结构，推测可能是膜壳壁简单裂开的结构。

产地、时代 美国俄克拉荷马州；早泥盆世，晚吉丁期（Late Gedinnian）。

（引自 Loeblich and Wicander, 1976；图版 2，图 2）

弯曲波罗的海球藻　*Baltisphaeridium anfractum* Playford, 1977

1977 *Baltisphaeridium anfractum* Playford, 1977, p. 11; pl. 1, figs. 1—8.

种征　膜壳球形, 其轮廓圆形至亚圆形; 膜壳壁厚 1.5~2.0μm, 在光学显微镜下表面光滑至粗糙, 而在电子扫描镜下, 呈现微粗糙至不规则微小颗粒。膜壳离散分布 6~16 枚(平均 9 枚)同形、长、纤细、柔软的突起; 突起半实心, 具有较厚的壁(0.5~1.5μm)。从突起弯曲的近端至窄细、钝圆远端的区间有狭长的中央空腔, 但与膜壳腔不连通。已知标本表明, 突起抑或通过近端不甚明显的锥形腔, 或通过一条窄细的中央通道与膜壳腔连通。同样, 突起壁表面光滑至粗糙或微小颗粒, 但通常显示稍明显的雕饰。突起长 30~60μm, 圆形基部宽 2.0~5.5μm, 彼此间距 7~18μm。该种具膜壳壁简单裂开的脱囊结构。

产地、时代　加拿大安大略省; 早泥盆世, 埃姆斯期(Emsian)。

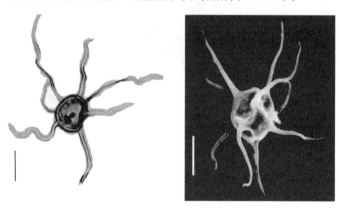

(引自 Playford, 1977; 图版 1, 图 1, 5)

栗形波罗的海球藻　*Baltisphaeridium castaneiforme* Uutela and Tynni, 1991

1991 *Baltisphaeridium castaneiforme* Uutela and Tynni, p. 37; pl. Ⅲ, fig. 29.

种征　膜壳球形, 附有许多短而细的突起(光学断面可见 70 枚; 其长度约为膜壳直径的 1/6)。突起简单、同形, 末端尖, 近端宽出, 与膜壳腔不连通。膜壳和突起表面皆有颗粒; 膜壳见有中裂开。膜壳直径 48μm; 突起长 5~8μm, 彼此间距 8~10μm。

产地、时代　爱沙利亚; 早奥陶世, 阿伦尼克期(Arenigian)。

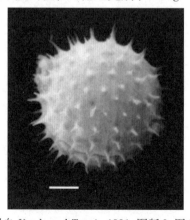

(引自 Uutela and Tynni, 1991; 图版 3, 图 29)

附蓟波罗的海球藻 *Baltisphaeridium cirsinum* Uutela and Tynni, 1991

1991 *Baltisphaeridium cirsinum* Uutela and Tynni, p. 37; pl. Ⅲ, figs. 30a—b.

种征 膜壳球形,附有许多短的突起(光学断面可见约 100 枚),其长度约为膜壳直径的 1/5。突起简单,同形,远端尖出,微宽出的近端与膜壳间有塞,以至与膜壳腔不连通。膜壳和突起表面有鞭状钉的装饰(长约 2μm);膜壳见有中裂开。膜壳直径 38~60μm;突起长 6~8μm,基部宽 2~3μm,彼此间距 5μm。

产地、时代 爱沙利亚;早—中奥陶世,阿伦尼克—兰代洛期(Arenigian—Llandeilo)。

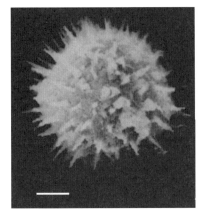

(引自 Uutela and Tynni, 1991;图版 3,图 30a—b)

克拉瓦特波罗的海球藻 *Baltisphaeridium cravattense* Loeblich and Wicander, 1976

1976 *Baltisphaeridium cravattense* Loeblich Jr. and Tappan, 1976, p. 8; pl. 2, figs. 6—7.

种征 膜壳受挤压,轮廓亚圆形至多角形,直径 24~29μm。膜壳具双层壁,厚约 1μm,致密。膜壳附有 12~13 枚长达 27μm 的中空突起,它们的近端平均宽 2μm,在与膜壳壁连接处微收缩,且被与膜壳壁内层相类似的致密物堵塞长达 2μm。突起较坚实,但通常有点弯曲,从其长度的 1/3~1/2 处尖削至尖出。膜壳和突起表面皆光滑。突起壁透明,厚度小于膜壳壁的 1/3;突起显然发生自膜壳壁外层。该种具膜壳壁简单裂开的脱囊结构。

产地、时代 美国俄克拉荷马州;早泥盆世,晚吉丁期(late Gedinnian)。

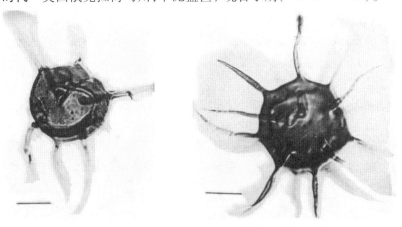

(引自 Loeblich and Wicander, 1976;图版 2,图 6—7)

多突波罗的海球藻　*Baltisphaeridium crebrum* **Playford，1977**

1977 *Baltisphaeridium crebrum* Playford，1977，p. 11—12；pl. 1，figs. 9—12.

种征　膜壳为球形,其轮廓为圆形至亚圆形。膜壳壁厚 1.0~2.5μm,表面有明显颗粒—棘刺(基部宽和高 <1μm,间距0.5~1.5μm),或粗糙,或几近光滑。膜壳横断面可见18~38枚突起。大多数标本的突起有明显的"塞"而封闭,与膜壳腔的不连通,但在少数小标本,突起没有"塞"而与膜壳腔连通。突起近端弯曲或与膜壳壁呈角度接触。大多数突起不分叉,从基部向远端渐尖削;在一些标本中,在超过突起1/5的部位有二分叉(甚至二次分叉),二分叉一般发生在突起末端,但也有出现在略小于从突起基部至远端的1/6处。突起尖出;突起为同形或异形(此取决于突起是否分叉),中空,直或微弯曲,在膜壳壁近似均匀地密集分布。突起壁光滑至粗糙,厚约0.5μm;突起长8~26μm,其圆基部直径1~3μm,彼此间距 1~8μm。少量标本显示该种具膜壳壁简单裂开的脱囊结构。

产地、时代　加拿大安大略省;早泥盆世,艾姆斯期(Emsian)。

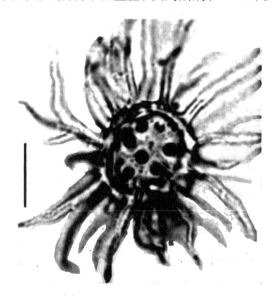

(引自 Playford，1977;图版 1,图 10)

短突波罗的海球藻　*Baltisphaeridium curtatum* **Playford and Wicander，2006**

2006 *Baltisphaeridium curtatum* Playford and Wicander，p. 16；pl. 7，figs. 1—4.

种征　膜壳球形,其轮廓圆形至亚圆形。膜壳单层壁,厚0.8~1.7μm,表面光滑至粗糙。膜壳附有11~14枚(一般17~20枚)均匀分布的刺状突起,突起彼此分离、柔软、中空、同形,从圆形基部(宽0.8~3.0μm)向远端逐渐尖出。突起直或弯曲,长6~22μm,壁厚0.4~0.8μm,表面光滑或粗糙(在扫描电子显微镜下观察)。由于壁层相隔(短的突起有基塞),突起内腔与膜壳腔不连通。少量标本呈现膜壳壁简单裂开的脱囊结构。

产地、时代　北美;晚奥陶世。

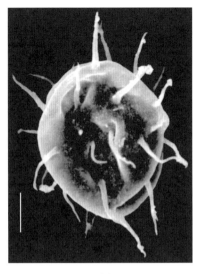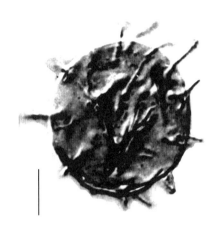

（引自 Playford and Wicander，2006；图版7，图1—2）

充满波罗的海球藻　*Baltisphaeridium distentum* Playford，1977

1977 *Baltisphaeridium distentum* Playford，p. 12—13；pl. 1，figs. 13—14；pl. 2，figs. 1—5.

　　种征　膜壳球形，其轮廓圆形至亚圆形。膜壳壁厚 0.5~1.5μm，在光学显微镜下表面光滑至粗糙，而在扫描电子显微镜下则显示微颗粒至微粗糙。膜壳附有 6~23 枚中空、薄壁、透明且经常弯曲的突起，突起基部典型收缩（很少呈交角或微弯曲）。突起表面光滑至微粗糙，在电子显微镜下显示纵向微弱条纹。突起通常同形，亚圆柱形至纺锤形，渐尖削或偶尔变粗，远端简单尖出。有些标本的突起呈现异形，其远端呈现小的叉状尖出。突起基部有明显的"塞"而与膜壳腔不连通，很少见"塞"有窄的中央通道而与膜壳腔连通。突起一般长 20~40μm（少数可达 60μm），其圆形基部直径 1.5~4.5μm，彼此间距4~16μm。该种具膜壳壁简单裂开的脱囊结构。

　　产地、时代　加拿大安大略省；早泥盆世，艾姆斯期（Emsian）。

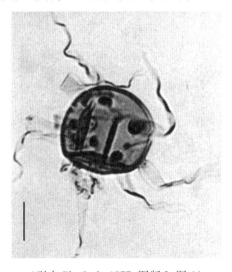

（引自 Playford，1977；图版2，图1）

爱沙利亚波罗的海球藻　*Baltisphaeridium esthonicum* Uutela and Tynni，1991

1991 *Baltisphaeridium esthonicum* Uutela and Tynni，39；pl. Ⅲ，fig. 31.

　　种征　膜壳球形,具有5~7枚突起,它们的长度不同,但都小于膜壳直径。另有一些较小突起,其长度为膜壳直径的1/10。突起简单,圆锥形,远端尖,弯曲的近端有塞。膜壳和突起表面皆密布小棘刺。膜壳见有中裂开。膜壳直径34~45μm,膜壳壁厚约1μm;突起长25~30μm,基部宽3~4μm。

　　产地、时代　爱沙利亚;早—中奥陶世,阿伦尼克—兰维尔期(Arenigian—Llanvirn)。

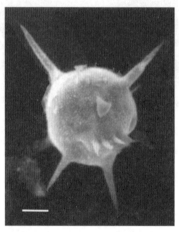

(引自 Uutela and Tynni，1991；图版3,图31)

盘曲波罗的海球藻　*Baltisphaeridium flexuosum* Uutela and Tynni，1991

1991 *Baltisphaeridium flexuosum* Uutela and Tynni，39；pl. Ⅴ，fig. 48.

　　种征　膜壳球形,具有许多(光学断面可见25枚)鞭状突起,它们的最大长度不超过膜壳直径。突起简单、同形,远端尖或微圆形,近端弯曲,与膜壳腔不连通。膜壳和突起表面皆有微小颗粒。膜壳未见中裂缝。膜壳直径35~43μm;突起长15~26μm,彼此间距6~20μm。

　　产地、时代　爱沙利亚;早—中奥陶世,阿伦尼克—兰代洛期(Arenigian—Llandeilo)。

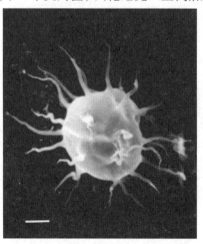

(引自 Uutela and Tynni，1991；图版5,图48)

分叉波罗的海球藻　*Baltisphaeridium furcosum* Le Hérissé，1989

1989 *Baltisphaeridium furcosum* Le Hérissé，p. 85；pl. 6，figs. 3—4.

种征　膜壳球形；膜壳壁较厚，表面光滑。膜壳附有许多(25~50 枚)圆柱形、中空、窄细的突起，突起近端与膜壳接触不收缩；突起一般异形，远端简单尖出，在很少情况下有一级二分叉分枝；突起基部有呈"V"字形的短塞。膜壳未见脱囊结构。膜壳直径 18~32μm；突起长 5.5~14.0μm(平均 9~11μm)，基部宽 1.0~1.5μm，彼此间距 6~8μm。

产地、时代　瑞典哥特兰岛；中志留世，文洛克早期(early Wenlock)。

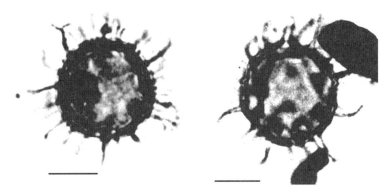

(引自 Le Hérissé，1989；图版 6，图 3—4)

库拉雷波罗的海球藻　*Baltisphaeridium kaurannei* Uutela and Tynni，1991

1991 *Baltisphaeridium kaurannei* Uutela and Tynni，p. 41；pl. Ⅴ，figs. 49a—b.

种征　膜壳球形，具有约 10 枚突起，它们的长度等于或略大于膜壳直径。突起简单、同形、壁薄、末端尖，近端微收缩。膜壳和突起表面有鞭状棘刺，致使突起远端长度增加了 6μm。膜壳见有中裂。膜壳直径 50~64μm；突起长 45~60μm，基部宽 10~11μm，彼此间距 10~30μm。

产地、时代　爱沙利亚；早—中奥陶世，阿伦尼克—兰维尔期(Arenigian—Llanvirn)。

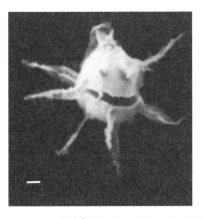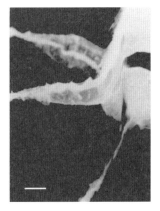

(引自 Uutela and Tynni，1991；图版 5，图 49a—b)

穆尔德波罗的海球藻　*Baltisphaeridium muldiensis* Le Hérissé，1989

1989 *Baltisphaeridium muldiensis* Le Hérissé，p. 85；pl. 5，figs. 17—18；pl. 6，figs. 1—2.

种征　膜壳球形,壁厚。膜壳附有 30~40 枚窄细、圆柱形、中空、透明的突起,它们的远端大多简单尖出,偶尔二分叉。突起长度小于膜壳直径,与膜壳壁明显呈角度接触。突起的狭窄基部没有塞,但与膜壳腔不连通。在扫描电子显微镜下,突起主干装饰有纵向、突出的脊纹,而膜壳表面覆有致密、不规则的微小颗粒。膜壳直径 20~25μm；突起长 10~18μm,基部宽 1.5μm。

产地、时代　瑞典哥特兰岛；中—晚志留世,文洛克—卢德洛期(Wenlock—Ludlow)。

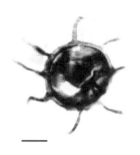 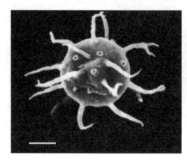 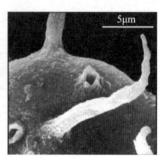

(引自 Le Hérissé，1989；图版 5,图 17—18；图版 6,图 2)

多刺波罗的海球藻　*Baltisphaeridium muricatum* Le Hérissé，1989

1989 *Baltisphaeridium muricatum* Le Hérissé，p. 86；pl. 6，fig. 7.

种征　膜壳球形；膜壳壁较厚,表面有颗粒。膜壳附有许多（多于 50 枚）圆锥形、中空、短而粗壮、异形的突起,它们的远端简单尖出或二分叉,近端与膜壳壁接触而没有收缩。突起主干表面光滑。膜壳未见脱囊结构。膜壳直径 28~46μm；突起长 3.5~8.0μm（平均 5.5μm）,宽 1.5μm,彼此平均间距 5.5μm。

产地、时代　瑞典哥特兰岛；中志留世,文洛克期(Wenlock)。

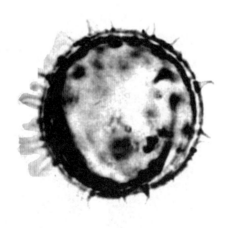

(引自 Le Hérissé，1989；图版 6,图 7)

纤细波罗的海球藻 *Baltisphaeridium stamineum* Playford, 1977

1977 *Baltisphaeridium stamineum* Playford, 1977, p. 14—15; pl. 3, figs. 1—3.

种征 膜壳球形至近球形,其轮廓圆形至亚圆形;膜壳壁厚1.0~2.5μm,表面光滑至粗糙(由腐蚀作用造成的)。突起微异形,纤细,以角度或微弯曲与膜壳壁接触,它们在膜壳规则或不规则分布。突起内部中空,但与膜壳腔不连通。突起分叉(一次或二次分叉,较少为三次二分叉)或不分叉(简单尖出),分叉通常限于端部,但也有起始于从基部往上略小于5μm处;分叉一般非对称。突起壁厚<0.5μm,表面光滑;突起长8~38μm(平均15~25μm),基部宽0.5~3.5μm(平均1~2μm),彼此间距2~20μm。该种具膜壳壁简单裂开的脱囊结构。

产地、时代 加拿大安大略省;早泥盆世,艾姆斯期(Emsian)。

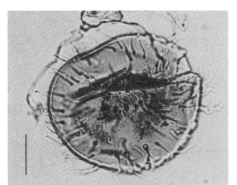
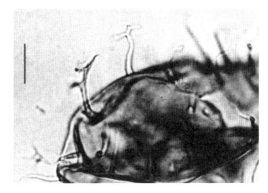

(引自 Playford, 1977;图版3,图1—2)

桑奎斯特波罗的海球藻 *Baltisphaeridium sundquisti* Le Hérissé, 1989

1989 *Baltisphaeridium sundquisti* Le Hérissé, p. 86; pl. 6, figs. 16—19.

种征 膜壳球形,壁厚,表面覆有微小凹穴或颗粒。膜壳附有6~8枚中空、大而直的突起;突起远端简单或二分叉,其基部被不规则塞封闭,近端不收缩。突起长度与膜壳最大直径相等。膜壳具简单裂缝的脱囊结构。膜壳直径29~33μm;突起长30~39μm,基部宽2.5~4μm。

产地、时代 瑞典哥特兰岛;中志留世,文洛克期(Wenlock)。

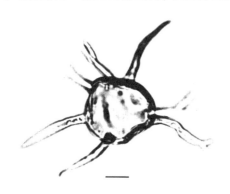

(引自 Le Hérissé, 1989;图版6,图16,19)

巴拉克藻属 *Barakella* Cramer and Díez, 1977

模式种 *Barakella fortunata* Cramer and Díez, 1977

属征 膜壳从平面看呈棱柱形,由于具有异极突起而呈现异形端。突起在膜壳两顶端分布;主级突起同形,不分叉或简单分叉,远端细长且尖削呈鞭状;次级突起状结构物出现在对应端,一般存在由斑点或细长分子的冠状物构成的小丝状体,它们构成外围网状物,也可横穿结构物彼此连接。膜壳表面通常有纵向异形褶皱。

幸福巴拉克藻 *Barakella felix* Cramer and Díez, 1977

1977 *Barakella felix* Cramer and Díez, p. 345; pl. 5, figs. 1—2, 11.

种征 膜壳棱柱形。在膜壳棱柱边相交的角部和极冠有4~10枚长而细、鞭子样的主突起;在与顶端相对应端,有由接合的细丝状物辐射、彼此连接构成的外围膜状物;在极冠端部区域可见小的次级突起,并有8条或更多对弧褶皱。膜壳长40~50μm,宽30~40μm;突起长度是膜壳长度的75%~150%。

产地、时代 摩洛哥;早奥陶世,阿伦尼克期(Arenigian)。

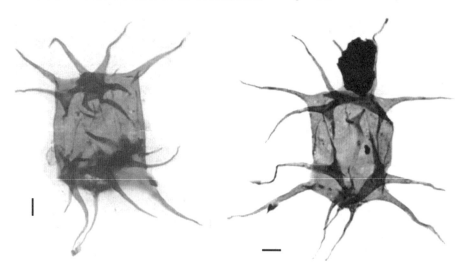

(引自 Cramer and Díez, 1977;图版5,图1—2)

幸运巴拉克藻 *Barakella fortunata* Cramer and Díez, 1977

1977 *Barakella fortunata* Cramer and Díez, p. 345; pl. 5, figs. 3, 12; text-fig. 3, No. 23.

种征 膜壳矩形。在膜壳的每个角部附有壁较厚、远端迅速尖削、呈镶齿形的突起,在长轴对应端相当的短边有外围的、呈辐射连接的丝状物。在膜壳的每个面有5~10条纵向对弧褶皱。膜壳长25~40μm,宽20~30μm;突起长度是膜壳长度的75%~150%。

产地、时代 摩洛哥;早奥陶世,阿伦尼克期(Arenigian)。

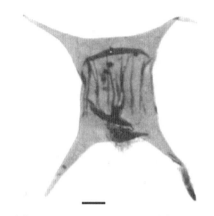

（引自 Cramer and Díez，1977；图版 5，图 3）

坑球藻属　*Barathrisphaeridium* Wicander，1974

模式种　*Barathrisphaeridium chagrinense* Wicander，1974

属征　膜壳球形，单层壁，表面有蜂窝状雕饰。膜壳附有许多易弯曲、实心和表面光滑的突起，它们与膜壳腔不连通。膜壳具裂开的脱囊开口。

沙格兰坑球藻　*Barathrisphaeridium chagrinense* Wicander，1974

1974 *Barathrisphaeridium chagrinense* Wicander，1974，p. 17；pl. 5，figs. 3—4.

种征　膜壳球形；蜂窝状壁，蜂窝直径 1.5~2.1μm。在膜壳壁均匀分布 45~55 枚简单、实心和表面光滑的突起，突起一般坚实，有时从其中部至顶端弯曲。膜壳直径 60~70μm；突起长 13~20μm，基部宽 2.2μm。膜壳具裂开的脱囊开口。

产地、时代　美国俄亥俄州；晚泥盆世，早石炭世。

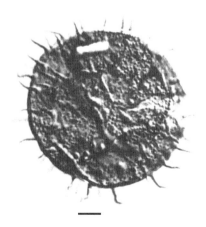

（引自 Wicander，1974；图版 5，图 3）

小桩深坑球藻　*Barathrisphaeridium paxillum* Wicander and Loeblich，1977

1977 *Barathrisphaeridium paxillum* Wicander and Loeblich Jr.，p. 142；pl. 4，figs. 5—7.

种征　膜壳轮廓圆形；壁厚 1μm，表面均匀分布圆形凹穴（直径 0.5~0.8μm）；膜壳均匀分布 44~51 枚简单、完全实心的突起,突起表面光滑,其远端渐尖削至急剧尖出的顶端。突起一般坚实,而从中部至远端顶部易弯曲。膜壳直径 35~44μm;突起长 10~12μm,基部宽 2~3μm。该种具膜壳壁简单裂开的脱囊结构。

产地、时代 美国印第安纳州;晚泥盆世,弗拉斯—法门期(Frasnian—Famennian)。

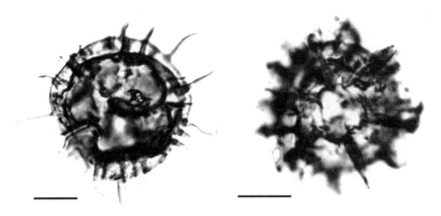

(引自 Wicander and Loeblich, 1977;图版 4,图 6—7)

小刺坑球藻 *Barathrisphaeridium pumilispinosum* Wicander, 1974

1974 *Barathrisphaeridium pumilispinosum* Wicander, p. 17;pl. 5, figs. 1—2.
1990 *Multiplicisphaeridium pumilispinosum* according to Fensome *et al.*, p. 137.

种征 膜壳球形,中等壁厚,表面蜂窝状。膜壳壁均匀分布 42~48 枚简单、实心和表面光滑的突起。膜壳直径 53~58μm;突起长 5.5~6.6μm,基部宽 2.2μm。膜壳具裂开的脱囊开口。

产地、时代 美国俄亥俄州;晚泥盆世。

(引自 Wicander, 1974;图版 5,图 1)

白令海藻属 *Beringiella* Bujak，1984

模式种 *Beringiella fritilla* Bujak，1984

属征 膜壳轮廓卵形至椭圆形。膜壳壁光滑,或具颗粒、小坑穴。膜壳一端发育一大型圆口。

骰盒白令海藻 *Beringiella fritilla* Bujak，1984

1984 *Beringiella fritilla* Bujak，p. 195；pl. 4，figs. 12—14.

种征 膜壳轮廓卵形至椭圆形。膜壳壁厚,具有蜂窝状小穴。膜壳一端发育一大型圆口。膜壳长(带圆口)57~63μm,宽 41~50μm;圆口直径 20~37μm。

产地、时代 白令海和北太平洋北部;晚更新世。

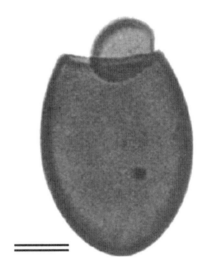

(引自 Bujak，1984;图版 4,图 12)

布丁球藻属 *Buedingiisphaeridium*（Schaarschmidt，1963），emend. Lister，1970

模式种 *Buedingiisphaeridium permicum* Schaarschmidt，1963

属征 膜壳亚球形,中空;膜壳壁薄,单层,表面光滑至微细条纹。膜壳附有许多角锥形的附属物,这些附属物顶部实心,与其基部是同时发生的。膜壳脱囊结构是位于顶部或近赤道的隐缝。未见脱离口盖裂开的标本。

波罗地布丁球藻 *Buedingiisphaeridium balticum* Uutela and Tynni，1991

1991 *Buedingiisphaeridium balticum* Uutela and Tynni，p. 47；pl. Ⅴ，fig. 53.

种征 膜壳球形至亚球形,薄壁,表面有鲛粒。膜壳附有中空、规则角锥形凸出物,它们通常较小且大小一致;在凸出物顶端通常有实心的乳头状短节。膜壳没有圆口或中裂的记录。膜壳直径 11~22μm;突起长 1~3μm,基部宽 1~3μm,彼此间距 2~4μm。

产地、时代 爱沙利亚;奥陶纪,阿伦尼克—阿什极尔期（Arenigian—Ashgill）。

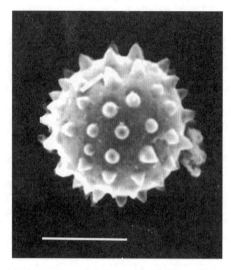

（引自 Uutela and Tynni, 1991;图版5,图53）

滴瘤布丁球藻 *Buedingiisphaeridium guttiferum* Uutela and Tynni, 1991

1991 *Buedingiisphaeridium guttiferum* Uutela and Tynni, p. 48; pl. V, fig. 54.

种征 膜壳为小的球形。膜壳壁密集覆有小圆形、相同高度的结瘤,在它们的基部有辐射纹或光滑。膜壳附有大小不规则的圆形突起,这些突起与膜壳腔是否连通不清楚。膜壳未见中裂缝。膜壳直径9~10μm;突起高0.5~0.6μm,宽0.3~0.4μm,彼此间距0.3~0.5μm。

产地、时代 爱沙利亚;中—晚奥陶世,卡拉道克—阿什极尔期(Caradoc—Ashgill)。

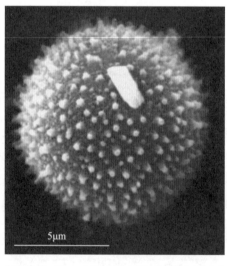

（引自 Uutela and Tynni, 1991;图版5,图54）

新月形布丁球藻 *Buedingiisphaeridium lunatum* Le Hérissé, 1989

1989 *Buedingiisphaeridium lunatum* Le Hérissé, p. 87; pl. 5, figs. 14—15.

种征 膜壳球形,壁较厚,表面有小孔穴。突起短小,高度与宽度相等,呈新月形;突起在膜壳壁规则分布,其表面光滑,中空基部与膜壳腔连通。膜壳未见脱囊结构。膜壳直径29~45μm;突起高和宽为1~2μm。

产地、时代　瑞典哥特兰岛;早—中志留世,兰多维利—文洛克期(Llandovery—Wenlock)。

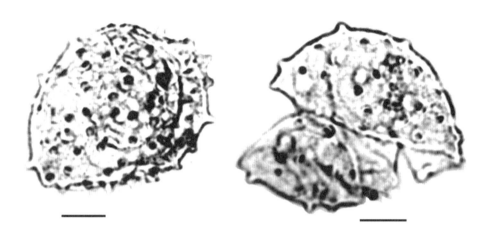

(引自 Le Hérissé,1989;图版5,图14—15)

大球藻属　*Busphaeridium* Vecoli,Beck,and Strother,2015

模式种　*Busphaeridium vermiculatum* Vecoli,Beck,and Strother,2015

属征　膜壳为大小不同的球形,表面覆有由弯曲至"U"字形的棒条体组成的雕饰,以至呈现假网状结构而布满整个膜壳表面。

似虫大球藻　*Busphaeridium vermiculatum* Vecoli,Beck,and Strother,2015

2015 *Busphaeridium vermiculatum* Vecoli,Beck,and Strother,p. 9;figs. 3. 9—3. 11.

种征　膜壳为中等大小的球形(直径68~82μm),膜壳壁薄(厚度<0.5μm)、透明,密集分布弯曲至"U"形实心的棒条,致使膜壳壁呈现不规则网状。

产地、时代　北美;中奥陶世,大坪期(Dapingian)。

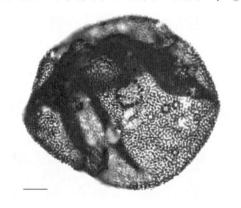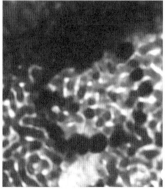

(引自 Vecoli *et al.*,2015;图3. 10—3. 11)

雕饰球藻属　*Caelatosphaera* Wicander, Playford, and Robertson, 1999

模式种　*Caelatosphaera verminosa* Wicander, Playford, and Robertson, 1999

属征　膜壳原本球形,其轮廓圆形至亚圆形;膜壳壁单层,表面有蠕虫状雕饰。膜壳是否有脱囊结构未知。

脑纹雕饰球藻　*Caelatosphaera cerebella* Playford and Wicander, 2006

2006 *Caelatosphaera cerebella* Playford and Wicander, p. 17; pl. 9, fig. 1; pl. 10, figs. 1—4.

种征　膜壳球形,其轮廓圆形或近圆形,呈现近规则或不甚强烈凹入的边缘。膜壳壁相当厚(厚2.5~3.3μm),通常有较显著的挤压褶皱,表面有小的不规则坑穴雕饰(深约0.4~1.2μm),它们彼此间隔1~3μm。穴孔亚圆形或不规则拉长至2μm(一般小于0.8μm),由很窄、短(长1~2μm)的线状或弯曲通道样切口构成,它们可以形成二分叉或相互连接。该种具膜壳壁简单裂开的脱囊结构。膜壳直径41~78μm。

产地、时代　北美;晚奥陶世。

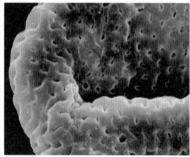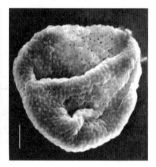

(引自 Playford and Wicander, 2006;图版10,图1, 3—4)

蠕虫形雕饰球藻　*Caelatosphaera verminosa* Wicander, Playford, and Robertson, 1999

1999 *Caelatosphaera verminosa* Wicander, Playford, and Robertson, p. 9; figs. 6.6—6.9.

种征　膜壳轮廓圆形至亚圆形,膜壳壁蠕虫状,其间呈现细微不规则沟槽。膜壳未见脱囊开口结构。

描述　膜壳球形,其轮廓呈圆形至亚圆形。膜壳壁厚2.0~2.5μm,表面有细微的、不规则迂回蠕虫状雕饰,雕饰的沟槽宽<0.5μm,相互不规则交汇或独自成末端。膜壳未见脱囊开口结构。

产地、时代　美国密苏里州东北部;晚奥陶世,阿什极尔期(Ashgill)。

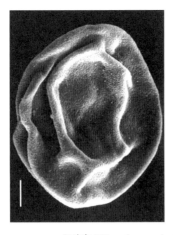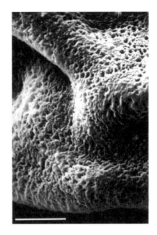

（引自 Wicander *et al*. ,1999；图 6.6—6.7）

戚尔迪藻属 *Celtiberium* Fombella，1977

模式种 *Celtiberium geminum* Fombela，1977

属征 膜壳球形至亚球形,附有许多中空、圆柱形突起。突起基部宽,其末端封闭,与膜壳腔连通。膜壳的可透光截面显示 24 枚突起,它们长 7~8μm, 宽 3μm;突起末端覆有厚度小于 1μm 的膜状物。膜壳是否具脱囊结构未知。

乳突戚尔迪藻? *Celtiberium? papillatum* Moczydłowska，1998

1998 *Celtiberium? papillatum* Moczydłowska, p. 52；figs. 21F—I.

种征 膜壳轮廓圆形至亚圆形,附有许多均匀分布、短的异形突起。一些突起呈规则锥形,另外少数突起呈现圆的基部和尖出末端的乳头形。所有突起中空,且与膜壳腔连通。膜壳直径 15~27μm;突起长 2~4μm。

产地、时代 波兰上西里西亚;晚寒武世。

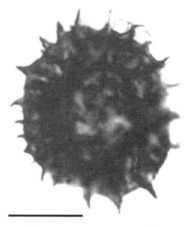

（引自 Moczydłowska，1998；图 21F）

中刺球藻属 *Centrasphaeridium* Wicander and Playford, 1985

模式种 *Centrasphaeridium armarium* Wicander and Playford, 1985

属征 膜壳轮廓椭圆形至亚椭圆形,原本膨胀和中空;膜壳壁单层,表面粗糙至有颗粒。膜壳附有均匀分布的主、次两种类型突起,主突起明显比次突起更长、更宽;两类突起皆中空,它们的远端尖而封闭,近端向膜壳腔开放。突起表面有颗粒至棘刺。膜壳未见脱囊结构。

柜形中刺球藻 *Centrasphaeridium armarium* Wicander and Playford, 1985

1985 *Centrasphaeridium armarium* Wicander and Playford, 1985, pp. 101—102; pl. 1, figs. 1—3.

种征 膜壳轮廓亚圆形至亚椭圆形;单层壁,壁厚 0.5~0.9μm,表面粗糙至有微小颗粒。突起中空,一般坚实至微柔韧,其近端向膜壳腔开放。突起离散分布,刺状,从圆形基部向远端规则尖削至简单尖出。突起表面从基部至端部均匀分布颗粒至鲛粒,有两枚主突起位于像"边"的两对应端,或在突起间直或微凸的区域;主突起长 5.5~9.9μm,基部宽 2.2~3.5μm,近端与膜壳壁呈多样弯曲接触。另有 18~21 枚均匀分布的小突起,长 3.3~8.8μm,基部宽 1.5~2.1μm,彼此间距约 11μm,与膜壳壁角度接触。膜壳未见脱囊结构。

产地、时代 美国爱荷华州;晚泥盆世,弗拉斯期(Frasnian)。

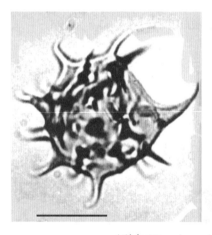
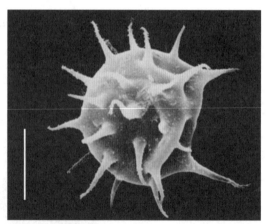

(引自 Wicander and Playford, 1985;图版 1,图 1,3)

烧瓶中刺球藻 *Centrasphaeridium lecythium* Wicander and Playford, 1985

1985 *Centrasphaeridium lecythium* Wicander and Playford, p. 102; pl. 1, figs. 4a—b,5.

种征 膜壳轮廓为典型梨形;单层壁,厚约 0.5μm,表面多颗粒。膜壳附有中空突起,较坚实,突起近端向膜壳开放。散布的突起呈刺状,从圆形基部至简单尖端逐渐尖削。突起表面均匀分布颗粒至鲛粒,其中有一枚长 8.8~10.5μm、基部宽 2.2~3.1μm 的主突起,它出自膜壳的一端,明显有别于其他突起。另外均匀分布 22~26 枚小突起,长 5.5~7.8μm,基部宽 1.3~1.8μm,与膜壳壁角度接触。膜壳简单裂开的脱囊开口紧靠或平行于主突起基部。

产地、时代 美国爱荷华州;晚泥盆世,弗拉斯期(Frasnian)。

(引自 Wicander and Playford,1985;图版1,图4a)

爪分藻属 *Cheleutochroa*(**Loeblich and Tappan,1978**),**emend. Turner,1984**

模式种 *Cheleutochroa gymnobrachiata* Loeblich and Tappan,1978

属征 膜壳球形。膜壳具有简单或锥形分叉、中空、表面光滑的突起,其远端实心,内部与膜壳腔自由连通。膜壳壁较厚,覆有形成网饰的幕黎,它们变化为拉长的脊纹相互近平行,且朝向突起聚集,但不延伸至突起。膜壳具中裂的脱囊结构。

毕科拜克爪分藻 *Cheleutochroa beechenbankensis* **Richards and Mullins,2003**

2003 *Cheleutochroa beechenbankensis* Richards and Mullins,p.574;pl.3,figs.2—3;pl.4,fig.8.

种征 膜壳球形至亚球形,壁薄,具有褶皱。膜壳附有许多突起,在其长度1/3~1/2处有二级分叉。突起近端接近膜壳壁处有条纹,这些条纹可横穿膜壳壁伸展;突起远端表面光滑;突起内腔与膜壳腔连通。膜壳未见脱囊开口结构。膜壳直径13μm。

产地、时代 英格兰;晚志留世。

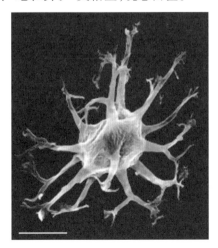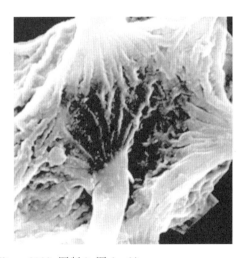

(引自 Richards and Mullins,2003;图版3,图2—3)

隐藏爪分藻 *Cheleutochroa clandestine* Playford and Wicander，2006

2006 *Cheleutochroa clandestine* Playford and Wicander，p. 18；pl. 10，figs. 5—6；pl. 11，figs. 1—6.

种征 膜壳球形，其轮廓圆形或亚圆形；壁厚 0.4~0.6μm，表面具有精细而致密的雕饰（在 100 倍油镜下，呈颗粒或点状；在扫描电子显微镜下观察，呈现微网状，网脊宽小于 0.2μm），并有直径 <0.4μm 的斑突或瘤结，以及约 1μm 或更小的、不规则封闭的沟陷。膜壳附有大体呈刺状的突起，它们中空、拉长，一般 4~10 枚（有的多达 20 枚），长 11~35μm，其圆形基部宽 2.5~8.5μm。突起彼此离散，但大体规则分布。在同一标本的突起末端简单或分叉，呈现异形。突起近端弯曲，与膜壳壁斜交；突起内部与膜壳腔自由连通。突起壁与膜壳壁等厚，附有基宽和高 <0.5μm 的棘或颗粒，这些雕饰一般在近端比远端更明显。同一标本也有表面光滑的突起。大多数突起远端有等长或不等长分叉（达三次二分叉，少见三分叉），分叉通常近远端，很少在突起 1/2 处就分叉。突起顶端尖出。该种具膜壳壁简单裂开的脱囊结构。

产地、时代 北美、利比亚东北部；晚奥陶世。

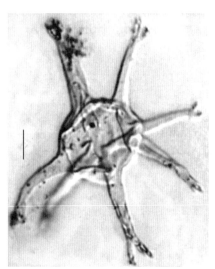 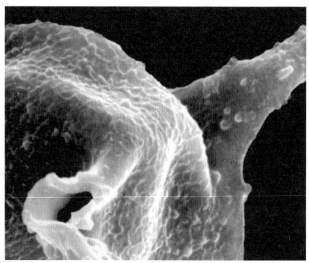

（引自 Playford and Wicander，2006；图版 11，图 1,6）

充满爪分藻 *Cheleutochroa differta* Uutela and Tynni，1991

1991 *Cheleutochroa differta* Uutela and Tynni，p. 48；pl. Ⅴ，fig. 55.

种征 膜壳为亚圆多角形，附有许多（光学断面约 40 枚）突起。突起的近端弯曲，彼此几乎融合在一起。大多数锥形突起远端简单尖出，间或有二分叉或三分叉；它们的近端有辐射纹，辐射纹在整个膜壳表面分布；突起内部与膜壳腔连通。突起表面另有微小颗粒雕饰。膜壳直径 10~12μm；突起长 4~5μm，基部宽 2~3μm。

产地、时代 爱沙利亚；中奥陶世，卡拉道克期（Caradoc）。

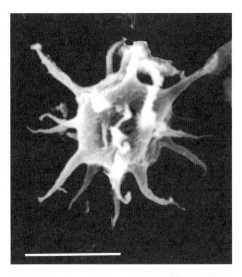

（引自 Uutela and Tynni，1991；图版5，图55）

优雅爪分藻 *Cheleutochroa elegans* Uutela and Tynni，1991

1991 *Cheleutochroa elegans* Uutela and Tynni，p. 49；pl. Ⅶ，fig. 72.

种征 膜壳亚球形，附有 13~28 枚远端尖出的突起。突起彼此不规则间隔分布，长度小于膜壳直径。大多数突起简单，也有一些远端分叉且见有二级分叉；弯曲的突起近端被辐射纹围绕，致使膜壳表面具带有结瘤的网状雕饰。膜壳直径 20~22μm；突起长 10~16μm。

产地、时代 爱沙利亚；晚奥陶世，阿什极尔—兰多维利期（Ashgill—Llandovcry）。

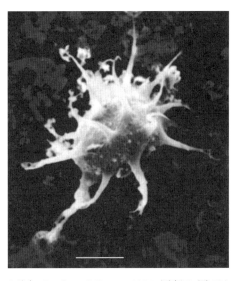

（引自 Uutela and Tynni，1991；图版7，图72）

眼面爪分藻 *Cheleutochroa oculata* Uutela and Tynni，1991

1991 *Cheleutochroa oculata* Uutela and Tynni，p. 49；pl. Ⅶ，figs. 73a—b.

种征 膜壳球形，附有6~10 枚较结实、长度不超过膜壳直径的突起。突起简单，具二分叉或第二级分叉,分叉较厚和坚硬;突起内部与膜壳腔连通。膜壳表面有蜂窝状小穴和辐射纹;突起表面同样有条纹。膜壳显示中裂缝。膜壳直径 18~20μm;突起长 11~17μm。

产地、时代 爱沙利亚;中—晚奥陶世,卡拉道克—阿什极尔期(Caradoc—Ashgill)。

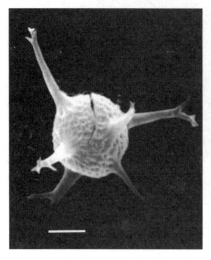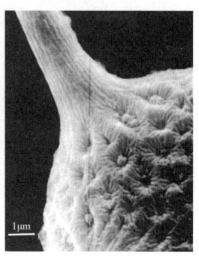

(引自 Uutela and Tynni, 1991;图版7,图73a—b)

分叉爪分藻 *Cheleutochroa ramose* **Uutela and Tynni, 1991**

1991 *Cheleutochroa ramose* Uutela and Tynni, p. 50; pl. Ⅶ, fig. 74.

种征 膜壳为小的球形,附有 12~13 枚表面光滑的突起,其有长而细的鞭毛状二级分叉。膜壳表面有网饰,并与突起基部的辐射条纹相结合。膜壳直径 13~14μm;突起长 6~7μm。

产地、时代 爱沙利亚;晚奥陶世,阿什极尔期(Ashgill)。

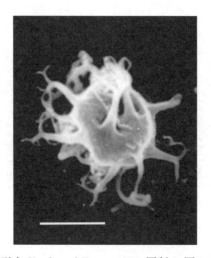

(引自 Uutela and Tynni, 1991;图版7,图74)

褶皱爪分藻　*Cheleutochroa rugosa* Uutela and Tynni，1991

1991 *Cheleutochroa rugosa* Uutela and Tynni，p. 50；pl. Ⅶ，fig. 75.

种征　膜壳中空、亚圆形，附有 10~12 枚短的、简单或二分叉的中空突起，它们的内部与膜壳腔自由连通。突起长不超过膜壳直径，其末端尖，与膜壳壁接触的近端弯曲。膜壳表面具明显网饰，而在接近突起基部破碎，以至突起基部汇聚有砖格状的脊。膜壳直径 17~22μm；突起长 10~18μm。

产地、时代　爱沙利亚；中奥陶世，卡拉道克期（Caradoc）。

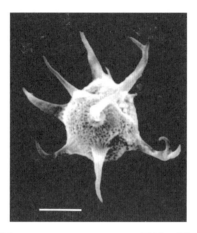

（引自 Uutela and Tynni，1991；图版 7，图 75）

球瘤爪分藻　*Cheleutochroa tuberculosa* Uutela and Tynni，1991

1991 *Cheleutochroa tuberculosa* Uutela and Tynni，p. 50；pl. Ⅶ，fig. 76.

种征　膜壳为小的球形，膜壳表面有明显的小瘤饰（直径 0.5~1.0μm）。突起简单，其末端尖，基部有辐射脊纹。突起表面有微小颗粒。膜壳直径 13~17μm；突起长 5~10μm；突起数 6~8 枚。

产地、时代　爱沙利亚；中奥陶世，卡拉道克期（Caradoc）。

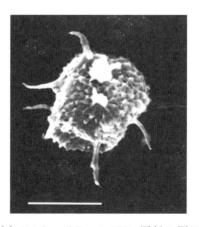

（引自 Uutela and Tynni，1991；图版 7，图 76）

脉络爪分藻　*Cheleutochroa venosa* Uutela and Tynni，1991

1991 *Cheleutochroa venosa* Uutela and Tynni，p. 51；pl. Ⅶ，fig. 77.

种征　膜壳多角形,附有许多末端尖、长度变化的突起,它们的末端大多简单,偶尔有二分叉。起始于突起弯曲基部的辐射条纹覆盖整个膜壳表面。突起表面有微小颗粒。膜壳直径 8~13μm；突起长 4~15μm,突起数 14~25 枚。

产地、时代　爱沙利亚；中—晚奥陶世,卡拉道克—阿什极尔期(Caradoc—Ashgill)。

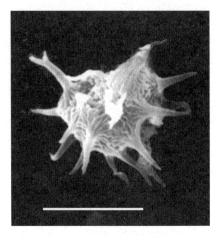

(引自 Uutela and Tynni，1991；图版 7，图 77)

纹理爪分藻　*Cheleutochroa venosior* Uutela and Tynni，1991

1991 *Cheleutochroa venosior* Uutela and Tynni，p. 51；pl. Ⅶ，fig. 78.

种征　膜壳多角形,具长的、明显高出的脊,脊上覆有横穿的条纹,致使膜壳表面呈现密网状。膜壳附有宽的、末端简单或二分叉的突起,在一些突起见有第二级分叉；突起的分叉是完整的短指状凸出物。突起内部与膜壳腔连通；突起表面有纵向条纹。膜壳直径 18~25μm；突起长 13~20μm,突起数 8~9 枚。

产地、时代　爱沙利亚；中奥陶世,卡拉道克期(Caradoc)。

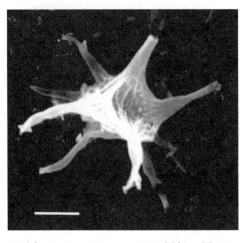

(引自 Uutela and Tynni，1991；图版 7，图 78)

羽毛球藻属 *Chuttecloska* Loeblich and Wicander，1976

模式种 *Chuttecloska athyrma* Loeblich and Wicander，1976

属征 膜壳梨形,膜壳轮廓由于轴心遭受挤压而呈现卵形、亚卵形至亚圆形。一般在顶视时,在一端有薄的裙状透明膜状物延伸超出膜壳。膜壳具明显的双层壁,透明膜状物出自外层。膜壳表面光滑,通常具有纵向脊和少数条纹。该种具膜壳壁简单裂开的脱囊结构。

玩具羽毛球藻 *Chuttecloska athyrma* Loeblich and Wicander，1976

1976 *Chuttecloska athyrma* Loeblich Jr. and Wicander，p. 9；pl. 2，figs. 9—11.

种征 膜壳由于受轴心挤压,其轮廓呈现梨形、亚椭圆形、椭圆形至亚圆形,一般呈现陀螺形。膜壳一端较窄、中段宽圆,对应端半球形,且有薄的、扩口裙状的膜状物(厚<0.5μm)围绕,此膜状物伸展超过12~19μm,且为出自膜壳和伸展至膜状物远端线的脊纹或者条纹所加实。膜壳双层壁,厚约1μm;裙状膜状物发生自壁外层,表面光滑,通常有明显的脊纹,很少有条纹。一般在膜壳窄端具简单裂开的脱囊结构。

产地、时代 美国俄克拉荷马州;早泥盆世,吉丁期(Gedinnian)。

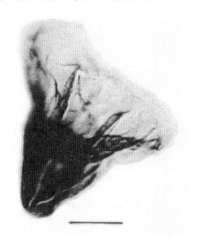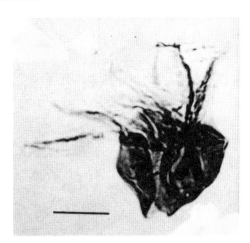

(引自 Loeblich and Wicander，1976;图版 2,图 9,11)

毛发球藻属 *Comasphaeridium* Staplin，Jansonius and Pocock，1965

模式种 *Comasphaeridium cometes* (Valensi) Staplin，Jansonius and Pocock，1965

属征 膜壳球形至亚球形,有时为大膜壳。膜壳附有致密、实心、一般末端简单、或多或少弯曲的毛发状刺。

棒形毛发球藻 *Comasphaeridium bacillum* Uutela and Tynni，1991

1991 *Comasphaeridium bacillum* Uutela and Tynni，p. 51；pl. Ⅷ，fig. 80.

种征 膜壳球形,附有大量均匀分布的毛发状突起(光学断面可见约140枚)。突起实心,近端弯曲。膜壳表面有鲛粒,另外还有中裂缝。膜壳直径25~33μm;突起长1.5~

2.5μm,彼此间距 3~4μm。

产地、时代 爱沙利亚;中奥陶世,兰维尔—兰代洛期(Llanvirn—Llandeilo)。

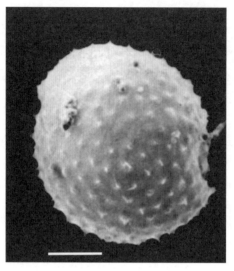

(引自 Uutela and Tynni, 1991;图版 8,图 80)

覆髡毛发球藻 *Comasphaeridium caesariatum* Wicander, 1974

1974 *Comasphaeridium caesariatum* Wicander, p. 17; pl. 6, figs. 1—2.

种征 膜壳球形,膜壳壁薄,易于褶皱,表面光滑。膜壳附有数百枚细的突起。突起实心、弯曲,表面光滑。膜壳直径 34~40μm;突起长 4.4μm。膜壳未见脱囊开口。

产地、时代 美国俄亥俄州;晚泥盆世。

(引自 Wicander, 1974;图版 6,图 1)

浓密毛发球藻 *Comasphaeridium denseprocessum* Cramer and Díez, 1977

1977 *Comasphaeridium denseprocessum* Cramer and Díez, p. 346; pl. 2, figs. 10—11.

种征 膜壳球形,中心部位表面光滑,附有密集的突起。突起断面为圆形至椭圆形,甚或扁平形,大多为拉长的锥形。突起末端微尖,少数末端呈鞭子状尖出。膜壳中心部位直径15~20μm;突起长度是膜壳直径的一半或与之相等。

产地、时代　摩洛哥;早奥陶世,阿伦尼克期(Arenigian)。

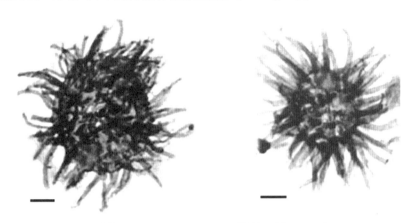

(引自 Cramer and Díez,1977;图版2,图10—11)

毛茸毛发球藻　*Comasphaeridium hirtum* Le Hérissé,1989

1989 *Comasphaeridium hirtum* Le Hérissé, p. 89; pl. 6, figs. 8—10.

种征　膜壳球形,其轮廓圆形至亚圆形;膜壳壁薄,表面光滑或有皱。膜壳附有大量毛发状突起。突起很短、实心,表面光滑,末端很尖,基部微呈球根状。膜壳未见脱囊结构。膜壳直径26~42μm;突起长2.0~3.5μm。

产地、时代　瑞典哥特兰岛;早志留世,兰多维利期(Llandovery)。

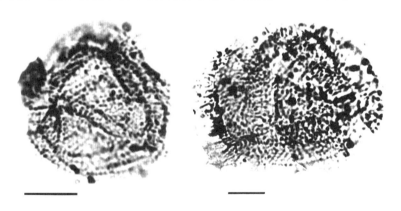

(引自 Le Hérissé,1989;图版6,图9—10)

柔韧毛发球藻　*Comasphaeridium molliculum* Moczydłowska and Vidal,1988

1988 *Comasphaeridium molliculum* Moczydłowska and Vidal, p. 2; pl. 1, figs. 1—2.

种征　膜壳球形,由于挤压致使膜壳轮廓呈圆形至椭圆形。膜壳密集附有等长的纤细丝状突起。突起近端稍加厚,以至膜壳中间部分呈现不规则轮廓。膜壳直径50.8μm;突起长3.4μm。

产地、时代　斯堪的纳维亚半岛;早寒武世。

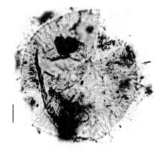

（引自 Moczydłowska and Vidal，1988；图版 1，图 1—2）

苔状毛发球藻 *Comasphaeridium muscosum* Wicander and Playford，1985

1985 *Comasphaeridium muscosum* Wicander and Playford，p. 104；pl. 1，figs. 7—9.

种征 膜壳轮廓圆形至亚圆形；膜壳壁厚 0.8~1.1μm，表面光滑。膜壳附有 200 多枚同形、实心、微柔韧、半透明、表面光滑的突起，它们均匀分布。突起近圆柱形，从圆形基部至远端简单尖出。该种具膜壳壁简单裂开的脱囊结构。膜壳直径 19~28μm；突起长1.0~2.3μm，基部宽小于 1.0μm，彼此间距小于 0.4μm。

产地、时代 美国爱荷华州；晚泥盆世，弗拉斯期（Frasnian）。

（引自 Wicander and Playford，1985；图版 1，图 7，9）

草坪毛发球藻 *Comasphaeridium pratulum* Cramer and Díez，1977

1977 *Comasphaeridium pratulum* Cramer and Díez，p. 345；pl. 2，figs. 7—9.

种征 膜壳亚球形，薄壁，密集分布丝状附属物。膜壳直径 25~30μm；突起长度是膜壳直径的 1/4。

产地、时代 摩洛哥；早奥陶世，阿伦尼克期（Arenigian）。

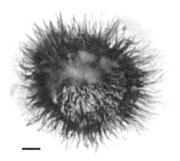
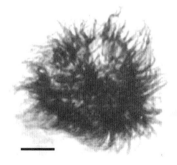

（引自 Cramer and Díez，1977；图版 2，图 8—9）

塞塔里毛发球藻　*Comasphaeridium setaricum* Quintavalle and Playford，2008

2008 *Comasphaeridium setaricum* Quintavalle and Playford，p. 28；pl. 1，figs. 5，7.

种征　膜壳球形，其轮廓圆形；膜壳为单层壁（厚 0.5~0.7μm），表面光滑或有鲛粒。膜壳规则分布 24~50 枚同形、实心、柔软的刺状突起。突起壁较薄，表面光滑；突起向远端均匀削尖和简单尖出，其基部与膜壳壁呈半棱角形接触。膜壳未见脱囊结构。膜壳直径 20~29μm；突起长 4~9μm，基部宽 0.5~1.0μm，彼此间距 3~4μm。

产地、时代　澳大利亚西部；早奥陶世。

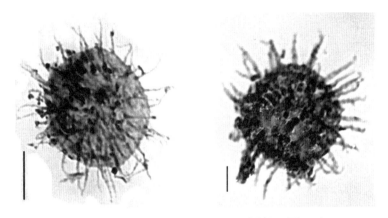

（引自 Quintavalle and Playford，2008；图版 1，图 5,7）

西里西亚毛发球藻　*Comasphaeridium silesiense* Moczydłowska，1998

1998 *Comasphaeridium silesiense* Moczydłowska，p. 54；figs. 22A—C，E.

种征　膜壳轮廓圆形至椭圆形，附有大量均匀分布和密集排列的实心、细长和柔韧的突起。突起呈丝状，其长度大体相等。膜壳直径 11~25μm；突起长 6~13μm。

产地、时代　波兰上西里西亚；晚寒武世。

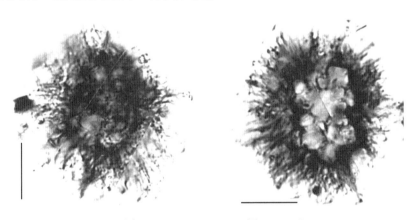

（引自 Moczydłowska，1998；图 22A—B）

剪稀毛发球藻　*Comasphaeridium tonsum* Cramer and Díez，1977

1977 *Comasphaeridium tonsum* Cramer and Díez, p. 345；pl. 2，figs. 1—6.

　　种征　膜壳球形，薄壁，附有许多（宽间距）短的突起。突起通常弯曲和远端尖削。膜壳直径40~50μm；突起长度是膜壳直径的1/4。

　　产地、时代　摩洛哥；早奥陶世，阿伦尼克期（Arenigian）。

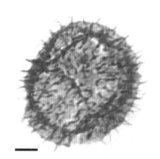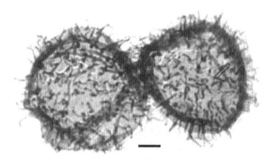

（引自 Cramer and Díez，1977；图版2，图2—3）

同缘藻属　*Conradidium* Stockmans and Willière，1969

　　模式种　*Conradidium plicatum* Stockmans and Willière，1969

　　属征　中央膜壳呈现多面体，整个表面开放、扩张，并有大的面罩（遮蔽物）将之相互连接。遮蔽物呈多角形，为远端开放细胞。

支撑同缘藻　*Conradidium firmamentum* Wicander，1974

1974 *Conradidium firmamentum* Wicander, pp. 17—18；pl. 5，fig. 9.

　　种征　膜壳总体上为球形，直径40.5μm。膜壳壁透明，表面光滑，偶有褶皱。膜壳轮廓为星形，由6枚边缘突起连接透明膜而成。突起远端钝，有明显的中脊在中部汇聚。膜壳未见脱囊开口。

　　产地、时代　美国俄亥俄州；早石炭世，密西西比期（Mississippian）。

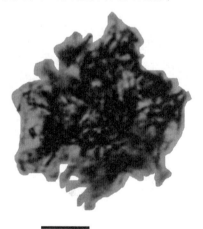

（引自 Wicander，1974；图版5，图9）

肋球藻属 *Costatilobus* Playford，1977

模式种 *Costatilobus undulatus* Playford，1977

属征 膜壳中空，壁薄，单层。膜壳原先近球形，其轮廓圆形至亚圆形，与附有的突起分界明显。突起同形或些许异形，拉长为刺形，不分叉或有小的不规则分叉，末端封闭。突起中空，内部与膜壳腔自由连通。突起较少（4~10 枚），突起壁与膜壳壁等厚或稍薄，从突起基部至远端明显被由粗糙雕饰构成的纵向脊纹所改变。膜壳表面有微细雕饰（褶皱至颗粒）。膜壳未见脱囊结构。

膨胀肋球藻 *Costatilobus bulbosus* Uutela and Tynni，1991

1991 *Costatilobus bulbosus* Uutela and Tynni，p. 54；pl. Ⅷ，fig. 86.

种征 膜壳微多角形，附有 9~34 枚锥形、中空、球根状突起。突起表面有条纹，且与膜壳腔连通。一些突起有短的远端二分叉。膜壳表面有鲛粒饰。膜壳见有中裂缝。膜壳直径 48~70 μm；突起长 30~35 μm。

产地、时代 爱沙利亚；早—中奥陶世，阿伦尼克—兰代洛期（Arenigian—Llandeilo）。

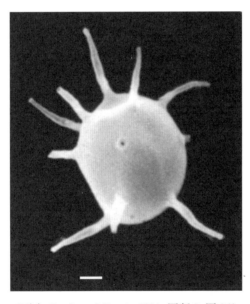

（引自 Uutela and Tynni，1991；图版 8，图 86）

大刺肋球藻？ *Costatilobus*？ *grandispinosum* Uutela and Tynni，1991

1991 *Costatilobus? grandispinosum* Uutela and Tynni，p. 54；pl. Ⅷ，fig. 87.

种征 膜壳为小球形，表面粗糙、不平整，附有 10~12 枚长的、稍显鞭毛状的突起。突起的末端尖或微圆形；突起同形、简单，长度一致，表面有纵向条纹和微小颗粒。估计这些突起出自与膜壳腔连通的、宽的近端；如不连通，该种应归属 *Lanveocia* Deunff，1978。膜壳直径 10~12 μm；突起长 15~17 μm，基部宽 3 μm。

产地、时代 爱沙利亚；中奥陶世，卡拉道克期（Caradoc）。

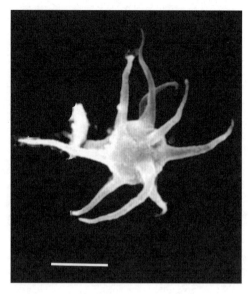

（引自 Uutela and Tynni，1991；图版 8，图 87）

三向肋球藻？　*Costatilobus*? *trifidus* Uutela and Tynni，1991

1991 *Costatilobus*? *trifidus* Uutela and Tynni，p. 54；pl. Ⅸ，fig. 88.

　　种征　膜壳三角形，表面不平整。在膜壳每个角部有一枚具有条纹表面的突起。突起内部可能与膜壳腔连通。膜壳直径 20~22μm；突起长 20~24μm。

　　产地、时代　爱沙利亚；中奥陶世，卡拉道克期（Caradoc）。

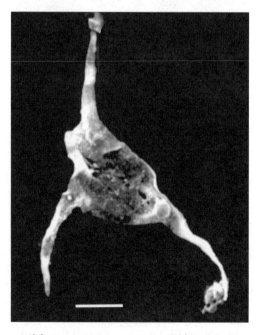

（引自 Uutela and Tynni，1991；图版 9，图 88）

波形肋球藻　*Costatilobus undulatus* Playford, 1977

1977 *Costatilobus undulatus* Playford, p. 16; pl. 3, figs. 4—9.

　　种征　膜壳球形,其轮廓圆形或亚圆形;膜壳壁厚 0.8~1.5μm,表面覆有细密的、不规则的雕饰(褶皱或者颗粒)。膜壳附有 5~10 枚拉长、刺状、同形、中空的突起,它们彼此间隔或不规则分布。突起近端弯曲,没有分叉,从亚圆形基部(直径 5~9μm)向远端均匀尖削。突起大多长 22~50μm,偶尔有 1~2 枚短(长 5~10μm)的突起,其远端钝凸。突起内腔与膜壳腔自由连通。突起与膜壳具同样厚度的壁,但雕饰不一样;在光学显微镜和电子显微镜下,突起表面装饰纵向连续的、窄的刀剑形脊,其宽度和侧面间距为 0.5μm 或更小;在扫描电子显微镜下,突起近端之下短距离仍是脊形雕饰,但在与膜壳接触部分转为膜壳壁上细的、扭曲褶皱雕饰。膜壳未见脱囊结构。膜壳直径28~45μm。

　　产地、时代　加拿大安大略省;早泥盆世,艾姆斯期(Emsian)。

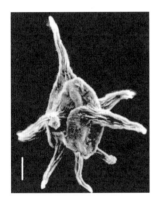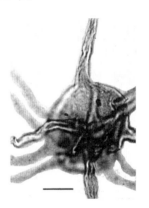

(引自 Playford, 1977;图版 3,图 4, 7—8)

厚壁球藻属　*Crassisphaeridium* Wicander, 1974

　　模式种　*Crassisphaeridium inusitatum* Wicander, 1974

　　属征　膜壳球形,壁厚,表面具有颗粒。膜壳附有许多稍弯曲的、表面有颗粒的突起。突起简单,末端尖出,与膜壳腔自由连通。膜壳具裂开的脱囊结构。

稀少厚壁球藻　*Crassisphaeridium inusitatum* Wicander, 1974

1974 *Crassisphaeridium inusitatum* Wicander, p. 18; pl. 6, fig. 3.

　　种征　膜壳球形,壁中等厚,表面具颗粒;膜壳附有 18~20 枚颗粒状突起,它们向膜壳腔开放并与之自由连通。突起简单、稍弯曲,末端尖出。膜壳直径 30~33μm;突起长14~17μm,基部宽 2.2μm。膜壳具裂开的脱囊方式。

　　产地、时代　美国俄亥俄州;晚泥盆世。

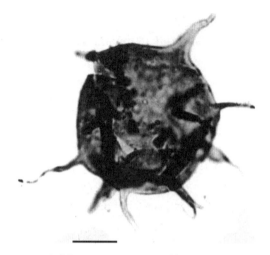

（引自 Wicander, 1974;图版 6,图 3）

蓝细菌丝藻属 *Cyanonema*（Schopf, 1968）, emend. Butterfield *et al.*, 1994

模式种 *Cyanonema attenuatum*（Schopf, 1968）, emend. Butterfield *et al.*, 1994

属征 不分叉单列细胞丝状体,细胞长度大于细胞直径,缺少衣鞘。在细胞间隔处没有明显收缩。

大胞蓝细菌丝藻 *Cyanonema majus* Dong *et al.*, 2009

2009 *Cyanonema majus* Dong *et al.*, p. 9; figs. 6.7—6.9.

种征 细胞直径 8~20μm,长 20~40μm,长度与直径的比值为 1.4~3.7。丝体有时聚集成束。在同一藻丝体,长度与直径的比值相对一致。在细胞间隔处呈现微收缩;未见包鞘。

描述 细胞直径 8.8~16.0μm,长 20.0~38.7μm,长度与直径的比值为 1.4~3.7,而在同一藻丝体,该比值相对一致。在细胞界线处呈现微收缩;未见包鞘。

产地、时代 中国塔里木板块阿克苏地区;早寒武世,梅树村期（Meishucunian）。

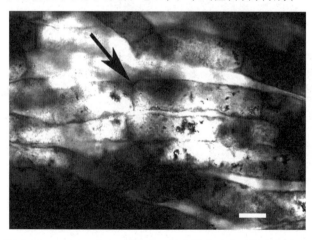

（引自 Dong *et al.*, 2009;图 6.8。图中箭头示意丝体降解收缩）

大眼球藻属　*Cycloposphaeridium* Uutela and Tynni，1991

模式种　*Cycloposphaeridium auriculatum* Uutela and Tynni，1991

属征　膜壳为双层壁，由一圆形内体和其上依附的许多不规则间隔的扁平膜状外壁突起组成。圆形开口直径是膜壳直径的1/3。

附耳大眼球藻　*Cycloposphaeridium auriculatum* Uutela and Tynni，1991

1991 *Cycloposphaeridium auriculatum* Uutela and Tynni, p. 55; pl. Ⅸ, figs. 89a—b.

种征　膜壳双层壁，附有许多扁平的膜状突起。突起有圆形的、参差不齐的边缘和收缩的近端。膜壳和突起壁的表面显示不规则微小棘饰。膜壳上圆形开口的直径相当于膜壳直径的1/3。膜壳直径30~35μm；突起长15~20μm；圆形开口直径10~11μm。

产地、时代　爱沙利亚；早—中奥陶世，阿伦尼克—兰维尔期（Arenigian—Llanvirn）。

（引自 Uutela and Tynni，1991；图版9，图89a）

波口藻属　*Cymatiogalea*（Deunff，1961），emend. Deunff，Górka，and Rauscher，1974

模式种　*Cymatiogalea margaritata* Deunff，1961

属征　膜壳亚半球形，具有圆形或多角形开口，开口直径等于或大于膜壳半径，可有一封闭的口盖。膜壳壁表面分为多边形区域，区域间的界线为有明显附属物或没有附属物的膜系。

毛刷波口藻　*Cymatiogalea aspergillum* Martin，1988

1988 *Cymatiogalea aspergillum* Martin *in* Martin and Dean, pp. 37—38; pl. 14, figs. 1—7,9.

种征　膜壳球形，其轮廓为圆形至略微的多角形；膜壳为单层壁，表面光滑至有鲛粒。膜壳每边发育20~30枚略呈圆柱形的突起，突起壁表面光滑或有细小的刺。突起沿着四角形、五角形或六角形对边呈线形排列，它们的近端基部相互连接，而沿突起的全部长度方向支撑纤细、透明的膜状物。突起主干中空,与膜壳腔连通;在位于突起长度1/3~1/2处通常分叉形成2根(有时2根)分枝,且不均匀地二级或三级再分叉。突起长约为膜壳直径的1/4~1/2;膜壳具有多角形开口的脱囊结构,开口直径为膜壳直径的1/3~1/2。突起沿开口边缘分布,口盖上未见突起。膜壳直径20~30μm(平均26μm),多角区直径11~15μm;突起长6~11μm,基部宽0.7~1.5μm,彼此间距3~5μm。

产地、时代 纽芬兰东部;晚寒武世。

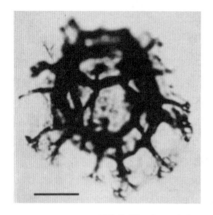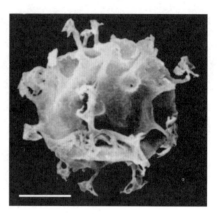

(引自 Martin and Dean, 1988;图版14,图3—4)

几何波口藻 *Cymatiogalea geometrica* Milia, Ribecai and Tongiorgi, 1989

1989 *Cymatiogalea geometrica* Milia, Ribecai and Tongiorgi, p.12; pl.4, figs.5, 7—11.

种征 膜壳球形,轮廓呈圆形至微多角形;膜壳壁为单层,薄,被划分为五角形或六角形的多角形区。在多角形区的角部(少数沿边)附有长圆柱形的中空突起,它们与膜壳腔自由连通。突起长度朝向端部开口减小,突起远端有三次二分叉或三分叉,直到第二级的小羽枝,小羽枝末端为指状。在突起之间,从突起基部至1/3长度处有透明遮盖物伸展。膜壳和突起壁表面光滑,端部开口,口盖轮廓呈微多角形。膜壳直径18~29μm;突起在开口端长4~10μm,在对应端长8~16μm。

产地、时代 瑞典;晚寒武世。

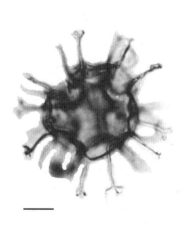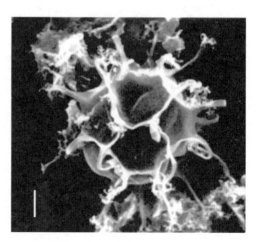

(引自 Milia *et al.*, 1989;图版4,图7,10)

分叉波口藻　*Cymatiogalea ramose* Milia，Ribecai and Tongiorgi，1989

1989 *Cymatiogalea ramose* Milia, Ribecai and Tongiorgi, p. 13；pl. 5，figs. 3—6.

种征　膜壳球形，被成排的突起划分为少数大的亚方形区；膜壳壁薄，明显单层，表面有小皱。膜壳端部开口，口盖轮廓亚圆形。突起长，微锥形，中空，与膜壳腔自由连通。突起位于分区的角部或沿分区的边界，它们的长度朝向膜壳端部的开口减短，大多数突起在其长度 2/3 处二分叉（少数三分叉），呈现长而坚实的羽枝。突起壁表面光滑。膜壳直径18~30μm；突起长 8~12μm，围绕开口的突起长 6~7μm。

产地、时代　瑞典；晚寒武世。

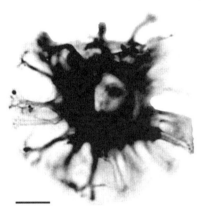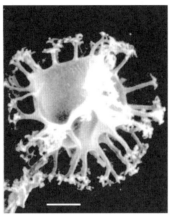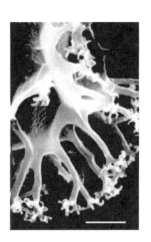

（引自 Milia *et al.* ，1989；图版 5，图 3,5—6）

真喉波口藻　*Cymatiogalea virgulta* Martin，1988

1988 *Cymatiogalea virgulta* Martin *in* Martin and Dean, p. 38；pl. 14，figs. 10，13—14，17.

种征　膜壳球形，其轮廓圆形至稍显多角形；膜壳具单层壁，表面光滑。膜壳附有呈线状排列的突起，其间偶尔保存纤细、透明的膜状物；清楚或时而模糊的缝脊界定了四角形、五角形或六角形的分区。在膜壳每边有约 30 枚近圆柱形、中空、光滑的突起。在单一标本，一些突起内部与膜壳腔连通，而有些突起的近端或全部主干被不透明物封闭；在突起中部或接近基部少见再次分叉，而一般分叉非常靠近顶端，再分叉为同一平面短的指状分枝，或者由 2~3 根远端的指状分叉的分枝构成。突起长度为膜壳直径的 1/15~1/10。膜壳具有以突起为边缘的多角形开口的脱囊结构，多角形口盖直径约为膜壳直径的 1/2。膜壳直径 17~30μm（平均 24μm），多角区直径 9~15μm；突起长 3~6μm，基部宽0.6~1.0μm，彼此间距2~6μm。

产地、时代　纽芬兰东部；晚寒武世。

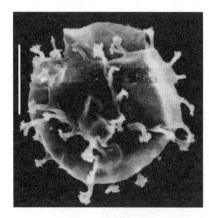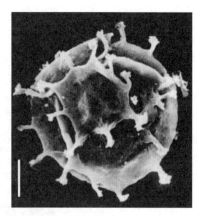

（引自 Martin and Dean，1988；图版 14，图 10,17）

花边球藻属 *Cymatiosphaera*（O. Wetzel, 1933），emend. Deflandre, 1954

模式种 *Cymatiosphaera ratiata* O. Wetzel，1933

属征 膜壳球形或椭球形，表面光滑或有颗粒。膜壳壁表面被垂直的膜状物划分为多边形区域，由于膜状物加厚，侧面观呈现棒或柱状，而赤道面观则不显示棘刺和角凸。膜状物边缘常与膜壳壁的边缘平行，偶尔有点凹。膜壳直径不一，少数超过 100μm。

葡萄花边球藻 *Cymatiosphaera acinosa* Wicander，1974

1974 *Cymatiosphaera acinosa* Wicander, p. 12；pl. 6, figs. 7—9.

种征 膜壳轮廓圆形，直径 26~50μm，表面具有沟、窝，且被低而光滑的脊分成 8~9 个等直径的多角形分区。膜壳未见脱囊开口，估计为简单裂开。

产地、时代 美国俄亥俄州；晚泥盆世。

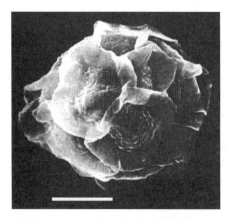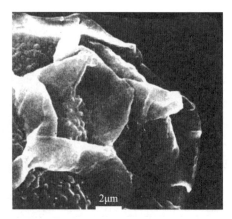

（引自 Wicander，1974；图版 6，图 7—8）

多室花边球藻 *Cymatiosphaera adaiochorata* Wicander，1974

1974 *Cymatiosphaera adaiochorata* Wicander, p. 12；pl. 7, figs. 6—9.

种征 膜壳轮廓圆形，直径 58~60μm，表面呈现鸡冠状网，每半个膜壳被低矮、透明、光滑的脊(脊高 2.2μm)分成 32 个等宽的多角区。膜壳具裂开的脱囊开口。

产地、时代　美国俄亥俄州;晚泥盆世。

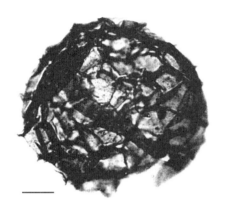
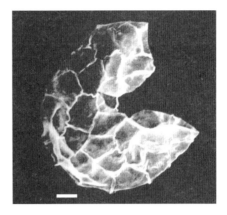

(引自 Wicander, 1974;图版 7,图 7—8)

埃吉尔花边球藻?　*Cymatiosphaera? aegirii* Schepper and Head, 2014

2014 *Cymatiosphaera? aegirii* Schepper and Head, p. 13; figs. 10A—P.

种征　膜壳具小的球形至亚球形中央体;膜壳壁薄,表面光滑。膜壳附有从实心多边形升起的低矮、实心、远端呈现三分叉羽饰的突起,这些羽饰突起界定了膜壳壁,使其呈现出多边形区域。突起间通过单根小梁连接。膜壳未见圆口。中央体最大直径(不包括羽饰)14~20μm;突起长度 6~8μm。

产地、时代　北大西洋;新生代晚期。

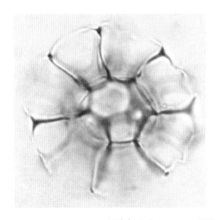
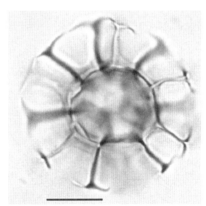

(引自 Schepper and Head, 2014;图 10C—D)

轮辐花边球藻　*Cymatiosphaera ambotrocha* Wicander and Loeblich, 1977

1977 *Cymatiosphaera ambotrocha* Wicander and Loeblich Jr. , pp. 135—136; pl. 1, figs. 3—6.

种征　膜壳轮廓圆形,直径 46~54μm;膜壳壁均匀分布颗粒(粒径 0.6~1.0μm),其端部尖圆。每半边膜壳有 5 个圆形区,圆形区之间以高约 5μm 的光滑脊为界,它们从中心区向周边辐射展布,形成围绕中心区域的多角区。在光学显微镜下观察,对应半膜壳的分区呈现出周边 10 个区围绕中心 5 个区的镜像。从中心脊至膜壳周缘的距离或者围绕中心 5 个区的辐射边长为 16~18μm。在膜壳赤道部位显示光滑、透明的轮缘（宽2~3μm）。膜壳未见脱囊方式。

    产地、时代　美国印第安纳州；晚泥盆世。

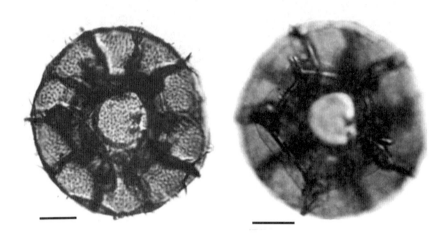

（引自 Wicander and Loeblich，1977；图版 1，图 4—5）

支撑花边球藻　*Cymatiosphaera antera* Wicander and Loeblich，1977

1977 *Cymatiosphaera antera* Wicander and Loeblich Jr.，p. 136；pl. 1，figs. 7，10—12.

    种征　膜壳轮廓椭圆形至圆形，直径 43~59μm。膜壳表面覆有粒径 0.6~1.0μm 的、圆尖的颗粒。半个膜壳被高约 3μm 的光滑脊分隔划分为 4 个区间，区间和脊分置，呈现为"H"式样，以"H"的基部附着膜壳壁的方式往上立起来。"H"的中心脊长 18μm，其边脊长 20μm。在一些标本中，半个膜壳可以有被 5 个等边区围绕的中心五边区，以至半个膜壳不是被划分为 4 个区，而是 6 个区。在膜壳赤道部位显示光滑、透明的轮缘（宽2~3μm）。膜壳未见脱囊开口。

    产地、时代　美国印第安纳州；晚泥盆世。

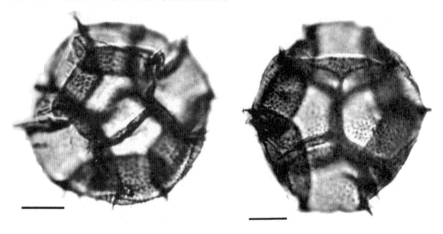

（引自 Wicander and Loeblich，1977；图版 1，图 7，10）

瘤脊花边球藻 *Cymatiosphaera bounolopha* Wicander and Loeblich，1977

1977 *Cymatiosphaera bounolopha* Wicander and Loeblich Jr．，p. 136；pl. 1，figs. 13—14.

种征 膜壳轮廓圆形，直径 14~18μm。每半个膜壳被低度透明、高 0.6~0.8μm 的直脊分隔，划分为 22~25 个四边或五边多角形区；在每个多角形区的角部有明显的瘤，它们高 1μm，直径 0.8~1.0μm。在光学显微镜下，每个多角形区的表面粗糙。膜壳未见脱囊结构。

产地、时代 美国印第安纳州；晚泥盆世。

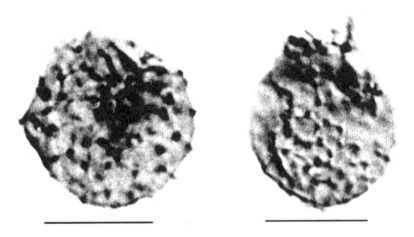

（引自 Wicander and Loeblich，1977；图版 1，图 13—14）

短脊花边球藻 *Cymatiosphaera brevicrista* Wicander，1974

1974 *Cymatiosphaera brevicrista* Wicander，p. 12；pl. 6，figs. 10—12.

种征 膜壳轮廓圆形，直径 73~75μm。膜壳壁表面显示鸡冠状网，每半个膜壳被低矮、透明、光滑的脊（脊高 2.2μm）分成 16 个等直径的多角区。膜壳具裂开的脱囊开口。

产地、时代 美国俄亥俄州；晚泥盆世。

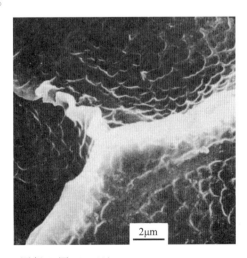

（引自 Wicander，1974；图版 6，图 11—12）

围墙花边球藻　*Cymatiosphaera cavea* **Wicander and Loeblich, 1977**

1977 *Cymatiosphaera cavea* Wicander and Loeblich Jr. , pp. 136—137; pl. 2, figs. 1—2.

种征　膜壳轮廓圆形,直径 48~74μm(平均 60μm)。每半个膜壳被划分为许多(20~30 个)五边至六边多角形区,它们的直径 15~16μm。多角形区间被薄而光滑的脊(脊高小于 1μm)分隔,大多数脊看似与膜壳壁齐平;区间表面具有由很低的、互相连接的光滑脊构成的冠状网,以至形成细小的、多角形亚区的网状物。该种具膜壳壁简单裂开的脱囊结构。

产地、时代　美国印第安纳州;晚泥盆世。

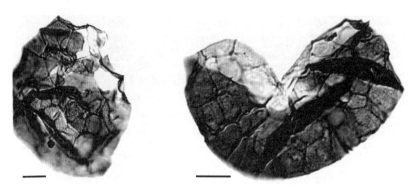

(引自 Wicander and Loeblich, 1977;图版 2,图 1—2)

发网花边球藻　*Cymatiosphaera cecryphala* **Wicander and Loeblich, 1977**

1977 *Cymatiosphaera cecryphala* Wicander and Loeblich Jr. , p. 137; pl. 2, figs. 7—9.

种征　膜壳轮廓圆形,直径 32~44μm(平均 37μm)。每半个膜壳被划分为 20~30 个四边至六边多角形区,分区直径为 6~10μm(平均 7~8μm),它们由直的或少数易弯曲的、低矮、实心、光滑的脊(高 1~2μm)分隔。多角形区中的膜壳壁具有由很低的、薄的、互相连接的光滑脊构成的冠状网,从而形成五边至六边多角形亚区的网状物,其直径为 1.5~2.0μm。膜壳未见脱囊结构。

产地、时代　美国印第安纳州;晚泥盆世。

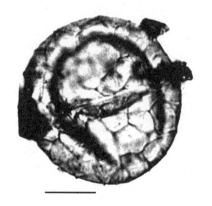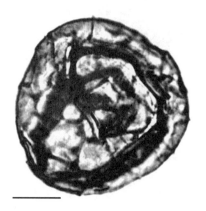

(引自 Wicander and Loeblich, 1977;图版 2,图 8—9)

网状花边球藻 *Cymatiosphaera chelina* Wicander and Loeblich，1977

1977 *Cymatiosphaera chelina* Wicander and Loeblich Jr.，p. 137；pl. 2，figs. 5—6.

种征 膜壳轮廓圆形至亚圆形，直径 25~37μm。每半个膜壳被划分为约 20 个五边或六边多角形区，每个多角形区直径为 6~7μm。区间由窄而低、光滑、透明、高约 1μm 的脊分隔；脊相当坚实，有些脊弯曲，致使多角形区显示波状式样。区中膜壳表面具有由很低的、薄的、互相连接的光滑脊构成的冠状网，从而形成四边至六边多角形亚区的网状物（冠网），冠网直径 1~2μm。该种具膜壳壁简单裂开的脱囊结构。

产地、时代 美国印第安纳州；晚泥盆世。

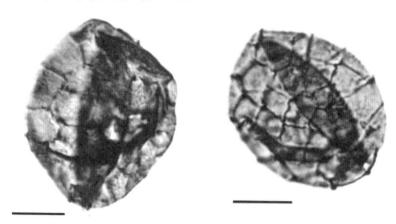

（引自 Wicander and Loeblich，1977；图版 2，图 5—6）

格状花边球藻 *Cymatiosphaera craticula* Wicander and Loeblich，1977

1977 *Cymatiosphaera craticula* Wicander and Loeblich Jr.，p. 138；pl. 3，figs. 13—14.

1990 *Dictyotidium craticula* according to Fensome *et al.*，p. 173.

种征 膜壳轮廓圆形，直径 28~32μm。每半个膜壳被划分为 65~75 个五边多角形区，单个多角形区直径 3~4μm，由低、实心、光滑和通常直的脊（脊高 0.5μm）（一些脊易弯曲）分隔相邻区；区中膜壳壁表面光滑。该种具膜壳壁简单裂开的脱囊结构。

产地、时代 美国印第安纳州；晚泥盆世。

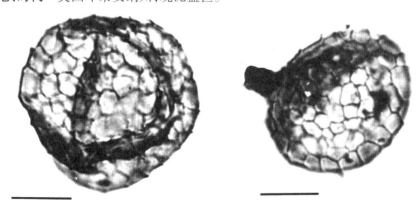

（引自 Wicander and Loeblich，1977；图版 3，图 13—14）

卷曲花边球藻　*Cymatiosphaera crispa* Uutela and Tynni，1991

1991 *Cymatiosphaera crispa* Uutela and Tynni，p. 56；pl. IX，fig. 91.

种征　膜壳球形，由低矮的波状脊墙褶构成大小不同的、固定的网穴孔。光学断面可见 16~22 个多角形网。每个网穴孔底部含有覆盖穴孔的突出物；穴孔的底部和脊墙表面皆光滑。膜壳直径 8~9μm；穴孔直径 2~3μm，脊墙高约 1μm。

产地、时代　爱沙利亚；中奥陶世，卡拉道克期（Caradoc）。

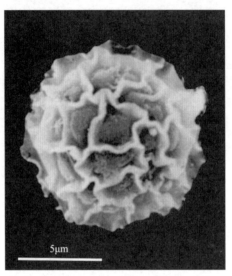

（引自 Uutela and Tynni，1991；图版 9，图 91）

少室花边球藻　*Cymatiosphaera daioariochora* Wicander，1974

1974 *Cymatiosphaera daioariochora* Wicander，pp. 12—13；pl. 7，fig. 1.

种征　膜壳轮廓圆形，直径 16~18μm，表面光滑。每半个膜壳被低矮、透明、光滑的脊（脊高 2~3μm）分成 5 个相等的多角区。膜壳具裂开的脱囊开口。

产地、时代　美国俄亥俄州；晚泥盆世。

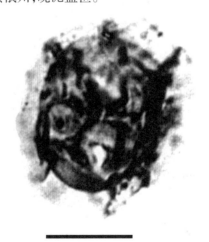

（引自 Wicander，1974；图版 7，图 1）

芬塞花边球藻？ *Cymatiosphaera? fensomei* Schepper and Head，2014

2014 *Cymatiosphaera? fensomei* Schepper and Head，p. 16；figs. 10Q—T，11A—J.

种征 膜壳球形至亚球形，具小的中央体；膜壳壁薄，表面光滑，附有远端边缘不规则的实心羽饰和支墩状的基础，在它们的基部有小穴。羽饰围绕 15~20 个大小和形状变化的多角形区域，它们圈定一个不完整的网状组织。膜壳最大直径 18~24μm；羽饰最大高度 3~7μm。

产地、时代 北大西洋东部；上新世晚期。

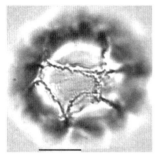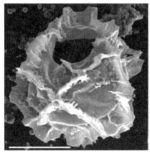

（引自 Schepper and Head，2014；图 10T，11G—H）

疮孔花边球藻 *Cymatiosphaera fistulosa* Wicander and Loeblich，1977

1977 *Cymatiosphaera fistulosa* Wicander and Loeblich Jr.，p. 138；pl. 1，fig. 2.

1990 *Dictyotidium fistulosa* according to Fensome *et al.*，p. 174.

种征 膜壳轮廓圆形，直径 20μm。每半个膜壳被划分为约 31 个五角形或六角形的区，每区直径 3~4μm，它们彼此由低、薄、光滑和透明的脊（脊高 1μm）分隔，脊坚实或易弯曲，以至表现波状样式。区中膜壳壁显示大小为 0.5μm 的小凹穴。该种具膜壳壁简单裂开的脱囊结构。

产地、时代 美国印第安纳州；晚泥盆世。

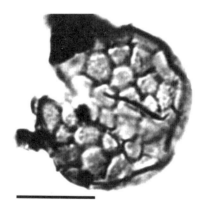

（引自 Wicander and Loeblich，1977；图版 1，图 2）

斑纹花边球藻　*Cymatiosphaera fritilla* Wicander and Loeblich，1977

1977 *Cymatiosphaera fritilla* Wicander and Loeblich Jr.，p. 138；pl. 1，figs. 8—9.

种征　膜壳轮廓圆形，直径 15~16μm。每半个膜壳被划分为 17~19 个五边多角形区，每区直径 3~4μm，它们彼此由直、光滑、半透明的脊（脊高 1μm，宽 0.8μm）分隔。区中的膜壳壁表面光滑，仅在中部有粒径约为 1μm 的颗粒。膜壳未见脱囊结构。

产地、时代　美国印第安纳州；晚泥盆世。

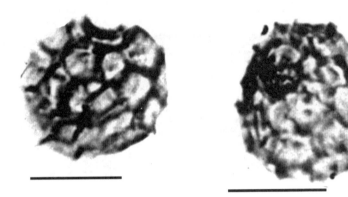

（引自 Wicander and Loeblich，1977；图版 1，图 8—9）

斑斓花边球藻　*Cymatiosphaera hermosa* Cramer and Díez，1976

1976 *Cymatiosphaera hermosa* Cramer and Díez，p. 79；pl. 4，figs. 41—42.

种征　膜壳多角形或近圆形。膜壳壁上的脊墙高度小于膜壳直径，脊墙的远端边界线与中央体同心；脊冠表面光滑。在与中央体交接处没有棒条体或其他支撑结构物，中央体壁外层可能光滑。中央体直径 10~20μm；脊墙高 3~4μm。

产地、时代　西班牙；早泥盆世，艾姆斯期（Emsian）。

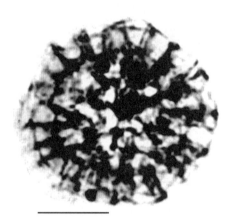

（引自 Cramer and Díez，1976；图版 4，图 41）

艾西尼花边球藻？ *Cymatiosphaera? icenorum* Schepper and Head，2014

2014 *Cymatiosphaera? icenorum* Schepper and Head，p. 18；figs. 11K—T，12A—C.

种征　膜壳中央体亚球形至卵形；膜壳壁薄，表面光滑。中央体具有从实心多边脊墙升起的、直的实心羽饰，且伸展为具有不规则边缘的平台；羽饰界定多边形区域，使之呈现为多角形。中央体最大直径 11.5~14.0μm；羽饰最大高度 4.0~6.5μm。

产地、时代　北大西洋；中新世至上新世。

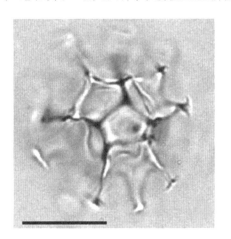
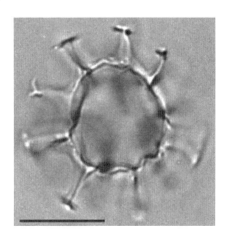

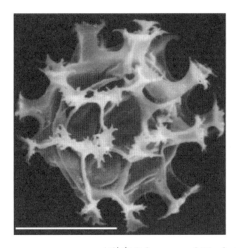
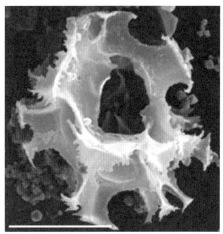

（引自 Schepper and Head，2014；图 11L—M，T，12B）

贾丁花边球藻 *Cymatiosphaera jardinei* Cramer and Díez，1976

1976 *Cymatiosphaera jardinei* Cramer and Díez，p. 79；pl. 4，figs. 39，43.

种征　膜壳多角形或近圆形。与中央体直径比较，脊墙很低，它们由处于膜壳交汇点辐射的坚实棒条体支撑；脊墙很薄，趋于磨损，而一些棒条体的远端向中央体折回。膜壳顶饰向中央体内凹入，中央体表面可能光滑。中央体直径 10~25μm；位于棒条体的脊墙高 1~2μm。

产地、时代　西班牙；早泥盆世，艾姆斯期（Emsian）。

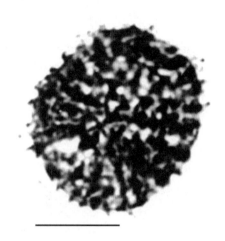

（引自 Cramer and Díez，1976；图版 4，图 39）

凯拉花边球藻 *Cymatiosphaera keilaensis* **Uutela and Tynni，1991**

1991 *Cymatiosphaera keilaensis* Uutela and Tynni，p.56；pl. IX，fig.92.

种征 膜壳多角形。膜壳壁表面有特征性的多角形状的、大小变化的坑洼或穴孔，这些穴孔浅，底部光滑。膜壳直径 10~14μm；穴孔直径 4~9μm；脊墙高约 2μm，厚约 1μm。

产地、时代 爱沙利亚；中奥陶世，卡拉道克期（Caradoc）。

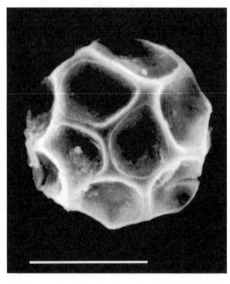

（引自 Uutela and Tynni，1991；图版 9，图 92）

曲折花边球藻 *Cymatiosphaera labyrinthica* **Wicander，1974**

1974 *Cymatiosphaera labyrinthica* Wicander，p.13；pl.6，figs.5—6.

种征 膜壳轮廓圆形，直径 71~79μm。膜壳壁表面有鸡冠状网。每半个膜壳被低矮、透明、光滑的脊（脊高 2.2~3.3μm）分成 6~7 个等直径的多角区。膜壳具裂开的脱囊开口。

产地、时代 美国俄亥俄州;晚泥盆世,早石炭世。

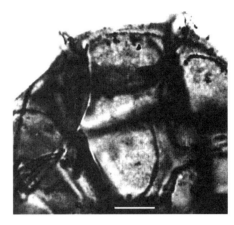

（引自 Wicander, 1974;图版6,图5—6）

宽墙花边球藻 *Cymatiosphaera latimurata* Uutela and Tynni, 1991

1991 *Cymatiosphaera latimurata* Uutela and Tynni, p. 56; pl. IX, fig. 93.

种征 膜壳球形,具有特征性的、大小不一的厚壁多边形穴孔,穴孔底部有不规则小瘤;脊墙上部显示轻微褶皱。膜壳直径 $16{\sim}18\mu m$;穴孔直径 $3{\sim}6\mu m$;脊墙高约 $2\mu m$。

产地、时代 爱沙利亚;中奥陶世,卡拉道克期(Caradoc)。

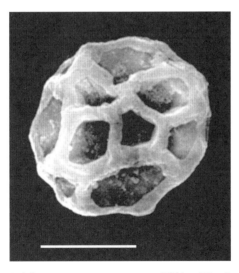

（引自 Uutela and Tynni, 1991;图版9,图93）

利昂花边球藻 *Cymatiosphaera leonensis* Cramer and Díez, 1976

1976 *Cymatiosphaera leonensis* Cramer and Díez, p. 80; pl. 4, fig. 35.

种征 膜壳较小。脊墙相对较高,可能由从中央体交汇处生出的薄棒条体支撑。脊墙薄,其冠部似乎比脊墙下部稍厚。中央体外层可能光滑。中央体直径 $5{\sim}15\mu m$;脊墙高 $2.5{\sim}4\mu m$。

产地、时代 西班牙;早泥盆世,艾姆斯期(Emsian)。

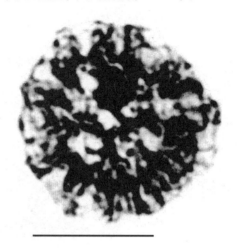

(引自 Cramer and Díez, 1976;图版4,图35)

镶边花边球藻 *Cymatiosphaera limbatisphaera* Wicander and Loeblich,1977

1977 *Cymatiosphaera limbatisphaera* Wicander and Loeblich Jr. , p. 139; pl. 2, figs. 10—12.

种征 膜壳轮廓圆形,直径 37~39μm。每半个膜壳由直至微弯曲、光滑、透明的脊(脊高 2~3μm)分隔为 9~12 个五角形或六角形的区,每区直径 10~13μm;区中膜壳具有由很低、薄、互相连接的光滑脊构成的、大小 1~2μm 的多角形亚区(冠网)。另外,在每个区的边缘有由单排颗粒(直径 0.5~1μm)形成的、与边平行的圆形物。该种具膜壳壁简单裂开的脱囊结构。

产地、时代 美国印第安纳州;晚泥盆世。

(引自 Wicander and Loeblich, 1977;图版2,图 10,12)

螺纹花边球藻 *Cymatiosphaera maculosiverticilla* Wicander and Loeblich, 1977

1977 *Cymatiosphaera maculosiverticilla* Wicander and Loeblich Jr. , p. 139; pl. 2, figs. 3—4.

种征 膜壳轮廓圆形,直径 20~23μm。每半个膜壳由直、光滑、透明的脊(脊高 2μm)分隔为 6~7 个五角形或六角形的区,每区直径 5~8μm。在每个区的升起脊(脊宽约

1μm)上有三圈同心排列的小凹穴,形成平行于多角形区边界的圆形物。每个区中有被凹痕围绕升起的脊(由单列的、直径约 1μm 的颗粒构成)。多角形区的表面显示为中部具颗粒,而围绕凹痕边缘光滑。膜壳未见脱囊结构。

产地、时代 美国印第安纳州;晚泥盆世。

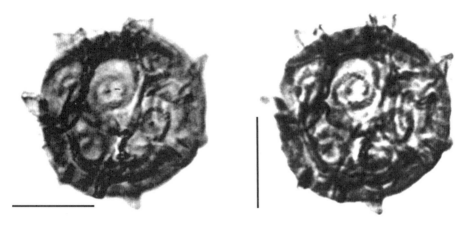

(引自 Wicander and Loeblich,1977;图版2,图3—4)

蜂巢花边球藻 *Cymatiosphaera melikera* Wecander and Loeblich,1977

1977 *Cymatiosphaera melikera* Wicander and Loeblich Jr. , pp. 139—140; pl. 3, figs. 11—12.

种征 膜壳轮廓圆形,直径 30μm。每半个膜壳由低的、实心、直而光滑的脊(脊高0.3μm)分隔为超过 100 个四边至六边的多角形区,每区直径 1.5~2.0μm。膜壳壁显示似"蜂巢"式样。多角形区中的膜壳表面光滑。膜壳未见脱囊结构。

产地、时代 美国印第安纳州;晚泥盆世。

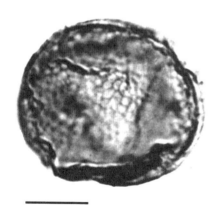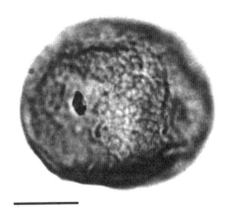

(引自 Wicander and Loeblich,1977;图版3,图11—12)

最小花边球藻 *Cymatiosphaera minima* Uutela and Tynni,1991

1991 *Cymatiosphaera minima* Uutela and Tynni, p. 56; pl. Ⅸ, fig. 94.

种征 膜壳为小的球形,附有由高的垂直脊墙构成的穴孔;脊墙和穴孔壁覆有微小颗粒,以及可能由于它们的腐蚀造成的小孔。膜壳直径 8μm,穴孔直径 3μm。

产地、时代 爱沙利亚；中奥陶世，卡拉道克期（Caradoc）。

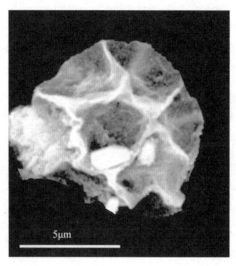

5μm

（引自 Uutela and Tynni, 1991；图版 9，图 94）

纳巴拉花边球藻 *Cymatiosphaera nabalaensis* Uutela and Tynni, 1991

1991 *Cymatiosphaera nabalaensis* Uutela and Tynni, p. 57; pl. Ⅸ, fig. 95.

种征 膜壳多角形，由脊墙彼此连接形成多个多角形的"杯子"。这些杯状穴孔大小不一，而四方形的通常最小；穴孔底部有小瘤或网饰，而在它们上边缘的脊墙有微细条纹和微小褶皱。膜壳直径 18~22μm；穴孔直径 2~9μm；脊墙高 2~3μm。

产地、时代 爱沙利亚；中—晚奥陶世，卡拉道克—阿什极尔期（Caradoc—Ashgill）。

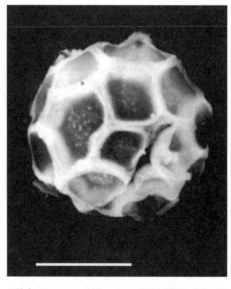

（引自 Uutela and Tynni, 1991；图版 9，图 95）

奖章花边球藻　*Cymatiosphaera numisma* Le Hérissé，1989

1989 *Cymatiosphaera numisma* Le Hérissé，p. 75；pl. 2，figs. 7—8，text-fig. 4A.

种征　膜壳球形，以上升的膜状脊为界划分膜壳壁为 4~6 个亚多角形区域。在亚多角形区域的表面，雕饰格外显著，由辐射分布的脊构成同心交叉的脊冠。膜壳具简单裂缝的开口，开口边缘有薄的唇边，亚多角形区域在开口处交汇。膜壳直径 30~45μm；脊膜高 14~20μm；多角形网眼直径 17~20μm。

产地、时代　瑞典哥特兰岛；早志留世，文洛克期（Wenlock）。

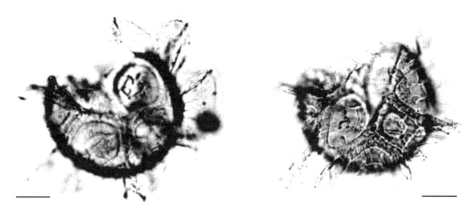

（引自 Le Hérissé，1989；图版 2，图 7—8）

骨脊花边球藻　*Cymatiosphaera parvicarina* Wicander，1974

1974 *Cymatiosphaera parvicarina* Wicander，p. 13；pl. 7，figs. 10—12.

种征　膜壳轮廓圆形，直径 56~67μm。膜壳壁表面具鸡冠状网。每半个膜壳被厚的光滑脊（脊高 1.0μm）分隔为 9~10 个等直径的多角形区。该种具膜壳壁简单裂开的脱囊结构。

产地、时代　美国俄亥俄州；晚泥盆世。

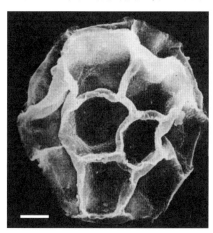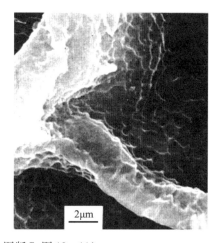

（引自 Wicander，1974；图版 7，图 10—11）

小球花边球藻　*Cymatiosphaera pastille* Hashemi and Playford, 1998

1998 *Cymatiosphaera pastille* Hashemi and Playford, p. 129; pl. 1, figs. 1—3.

　　种征　膜壳球形,轮廓圆形至亚圆形。膜壳壁厚 0.8μm 或更薄。膜壳表面被划分为 7~9 个亚圆形或亚方形网,网眼壁表面光滑(直径 4~12μm),有明显的、微弯曲的、远端引人注目的隔脊。隔脊宽 0.4~0.5μm,高 4~7μm。膜壳直径 8~17μm;总体直径 15~30μm。膜壳未见脱囊结构。

　　产地、时代　伊朗中东部;晚泥盆世。

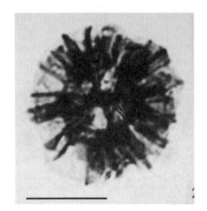 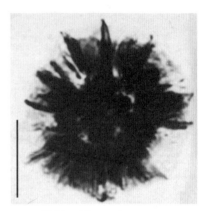

(引自 Hashemi and Playford, 1998;图版 1,图 2—3)

宽边花边球藻　*Cymatiosphaera platoloma* Wicander and Loeblich, 1977

1977 *Cymatiosphaera platoloma* Wicander and Loeblich Jr. , p. 140; pl. 3, figs. 3—4.

1981 *Cymatiosphaera perimembrana* Staplin, 1961, according to Playford *in* Playford and Dring, p. 14.

　　种征　膜壳轮廓圆形(直径 18~25μm),附有凸缘(长 4~6μm),使之整体直径为 24~36μm。膜壳壁以坚实脊(高 5μm,长 7μm)为界,被分隔为围绕中心的 5 个五角形区,它们向周边尖削,致使膜壳表面呈现高浮雕式样。辐射脊从中心区的每个角部向外伸展,直至凸缘的边缘。脊从半个膜壳至另外半个膜壳位移了半个区间,以至凸缘在单个半膜壳两次出现而显示多条脊。膜壳未见脱囊结构。

　　产地、时代　美国印第安纳州;晚泥盆世。

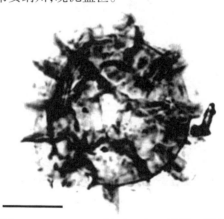

(引自 Wicander and Loeblich, 1977;图版 3,图 3)

波兰花边球藻 *Cymatiosphaera polonica* Górka，1974

1974 *Cymatiosphaera polonica* Górka，pp. 234—235；pl. 12，figs. 1—6.

1976 *Cymatiosphaera polonica* Playford，pp. 47—48；pl. 11，figs. 8—9.

种征 膜壳圆球形，壁厚 1.5~2.0μm，具有 12~15 个多角形区组成的粗大网饰；网格四边形至六边形，大小基本相同(平均直径 9~12μm)。另有 1~2 个穿孔或刺状的突起。多角形网区间由高 2.0~3.5μm 和宽 0.5μm 或更薄的透明脊分隔开。

产地、时代 波兰、澳大利亚；晚泥盆世，法门期(Famennian)。

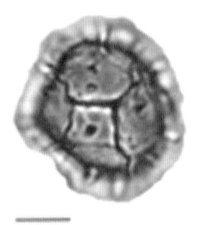

(引自 Playford，1976；图版 11，图 9；杰弗里·普莱福德(G. Playford)赠送图像)

低网花边球藻 *Cymatiosphaera pumila* Richards and Mullins，2003

2003 *Cymatiosphaera pumila* Richards and Mullins，p. 9；pl. 1，figs. 1—2；pl. 2，figs. 1—2.

种征 膜壳球形至亚球形。膜壳壁被低矮的膜状冠或薄壁划分为许多多角形至圆形的区域，每一区域的基底有略大于区域基底的圆形插入物，不明显粘连，且在边缘卷曲；插入物的中部表面光滑至网状，具有 1~2 个中心位不规则瘤块。膜壳未见脱囊结构。总体直径 19~29μm；膜壳直径 17~27μm；多角形区域直径 2~4μm。

产地、时代 英格兰；晚志留世。

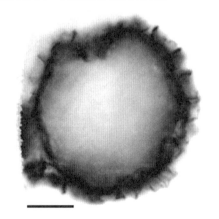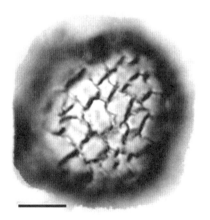

(引自 Richards and Mullins，2003；图版 1，图 1—2)

小花边球藻 *Cymatiosphaera pusilla* Moczydłowska, 1998

1998 *Cymatiosphaera pusilla* Moczydłowska, p. 64; figs. 26A—B.

种征 膜壳轮廓六角形至多角形,具有被高的膜状脊划分为多角形区的小中央体。膜状脊呈现凹的边缘,它们垂直于膜壳表面升起。沿膜壳边缘可见6~8条脊。膜壳总体直径 14~27μm;中央体直径 8~10μm;脊高 7~10μm。

产地、时代 波兰上西里西亚;中寒武世。

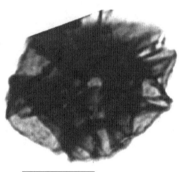

(引自 Moczydłowska, 1998;图 26A—B)

辐条花边球藻 *Cymatiosphaera radiosepta* Hashemi and Playford, 1998

1998 *Cymatiosphaera radiosepta* Hashemi and Playford, p. 131; pl. 1, figs. 8—10.

种征 膜壳球形,轮廓圆形至亚圆形,壁厚 0.6~0.8μm,表面光滑至有小颗粒,膜壳表面相当规则地被划分出少数具有圆形—亚圆形的大网眼;网眼由薄的、透明的、升起的隔脊(高 5~8μm)界定,隔脊被密集辐射、如同轮辐状的丝状物加固,有些隔脊远端融合;由于隔脊远端发散(向上展开),网眼的直径在近端为6μm,至远端达16μm。膜壳未见脱囊结构。膜壳直径 14~21μm;总体直径 25~32μm。

产地、时代 伊朗中东部;晚泥盆世。

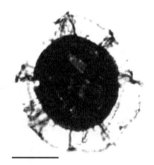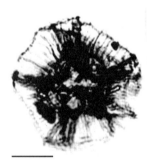

(引自 Hashemi and Playford, 1998;图版 1,图 8a, 9—10)

拉克韦雷花边球藻　*Cymatiosphaera rakverensis* **Uutela and Tynni , 1991**

1991 *Cymatiosphaera rakverensis* Uutela and Tynni, p. 57 ; pl. Ⅹ , fig. 96.

种征　膜壳多角形。膜壳壁具有浅的五角形或六角形的穴孔,穴孔的底部和脊墙饰有鲛粒,而脊墙的外边缘具有尖的球根状或二分叉的小瘤饰(直径为 0.3~0.5μm)。膜壳直径 8~14μm;穴孔直径 4~5μm,脊墙高约 2μm。

产地、时代　爱沙利亚;中奥陶世,卡拉道克期(Caradoc)。

(引自 Uutela and Tynni, 1991;图版 10,图 96)

齿缘花边球藻　*Cymatiosphaera rhacoamba* **Wicander , 1974**

1974 *Cymatiosphaera rhacoamba* Wicander, p. 13 ; pl. 7, figs. 2—5.

种征　膜壳轮廓圆形,直径 29~36μm。膜壳壁表面光滑。每半个膜壳被透明、光滑的脊(高 4.4~5.5μm)分隔为 13~14 个等直径的多角区。该种具膜壳壁简单裂开的脱囊结构。

产地、时代　美国俄亥俄州;晚泥盆世。

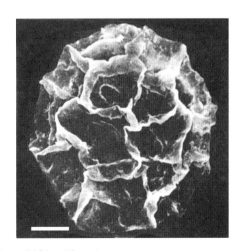

(引自 Wicander, 1974;图版 7,图 3,5)

波状花边球藻　*Cymatiosphaera rhodana* Wicander and Loeblich，1977

1977 *Cymatiosphaera rhodana* Wicander and Loeblich Jr. , pp. 140—141；pl. 3，figs. 8—10.

　　种征　膜壳轮廓圆形，直径 22~27μm。每半个膜壳被薄、光滑、透明的脊（高 1μm）分隔为 17~22 个五边或六边的多角形区，每个区宽 4~5μm。脊易弯曲，以至多角形区的边缘呈现波形。区中的膜壳表面光滑。膜壳未见脱囊结构。

　　产地、时代　美国印第安纳州；晚泥盆世。

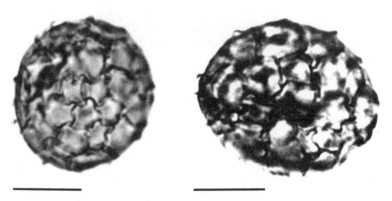

（引自 Wicander and Loeblich，1977；图版 3，图 9—10）

锯齿花边球藻　*Cymatiosphaera serrata* Uutela and Tynni，1991

1991 *Cymatiosphaera serrata* Uutela and Tynni，p. 57；pl. X，fig. 97.

　　种征　膜壳多角形，微拉长。脊墙高，以至呈现不平整、锯齿状的外边缘。膜壳长 14μm，宽 15μm；穴孔最大直径 9μm，脊墙高 5μm。

　　产地、时代　爱沙利亚；晚奥陶世，阿什极尔期（Ashgill）。

（引自 Uutela and Tynni，1991；图版 10，图 97）

粒钉花边球藻 *Cymatiosphaera spicigera* Playford *in* Playford and Dring，1981

1981 *Cymatiosphaera spicigera* Playford *in* Playford and Dring, pp. 14—16；pl. 2, figs. 6—12.

种征 膜壳球形，表面被稍许不规则地划分为4~6个较大的、形状不一（亚三角形或不规则多角形）的网格，最大直径6~12μm。网格基底厚0.8~1.3μm，覆有很细、密集的小棘刺雕饰；小棘刺彼此离散，其基部宽和高约0.3μm或更小。网格边界有很薄、透明、不同高度（高5~13μm）的凸起脊墙，脊墙表面通常光滑或有稀疏的小棘刺。膜壳未见脱囊结构。膜壳直径12~18μm。

产地、时代 澳大利亚西部卡拉封盆地（Carnavon Basin）；晚泥盆世，（？）弗拉斯期期（？Frasnian）。

（引自 Playford and Dring，1981；图版2，图9，12）

常见花边球藻 *Cymatiosphaera subtrita* Playford *in* Playford and Dring，1981

1981 *Cymatiosphaera subtrita* Playford *in* Playford and Dring, p. 16；pl. 2, figs. 1—5.

种征 膜壳球形。膜壳壁被明显凸起规则地划分为5~6个直角的、五角形或三角形的网格。膜壳壁表面近光滑，附有很薄的膜状脊墙（高4~10μm）。网格宽6~10μm；底部光滑，厚约1.0~1.5μm。膜壳未见脱囊结构。膜壳直径10~16μm。

产地、时代 澳大利亚西部卡拉封盆地（Carnavon Basin）；晚泥盆世，（？）弗拉斯期期（？Frasnian）。

（引自 Playford and Dring，1981；图版2，图1，4）

锥形花边球藻 *Cymatiosphaera turbinata* Wicander and Loeblich, 1977

1977 *Cymatiosphaera turbinata* Wicander and Loeblich Jr. , p. 141; pl. 3, figs. 5—7.

种征 膜壳轮廓圆形,直径28μm。膜壳附有透明的脊,它们呈现宽4~5μm的凸缘,致使整体直径达37μm。每半个膜壳的5个区被辐射展布的、高、薄、透明的脊分隔为亚区,它们无中心区,受挤压导致透明脊分隔区形成圆锥形;膜壳和透明脊的表面覆有细小颗粒。另外,脊有微小褶皱。膜壳未见脱囊结构。

产地、时代 美国印第安纳州;晚泥盆世。

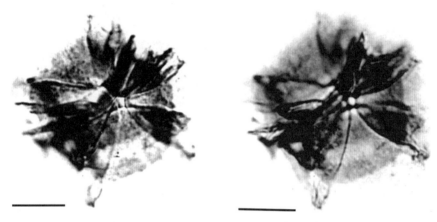

(引自 Wicander and Loeblich, 1977;图版3,图6—7)

遮掩花边球藻 *Cymatiosphaera velicarina* Wicander, 1974

1974 *Cymatiosphaera velicarina* Wicander, pp. 13—14; pl. 8, figs. 1—2.

种征 膜壳轮廓圆形,直径33.0μm,表面有颗粒。每半个膜壳被透明、光滑的脊(高6.6μm)分隔为5个多角区。膜壳未见脱囊开口,推测可能是膜壳壁简单裂开的方式。

产地、时代 美国俄亥俄州,早石炭世,密西西比期(Mississippian)。

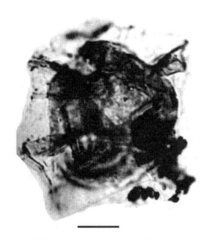

(引自 Wicander, 1974;图版8,图1)

头突球藻属　*Cymbosphaeridium* Lister，1970

模式种　*Cymbosphaeridium bikidium* Lister，1970

属征　膜壳亚圆形，中空，双层壁；内壁紧贴外壁，且横穿突起近端。突起少，数量变化；突起中空，管状，远端封闭，仅由外壁层形成。对应面遵循顶角、赤道前后区域的式样。膜壳壁呈现隐缝的脱囊结构，附有单个扁平的顶部口盖。

莫里留斯头突球藻　*Cymbosphaeridium molyneuxii* Richards and Mullins，2003

2003 *Cymbosphaeridium molyneuxii* Richards and Mullins，p. 20；pl. 3，figs. 4—5.

种征　膜壳球形至亚球形。膜壳壁双层，覆有明显的颗粒或有网状雕饰。膜壳壁内层厚，并由突起形成薄的外层附属物。突起分布规则，表面光滑，其顶端指状或半球形。中心位附有一枚突起。膜壳具圆口的脱囊结构。膜壳直径 28～38μm；圆口直径 14~16μm。

产地、时代　英格兰；晚志留世。

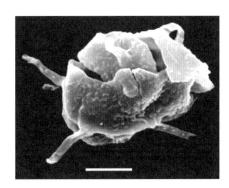 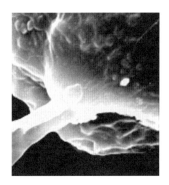

（引自 Richards and Mullins，2003；图版 3，图 4—5）

指形藻属　*Dactylofusa*（Brito and Santos，1965），emend. Combaz，Lange，and Pansart，1967，restr. Cramer，1970

模式种　*Dactylofusa maranhensis* Brito and Santos，1965

属征　膜壳为细长梭形，其端部凸出，有简单、同形的突起；在同种标本，端部突起的长度有很大变化。膜壳壁单层，对称分布同形雕饰，雕饰的分布基本与膜壳长轴平行，并朝向膜壳端部数量减少。膜壳外层表面覆有约 1μm 高的棘刺，呈现锥形、短而分叉的棒状小刺；它们皆纵向排列。膜壳可以沿平行于近赤道部位的长轴裂开，甚至在同一种的标本，膜壳长轴直或弯曲。

脉饰指形藻　*Dactylofusa conata* Cramer and Díez，1977

1977 *Dactylofusa conata* Cramer and Díez，p. 346；pl. 1，figs. 1—2.

种征　膜壳没有端部突起，明显覆有拉长成排、钝端的雕饰。雕饰从膜壳端部开始以 8~12 个成排规则分布，没有分叉；它们相互紧靠，在距离膜壳中部离散。该类雕饰分子在膜壳端部最小，它们有大体圆形的基部和简单尖削的顶端。

产地、时代 摩洛哥;早奥陶世,阿伦尼克期(Arenigian)。

(引自 Cramer and Díez, 1977;图版1,图1—2)

拉萨那姆指形藻 *Dactylofusa lasnamaegiensis* Uutela and Tynni, 1991

1991 *Dactylofusa lasnamaegiensis* Uutela and Tynni, p. 58; pl. X, fig. 99.

种征 膜壳梭形、拉长,且有不同大小的尖出端。膜壳一端比另一端长1/2~2/3,表面具有许多短棒状突起。突起等宽,其远端有3~6个小刺;在尖出端的突起较小、数量较少;突起不呈现明显的纵行排列,它们中空,与膜壳腔自由连通,并与膜壳壁角度接触。膜壳和突起的表面光滑。膜壳未见脱囊结构。总体长70~76μm。膜壳长56~63μm,宽21~27μm;膜壳小端长5~8μm,较长端长10~15μm;突起长2~3μm。

产地、时代 爱沙利亚;中奥陶世,兰维尔期(Llanvirn)。

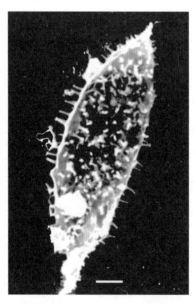

(引自 Uutela and Tynni, 1991;图版10,图99)

对弧藻属　*Dasydiacrodium*（Timofeev，1959），emend. Deflandre and Deflandre-Rigaud，1962

模式种　*Dasydiacrodium eichwaldi* Timofeev，1959

属征　膜壳轮廓为椭圆或略微伸长的多角形，赤道带表面光滑。膜壳一端具有毛发状小刺或喇叭形附属物，它们的数量在一端比另一端多，部分具有透明的褶皱。已知种的膜壳壁薄，时而出现双轮廓。

模糊对弧藻　*Dasydiacrodium obsonum* Martin，1988

1988 *Dasydiacrodium obsonum* Martin *in* Martin and Dean, pp. 38—39; pl. 10, figs. 6—7,10—11,13—15.

种征　膜壳轮廓椭圆形至不规则四边形，长略大于宽，具有两个多角形至圆形的端部。膜壳一端有 3~9 枚（一般 5~6 枚）突起，另一端有 8~15 枚（一般多于 10 枚）突起。所有突起呈锥形延伸，长度大体相同，约为膜壳长度的 1/2 或等长。突起中空，与膜壳腔自由连通。大多数突起远端简单，少数（1~3 枚）有简单二分叉，分叉始自突起近端的1/3处或顶端。膜壳中部没有突起或有纵向脊。膜壳和突起壁单层，覆有离散分布的、略显球状基部的小刺。膜壳未见脱囊结构。膜壳长 21~38 μm（平均 28 μm），宽 17~29 μm（平均 21 μm）；突起长 12~20 μm，基部宽 1.5~3.5 μm；小刺长 0.3~1.5 μm。

产地、时代　纽芬兰东部；晚寒武世。

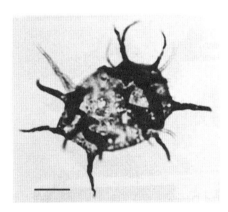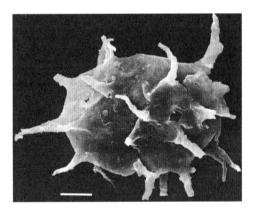

（引自 Martin and Dean，1988；图版 10，图 6,15）

稀刺对弧藻　*Dasydiacrodium veryhachioides* Milia，Ribecai and Tongiorgi，1989

1989 *Dasydiacrodium veryhachioides* Milia, Ribecai and Tongiorgi, p. 14; pl. 6, figs. 1—4.

种征　膜壳具两极，轮廓亚矩形。膜壳端部附有少数长的突起，在多数情况下，对应端的突起数量稍有不同。突起很长，中空，与膜壳腔自由连通；突起基部扩展，主干微纺锤形，柔韧，远端呈毛发状。膜壳壁覆有稀疏颗粒；突起壁表面有颗粒。膜壳长 16~36 μm，宽 10~17 μm；突起长 17~63 μm。

产地、时代　瑞典；晚寒武世。

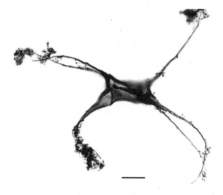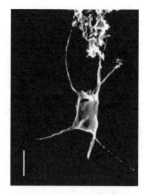

（引自 Milia *et al.*，1989；图版 6，图 1—2）

松网藻属　*Dasyhapsis* Loeblich and Wicander，1976

模式种　*Dasyhapsis comata* Loeblich and Wicander，1976

属征　膜壳轮廓圆形，附有许多突起，它们与膜壳腔不连通，并受限于外围区域的狭窄边界。膜壳表面具有隆起的网。易弯曲的简单突起长度不等，实心。膜壳壁坚实，具沿预先裂缝简单裂开的脱囊方式。

多毛松网藻　*Dasyhapsis comata* Loeblich and Wicander，1976

1976 *Dasyhapsis comata* Loeblich Jr. and Wicander，pp. 26—27；pl. 9，figs. 3—4.

种征　膜壳球形，附有许多不同长度的简单突起，它们似乎实心，与膜壳腔不连通。突起的基部呈现狭窄的边缘。膜壳壁致密、厚，其表面有凸起的网饰。膜壳具沿预先裂缝简单裂开的脱囊结构。

产地、时代　美国俄克拉荷马州；早泥盆世，吉丁期（Gedinnian）。

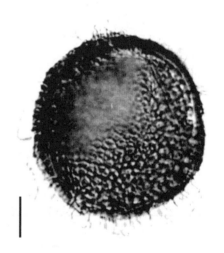

（引自 Loeblich and Wicander，1976；图版 9，图 3—4）

绒毛球藻属　*Dasypilula* Loeblich and Wicander，1976

模式种　*Dasypilula compacta* Loeblich and Wicander，1976

属征　膜壳轮廓圆形，在膜壳各边皆附有薄的，由长度不一、结实的发状"突起"构成的束状纤维席，以至轮廓平面观呈锯齿状。膜壳壁厚，加之外层的"突起"席，可能系双层，此在光学显微镜下不能识别，仅是推测。膜壳壁装饰有致密的"凸起"和宽的褶皱。膜壳未见脱囊开口。

密集绒毛球藻　*Dasypilula compacta* Loeblich and Wicander，1976

1976 *Dasypilula compacta* Loeblich Jr. and Wicander，p. 10；pl. 3，fig. 1.

种征　膜壳平面观为圆形，直径 40~47μm。整个膜壳附有实心毛发状"突起"，并被薄的、纤柔的丝状席所围绕。丝状席可以撕裂，它们在膜壳边缘呈现不同长度的锯齿状，宽可达 25μm。膜壳壁致密，厚 2~4μm，常有宽而弯曲的褶皱。膜壳未见脱囊结构。

产地、时代　美国俄克拉荷马州；早泥盆世，吉丁期（Gedinnian）。

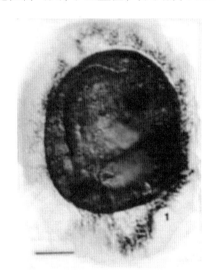

（引自 Loeblich and Wicander，1976；图版 3，图 1）

衬边绒毛球藻　*Dasypilula storea* Wicander and Loeblich，1977

1977 *Dasypilula storea* Wicander and Loeblich Jr.，p. 142；pl. 4，figs. 8—9.

种征　膜壳圆形，直径 20~32μm（平均 25μm）；膜壳壁厚 2~3μm。膜壳全部被薄的、纤细、参差不齐、实心发状"突起"的纤维状衬边所围绕。从膜壳边缘至"凸缘"远端的"突起"长 2~7μm（一般为 5μm）。覆于膜壳表面的纤维状衬垫一般在顶端撕裂。膜壳具沿着一条先前形成的线裂开的脱囊结构。

产地、时代　美国印第安纳州；晚泥盆世。

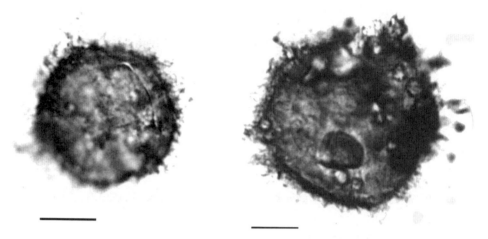

（引自 Wicander and Loeblich, 1977；图版4，图8—9）

似三角藻属 *Deltotosoma* Playford *in* Playford and Dring，1981

模式种 *Deltotosoma intonsa* Playford *in* Playford and Dring，1981

属征 膜壳轮廓三角形或近三角形，中空，单层壁，表面光滑，附有许多实心、拉长和同形突起。突起呈典型性离散分布，突起末段简单或少数分叉。膜壳脱囊结构未知。

带须似三角藻 *Deltotosoma intonsum* Playford *in* Playford and Dring，1981

1981 *Deltotosoma intonsum* Playford *in* Playford and Dring, pp. 20—22; pl. 4, figs. 1—6.

种征 膜壳轮廓三角形至亚三角形，顶角圆而直，边内凹或微凸。膜壳壁在光学显微镜下显示表面光滑，而在扫描电子显微镜下显示为光滑至粗糙；壁厚0.4~0.7μm，附有许多细长的、同形、实心、表面光滑的突起。突起大多离散，拉长而坚实，直至弯曲，近端与膜壳壁角度接触。在光学显微镜下，突起末端钝，而在扫描电子显微镜下呈锐圆形或微球根状，或些微不规则分叉。膜壳直径21~38μm；突起基部直径0.3~0.8μm，彼此间距2.5μm（平均1.5μm）；突起长1.8~6μm。膜壳未见脱囊开口。

产地、时代 澳大利亚西部卡拉封盆地（Carnavon Basin）；晚泥盆世，（？）弗拉斯期（？ Frasnian）。

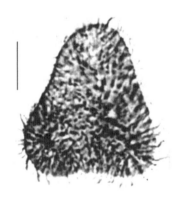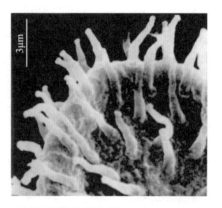

（引自 Playford and Dring, 1981；图版4，图2,5）

异面球藻属　*Diaphorochroa* Wicander, 1974

模式种　*Diaphorochroa ganglia* Wicander, 1974

属征　膜壳球形,壁薄,表面覆有颗粒。膜壳附有许多表面光滑、中空的突起,它们与膜壳腔自由连通;突起末端多分叉。膜壳具裂开的脱囊结构。

经脉异面球藻　*Diaphorochroa ganglia* Wicander, 1974

1974 *Diaphorochroa ganglia* Wicander, pp. 18—19; pl. 8, figs. 6—8.

种征　膜壳球形,壁薄,表面覆有颗粒。膜壳附有 18~20 枚显著不同的突起,突起中空,与膜壳腔自由连通。突起表面光滑,稍坚硬,呈圆柱形,或末端分叉,可多达三次分叉。膜壳直径 32~35μm;突起长 18~24μm,宽 1.7~2.0μm。膜壳具裂开的脱囊结构。

产地、时代　美国俄亥俄州;晚泥盆世。

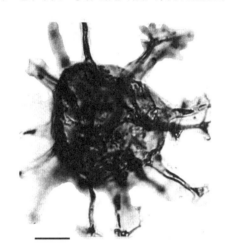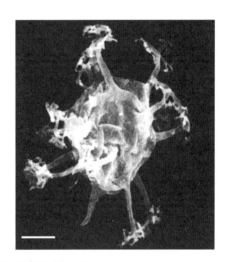

（引自 Wicander, 1974;图版 8,图 6,8）

网球藻属　*Dictyosphaeridium* W. Wetzel, 1952

模式种　*Dictyosphaeridium deflandrei* W. Wetzel, 1952

属征　膜壳球形,与具刺藻类相似;表面有网饰,网脊有序、简单,在汇集处有小刺状隆起。

网饰网球藻　*Dictyosphaeridium reticulatum* Uutela and Tynni, 1991

1991 *Dictyosphaeridium reticulatum* Uutela and Tynni, p. 59; pl. X, fig. 100.

种征　膜壳球形至亚球形,密集附有短的、简单的锥形突起。突起近端与膜壳弯曲接触,它们可能与膜壳腔连通;突起长是膜壳直径的 1/5,突起基部和膜壳表面有密集的辐射网饰;突起表面覆有微小颗粒。膜壳直径 10~12μm;突起长约 2μm。

产地、时代　爱沙利亚;中—晚奥陶世,兰维尔—阿什极尔期(Llanvirn—Ashgill)。

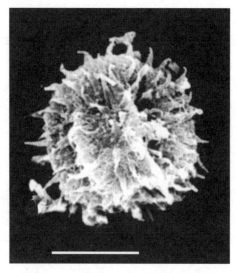

（引自 Uutela and Tynni，1991；图版 10，图 100）

网面藻属 *Dictyotidium*（Eisenack），emend. Staplin, 1961

模式种 *Dictyotidium dictyotum*（Eisenack）Eisenack，1955

属征 膜壳球形，网状表面，网脊低而明显，呈现多角形网眼。有些种明显具有两种小网。从网脊伸展出小而尖的小刺，网眼底部可有乳突物。

大穴网面藻 *Dictyotidium araiomegaronium* Hashemi and Playford, 1998

1998 *Dictyotidium araiomegaronium* Hashemi and Playford, p. 133；pl. 2, figs. 7—11；pl. 3, fig. 8.

种征 膜壳球形，轮廓圆形至亚圆形；膜壳壁厚 0.8~1.2μm，偶尔有弓形的挤压褶皱。膜壳表面被低、窄、直的光滑脊规则分隔为多角形（主要是五角形）网眼；网眼直径 5~10μm，底部平滑（少数粗糙），偶尔有短（长 <1μm）而稀疏的不规则凸出。膜壳直径 15~23μm。膜壳未见脱囊结构。

产地、时代 伊朗中东部；晚泥盆世。

 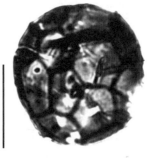 

（引自 Hashemi and Playford，1998；图版 2，图 8—10）

多坑网面藻　*Dictyotidium cavernosulum* Playford，1977

1977 *Dictyotidium cavernosulum* Playford，p. 18；pl. 5，figs. 5—8.

　　种征　膜壳球形，轮廓圆形至亚圆形。膜壳壁厚 3.5~4.0μm，具有大小相同的网饰或呈蠕虫状的雕饰，网黎（Muri）平顶，其高和宽为 1μm 或小于 0.5μm。裂陷（网眼）轮廓近椭圆形或近多角形，其大小 0.5~1.0μm。膜壳直径 40~78μm。该种具膜壳壁简单裂开的脱囊结构。

　　产地、时代　加拿大安大略省；早泥盆世，艾姆斯期（Emsian）。

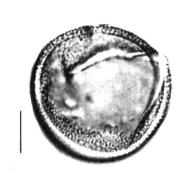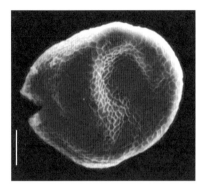

（引自 Playford，1977；图版 5，图 5,8）

粗糙网面藻　*Dictyotidium confragum* Playford *in* Playford and Dring，1981

1981 *Dictyotidium confragum* Playford *in* Playford and Dring，p. 22；pl. 4，figs. 7—9.

　　种征　膜壳原本球形，轮廓圆形或亚圆形。膜壳壁厚 0.8~1.5μm，附有不清晰的网饰，它们不完整或不连续，即组成的脊墙交织或自由终结，以至形成不完整的连接。脊墙高 0.8~1.5μm，宽 0.3~1.0μm；脊冠钝尖至截锥形，两边亚平行或远端呈现些微聚合，从正面看显现弯曲至几乎直的路径。网穴宽 2~9μm，完全封闭为不规则形状，如多角形（典型的四边形至六边形）或亚圆形；网穴底部粗糙或有微小颗粒。膜壳直径 21~40μm。该种具膜壳壁简单裂开的脱囊结构。

　　产地、时代　澳大利亚西部卡拉封盆地（Carnavon Basin）；晚泥盆世，（？）弗拉斯期（？ Frasnian）。

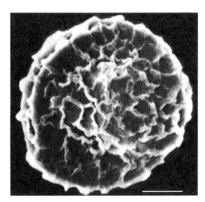

（引自 Playford and Dring，1981；图版 4，图 7,9）

费尔菲尔德网面藻 *Dictyotidium fairfieldense* Playford, 1976

1976 *Dictyotidium fairfieldense* Playford, p. 48; pl. 11, figs. 10—14.

种征 膜壳圆球形,轮廓圆形或受挤压呈椭圆形,乃至亚三角形。膜壳壁平均厚 0.7μm(少数达 1.5μm),表面具有规则划分的多个多边形(五边形或六边形)的网区,网区大小大体相等;网区直径 2~5μm(平均 3μm),网区间被高 0.7~1.0μm、宽 0.5μm,或更薄的、呈直或略弯曲的透明脊分隔。该种具膜壳壁简单裂开的脱囊结构,常显示大的挤压褶皱。

产地、时代 澳大利亚西部;晚泥盆世,法门期(Famennian),或早石炭世,杜内期(Dunes)。

(引自 Playford, 1976;图版 11,图 12;G. Playford 赠送图像)

颗粒网面藻 *Dictyotidium granulatum* Playford *in* Playford and Dring, 1981

1981 *Dictyotidium granulatum* Playford *in* Playford and Dring, pp. 22—23; pl. 5, figs. 3—8.

种征 膜壳原本球形,轮廓圆形或亚圆形;膜壳壁较厚(1.8~4.0μm),表面被低矮(高 1.2~2.8μm)、窄、直的脊墙相当一致地划分为多角形(四边形至六边形)的网穴。脊墙基部宽 1~2μm,往上突然变薄(厚约 0.5μm)为透明的脊冠。网穴数量不定(单个膜壳有 8~20 个),最大的宽 13~36μm,其底部轻微内凹至微凸起。膜壳壁在光学显微镜下显示表面覆有颗粒至粗糙,而在扫描电子显微镜下显现颗粒至微小颗粒或微小褶皱。该种标本少见膜壳壁简单裂开的脱囊结构。膜壳直径 39~73μm。

产地、时代 澳大利亚西部卡拉封盆地(Carnavon Basin);晚泥盆世,(?)弗拉斯期(? Frasnian)。

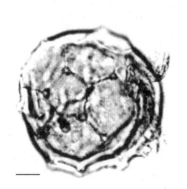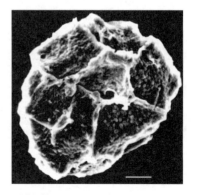

(引自 Playford and Dring, 1981;图版 5,图 3,6)

多角网面藻 *Dictyotidium multipolygonatum* **Uutela and Tynni, 1991**

1991 *Dictyotidium multipolygonatum* Uutela and Tynni, p. 60; pl. X, fig. 101.

种征 膜壳球形或亚球形,双层壁;外层的多角形网与内层的柱形物连接形成多角形(通常六角形)或不规则形的网,锥形柱位于多角网的交叉点。膜壳直径 8~14μm;多角形网的直径 0.5~3.0μm。

产地、时代 爱沙利亚;中奥陶世—早志留世,卡拉道克期—兰多维利期(Caradoc—Llandovery)。

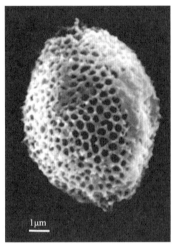

(引自 Uutela and Tynni, 1991;图版 10,图 101)

眼孔网面藻 *Dictyotidium oculatum* **Uutela and Tynni, 1991**

1991 *Dictyotidium oculatum* Uutela and Tynni, p. 60; pl. X, fig. 102.

种征 膜壳球形,覆有厚壁形成的网,它们与膜壳连接,而在某些地方可能次生形成弓形物。网眼圆形或拉长,大小变化明显。膜壳壁表面和网壁有鲛粒饰。膜壳见有中裂缝。膜壳直径 10~20μm;网眼直径 0.5~2.0μm。

产地、时代 爱沙利亚;晚奥陶世,阿什极尔期(Ashgill)。

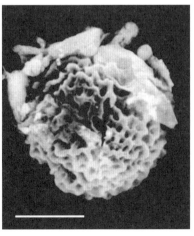

(引自 Uutela and Tynni, 1991;图版 10,图 102)

透明网面藻　*Dictyotidium perlucidum* Le Hérissé，1989

1989 *Dictyotidium perlucidum* Le Hérissé，p. 110；pl. 3，figs. 10—11.

种征　膜壳为小的球形，壁薄透明。膜壳表面分布致密的网，网脊低矮，呈现小的多角形网眼。网眼大小不等，而大的网眼中显示微小网。膜壳未见开口结构。膜壳直径29~37μm；网眼宽 25.5μm。

产地、时代　瑞典哥特兰岛；早志留世，兰多维利期（Llandovery）。

（引自 Le Hérissé，1989；图版 3，图 10）

伸展网面藻　*Dictyotidium prolatum* Playford *in* Playford and Dring，1981

1981 *Dictyotidium prolatum* Playford *in* Playford and Dring，p. 23；pl. 4，figs. 10—13；pl. 5，figs. 1—2.

种征　膜壳原本椭球形至球形，轮廓亚椭圆形、椭圆形至圆形。膜壳壁薄（厚约0.5μm），表面被划分为许多不规则多角形至亚圆形网穴（宽 0.6~6.0μm），网穴底部光滑或微粗糙。脊墙直至微弯曲，低矮，光滑，并构成连续的网；脊墙宽 0.3~0.8μm，高约0.6μm；脊冠圆形。该种具膜壳壁简单裂开的脱囊结构，裂开通常平行于膜壳的长轴。膜壳直径 28~48μm。

产地、时代　澳大利亚西部卡拉封盆地（Carnavon Basin）；晚泥盆世，（？）弗拉斯期（？ Frasnian）。

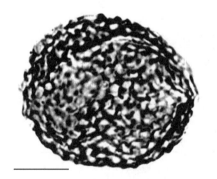 

（引自 Playford and Dring，1981；图版 4，图 10,12）

星状网面藻　*Dictyotidium stellatum* Le Hérissé，1989

1989 *Dictyotidium stellatum* Le Hérissé，p. 110；pl. 4，figs. 1—5.

　　种征　膜壳球形至亚球形，壁厚，表面具有多角形网。低矮和窄的界脊在网眼的结点显示加厚，凸起的脊围绕结点辐射分布。多角形网眼表面光滑，具有精细边缘。膜壳壁线缝开口的脱囊结构。膜壳直径 37~84 μm（平均为 60 μm）；多角形网眼直径 1~4 μm；凸起的高和宽约 2 μm。

　　产地、时代　瑞典哥特兰岛；志留纪。

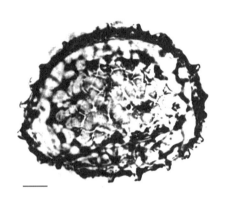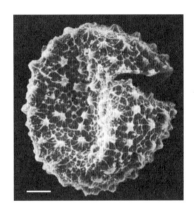

（引自 Le Hérissé，1989；图版 4，图 1，4）

丰满网面藻　*Dictyotidium torosum* Playford *in* Playford and Dring，1981

1981 *Dictyotidium torosum* Playford *in* Playford and Dring，pp. 23—24；pl. 5，figs. 9—13.

　　种征　膜壳原本球形，轮廓圆形至亚圆形；膜壳壁厚（1.6~4.0 μm），具有细小而明显界定的网；网的脊墙表面光滑、窄（宽 0.3~1.2 μm），其顶端平坦，它们从膜壳表面微微凸起（高约 0.2~0.3 μm）。网穴轮廓多角形至亚圆形，大小为 0.5~3.5 μm，底部光滑。该种具膜壳壁简单裂开的脱囊结构。膜壳直径 39~59 μm。

　　产地、时代　澳大利亚西部卡拉封盆地（Carnavon Basin）；晚泥盆世，（?）弗拉斯期（? Frasnian）。

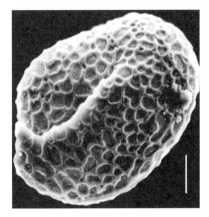

（引自 Playford and Dring，1981；图版 5，图 10，12）

变化网面藻　*Dictyotidium variatum* Playford，1977

1977 *Dictyotidium variatum* Playford, pp. 18—19; pl. 5, figs. 2—4; pl. 6, figs. 1—6.

　　种征　膜壳球形、亚球形。膜壳壁厚 2.5~4μm，表面覆有细的网饰；网黎平滑，宽 0.5~2.0μm（平均宽 0.7μm），高 0.5~1.0μm。网眼多角形至圆多角形，具稍显凹凸的、光滑的底部；网眼宽 1.0~4.5μm。该种具膜壳壁简单裂开的脱囊结构。膜壳直径 25~62μm。

　　产地、时代　加拿大安大略省；早泥盆世，艾姆斯期（Emsian）。

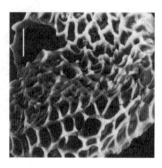

（引自 Playford，1977；图版 6，图 1,3,6）

脉纹网面藻　*Dictyotidium verosum* Uutela and Tynni，1991

1991 *Dictyotidium verosum* Uutela and Tynni, p. 60; pl. X, fig. 103.

　　种征　膜壳球形。膜壳壁被浅的膜状物划分为大小不一的多边形（视域里可见 5 个多边形网）。多边形底部密布不同大小的圆形瘤饰；多边形膜状墙表面光滑，膜状墙和膜壳之间可见小的丝体连接。膜壳可见中裂缝。膜壳直径 13μm；膜状墙高约 1μm。

　　产地、时代　爱沙利亚；中奥陶世，卡拉道克期（Caradoc）。

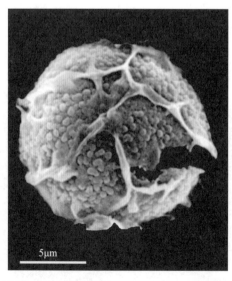

（引自 Uutela and Tynni，1991；图版 10，图 103）

二模藻属　*Diexallophasis* Loeblich，1970

模式种　*Diexallophasis denticulate*（Stockmans and Willière）Loeblich，1970

属征　膜壳中央膨胀，原本可能为球形或亚球形，受挤压后呈现多变化轮廓。膜壳壁薄。膜壳附有 4~10 枚（通常 6 枚）中空突起，它们与膜壳腔自由连通；有两种类型突起，一类较小，表面光滑，不分叉；另一类呈现小的二分叉至多分叉的刺，而且它们的直径变化很大。突起与膜壳的壁没有区别，膜壳壁表面有颗粒，而突起表面覆有小刺饰。该种具膜壳壁简单裂开的脱囊结构。

区分二模藻　*Diexallophasis absona* Wicander，1974

1974 *Diexallophasis absona* Wicander，p. 19；pl. 8，fig. 4.

1990 *Multiplisphaeridium absona* according to Fensome *et al.*，p. 200.

种征　膜壳轮廓星形，直径 21μm。膜壳壁中等厚，覆有颗粒纹饰。膜壳附有 7 枚简单或二分叉的刺状突起。突起中空，与膜壳腔自由连通；突起长 12μm，基部宽，末端钝尖。膜壳未见脱囊结构。

产地、时代　美国俄亥俄州；早石炭世，密西西比期（Mississippian）。

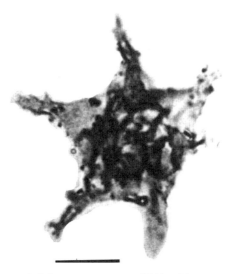

（引自 Wicander，1974；图版 8，图 4）

斑点二模藻　*Diexallophasis cuspidis* Wicander，1974

1974 *Diexallophasis cuspidis* Wicander，p. 19；pl. 8，fig. 5.

1990 *Multiplicisphaeridium cuspidis* according to Fensome *et al.*，p. 201.

种征　膜壳亚球形，直径 35~40μm；膜壳壁厚 1.1μm，覆有颗粒纹饰。膜壳附有 9 枚粗颗粒至棘刺饰的突起。突起中空，并与膜壳腔自由连通；突起坚硬，长 27μm，宽 3~4μm，呈现圆柱形，其末端钝，二分叉或简单。膜壳具裂开的脱囊结构。

产地、时代　美国俄亥俄州；早石炭世，密西西比期（Mississippian）。

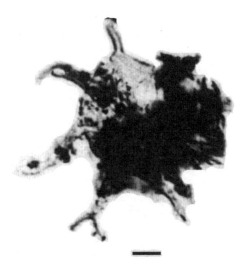

（引自 Wicander，1974；图版 8，图 5）

凸球藻属　*Digitoglomus* Vecoli，Beck，and Strother，2015

模式种　*Digitoglomus minutum* Vecoli，Beck，and Strother，2015

属征　膜壳球形，壁薄，表面光滑至粗糙。膜壳壁密集、辐射分布许多圆柱形实心、简单、直的突起，突起远端圆形至球根形。

小指凸球藻　*Digitoglomus minutum* Vecoli，Beck，and Strother，2015

2015 *Digitoglomus minutum* Vecoli，Beck，and Strother，p. 11，figs. 4. 2—4. 3.

种征　膜壳球形，壁薄，表面光滑。膜壳附有大量密集分布的异形突起，突起长度不一，但皆小于膜壳直径，其远端圆、钝或模糊。膜壳直径 8~16μm；突起长 2~3μm。

产地、时代　北美；中奥陶世，大坪期（Dapingian）。

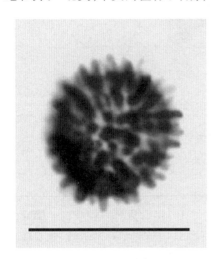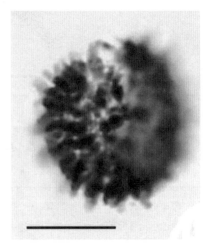

（引自 Vecoli *et al.*，2015；图 4. 2—4. 3）

膨胀球藻属　*Dilatisphaera* Lister，1970

模式种　*Dilatisphaera laevigata* Lister，1970

属征　膜壳球形至亚球形,中空,双层壁。膜壳附有少数单层壁、中空、宽的突起,它们的近端封闭,远端开放。膜壳具顶部裂开的脱囊结构,此受制于明显缝线。

折叠膨胀球藻　*Dilatisphaera complicata* Uutela and Tynni，1991

1991 *Dilatisphaera complicata* Uutela and Tynni，p.61；pl. XI，fig. 106.

种征　膜壳球形,附有许多短的圆柱形突起。突起远端开放,它们在膜壳不规则分布,常成对或多至四个融合成群。膜壳和突起的表面光滑。膜壳直径 10~16μm;突起长 0.5~0.8μm,宽 0.5~0.8μm,间距 0~4μm。

产地、时代　爱沙利亚;中奥陶世, 兰维尔—兰代洛期(Llanvirn—Llandeilo)。

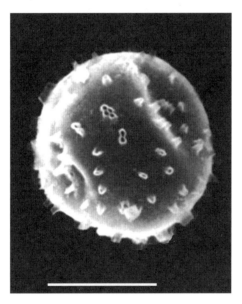

(引自 Uutela and Tynni，1991;图版11,图106)

矮叉膨胀球藻　*Dilatisphaera nanofurcata* Uutela and Tynni，1991

1991 *Dilatisphaera nanofurcata* Uutela and Tynni，p.61；pl. XI，fig. 107.

种征　膜壳为小的球形,附有大量(视域可见80~100枚)短的圆柱形突起。突起的远端开放,与膜壳腔不连通。膜壳和突起表面饰有鲛粒。膜壳可见中裂缝。膜壳直径 14~22μm;突起长 1.7~3.0μm,宽 0.5~1.0μm,间距 1.5~2.0μm。

产地、时代　爱沙利亚;早—中奥陶世, 阿伦尼克—卡拉道克期(Arenigian—Caradoc)。

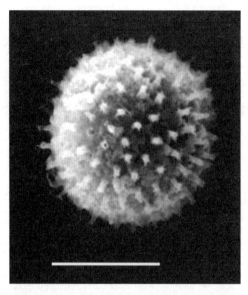

（引自 Uutela and Tynni，1991；图版 11，图 107）

小管膨胀球藻　*Dilatisphaera tubula* Le Hérissé，1989

1989 *Dilatisphaera tubula* Le Hérissé, p. 113；pl. 7，figs. 14—16.

种征　膜壳球形,表面光滑至微小颗粒,附有许多（25~50 枚）短管形、中空和透明的突起。突起有两种类型,一种是很短的突起,长 3.0~5.5μm,约有 50 枚；另一种稍拉长,长 5~8μm,有 25~30 枚。该属所有的种的膜壳壁与突起壁厚度有区别,这表明壁有两层,而壁的纤细外层构成突起。突起末端开放,但与突起内的中央腔不连通。膜壳表面光滑至很微小的颗粒。膜壳未见开口结构。膜壳直径 15.5~21.0μm；突起宽 1.5~2.0μm,间距大体相等（彼此间距 3.0~5.5μm）。

产地、时代　瑞典哥特兰岛；晚志留世,卢德洛期（Ludlow）。

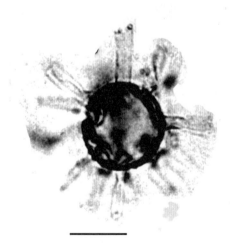 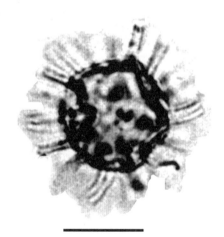

（引自 Le Hérissé，1989；图版 7，图 14,16）

管突膨胀球藻　*Dilatisphaera tubulifera* Uutela and Tynni, 1991

1991 *Dilatisphaera tubulifera* Uutela and Tynni, p. 62；pl. Ⅺ, fig. 108.

种征　膜壳为小的球形,中空,附有许多(视域可见60枚)亚圆柱形突起。突起的远端开放,其长度是膜壳直径的1/10,它们与膜壳不连通,而与膜壳壁角度接触。膜壳表面光滑或有鲛粒;突起表面光滑。膜壳未见脱囊结构。膜壳直径14~15μm;突起长约2μm,宽1μm。

产地、时代　爱沙利亚;中—晚奥陶世,兰维尔—阿什极尔期(Llanvirn—Ashgill)。

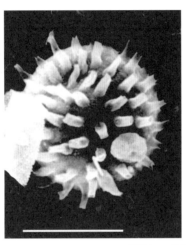

(引自 Uutela and Tynni, 1991;图版11,图108)

双壁球藻属　*Divietipellis* Wicander, 1974

模式种　*Divietipellis robusta* Wicander, 1974

属征　膜壳球形,双层壁,内壁较厚,而包裹内壁的外壁薄。膜壳壁具有颗粒和褶皱。膜壳具裂开的脱囊结构。

强劲双壁球藻　*Divietipellis robusta* Wicander, 1974

1974 *Divietipellis robusta* Wicander, pp. 19—20; pl. 8, fig. 3.

种征　膜壳球形,总体直径 53~55μm;两层壁,内壁薄(厚 0.2~0.5μm),直径 44~48μm。膜壳壁表面饰有颗粒,易褶皱,被很薄的外壁层包裹。膜壳具裂开的脱囊结构。

产地、时代　美国俄亥俄州;晚泥盆世。

(引自 Wicander, 1974;图版8,图3)

膨胀双壁球藻 *Divietipellis ventricosa* Playford, 1977

1977 *Divietipellis ventricosa* Playford, p. 21; pl. 6, figs. 7—11.

种征 膜壳球形,轮廓圆形,或由于外层壁受挤压、扭曲,呈现不规则边缘的亚圆形。膜壳为两层壁,表面光滑;外层壁透明,很薄(厚度<0.5μm),通常有细小褶皱;内层壁较厚(厚2~4μm)。该种具膜壳壁简单裂开的脱囊结构。

产地、时代 加拿大安大略省;早泥盆世,艾姆斯期(Emsian)。

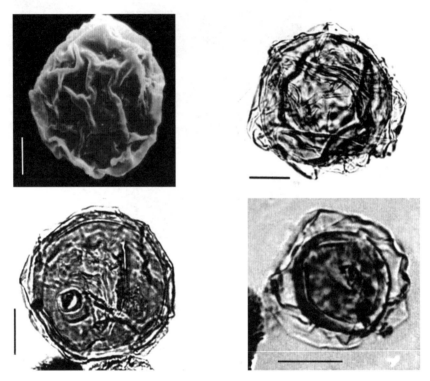

(引自 Playford, 1977;图版6,图7—9, 11)

背突藻属 *Dorsennidium*(Wicander, 1974), emend. Sarjeant and Stancliffe, 1994

模式种 *Dorsennidium patulum* Wicander, 1974

属征 膜壳多角形,其轮廓取决于4~10枚刺突的位置。膜壳壁单层,表面光滑至细颗粒或鲛刺。刺突发生自多个面,它们的近端与膜壳壁圆滑融合,没有明显界线显示刺突基部,也没有脊纹或凸起与相邻刺突连接。刺突一般同样大小,中空,基部向膜壳内腔开放,顶端封闭,尖出;刺突表面有小孔,但没有分叉。膜壳有隐缝,但很少见到。

外延背突藻 *Dorsennidium patulum* Wicander, 1974

1974 *Dorsennidium patulum* Wicander, p. 20; pl. 9, figs. 10—12.
1990 *Veryhachium patulum* according to Fensome *et al.*, p. 208.

种征 膜壳轮廓三角形至亚正方形,直径18~27μm。膜壳壁厚0.5μm。膜壳和突起表面饰有微小颗粒。在同一平面可见2~4枚简单主突起(长22~30μm,基部宽4.4μm),

末端尖出;另有垂直于主突起面分布的3~6枚简单小突起(长17~24μm,基部宽3μm),末端尖出。这两种类型的突起皆与膜壳腔自由连通。膜壳未见脱囊结构。

产地、时代　美国俄亥俄州;晚泥盆世。

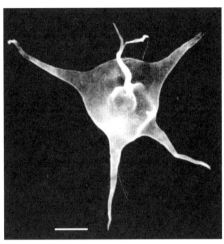

(引自 Wicander, 1974;图版9,图10,12)

多浪背突藻　*Dorsennidium undosum* **Wicander, Playford and Robertson, 1999**

1999 *Dorsennidium undosum* Wicander, Playford and Robertson, p. 12; pl. 7, figs. 1—4.

种征　膜壳轮廓多角形,粗糙的膜壳壁附有多枚拉长、中空的刺状突起。一些突起从膜壳的角部在大体同一平面伸出,另一些突起出自膜壳面;所有突起与膜壳腔连通。膜壳在两突起间具简单裂开的脱囊结构。

描述　膜壳轮廓多角形,膜壳边直或稍显凹凸;膜壳壁厚约1μm,表面粗糙。膜壳附有5~14枚(通常6~9枚)拉长的、有时弯曲的刺状中空突起。突起与膜壳壁接触的近端弯曲,远端渐尖;突起与膜壳腔自由连通。常见4~5枚突起在同一平面的膜壳角部伸出,其余突起出自膜壳面;位于角端部的突起具有比其他突起稍长和稍宽的近端。突起长20~34μm,基部宽2~5μm。膜壳在两突起间具简单裂开的脱囊结构。

产地、时代　美国密苏里州东北部;晚奥陶世,阿什极尔期(Ashgill)。

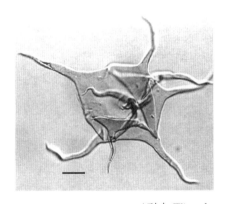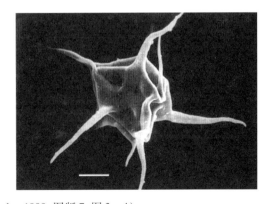

(引自 Wicander *et al.*, 1999;图版7,图3—4)

双层球藻属 *Duplisphaera* Moczydłowska, 1998

模式种 *Duplisphaera luminosa* (Fombella, 1978), comb. Moczydłowska, 1998

属征 膜壳具双层壁,内体附有辐射分布的突起。突起实心,轮辐状,其末端形状多样。突起支撑包裹内体和突起的球形外膜状物;内体和突起壁薄而透明,而外膜状物较坚实。

黎明双层球藻 *Duplisphaera luminosa* (Fombella, 1978), comb. Moczydłowska, 1998

1978 *Cymatiosphaera luminosa* Fombella, p. 251; pl. 2, fig. 9.

1998 *Duplisphaera luminosa* (Fombella, 1978), comb. Moczydłowska, p. 65; figs. 27A—C.

种征 膜壳具双层壁,内体附有 11~13 枚辐射分布的突起。突起实心,呈棒状,其端部钝或微膨胀而呈圆形,顶端支撑薄而透明的外膜状物。内体和突起壁致密。膜壳总体直径 13~18μm;内体直径 6~13μm;突起高 3~5μm。

产地、时代 西班牙,波兰上西里西亚;中寒武世。

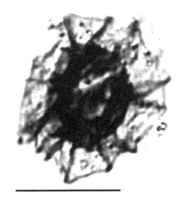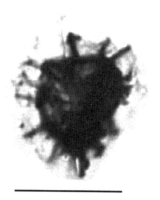

(引自 Moczydłowska,1998;图 27A,C)

杜维纳球藻属 *Duvernaysphaera* Staplin, 1961

模式种 *Duvernaysphaera tenuicingulata* Staplin, 1961

属征 膜壳轮廓圆形,被透明的膜状物紧贴围绕。膜状物作为凸缘延伸出膜壳边缘,凸缘由从膜壳升起的简单棒状物或辐条支撑。膜状物仅存在于赤道平面,看似像鱼的鳍。

射线杜维纳球藻 *Duvernaysphaera actinota* Loeblich and Wicander, 1976

1976 *Duvernaysphaera actinota* Loeblich and Wicander, p. 27; pl. 9, figs. 5—7.

种征 膜壳中部轮廓圆形,直径 23~26μm;膜壳壁厚 1μm,表面光滑。膜壳中部有薄的、透明、光滑、具辐射纹的赤道凸缘,它们宽 7~10μm,使总体直径达到 37~42μm。由褶皱造成的叶脉样式使膜壳壁加固,在膜壳的两个面皆有呈现为脊的褶皱。在膜壳边缘,褶皱向外伸长、加厚,以至在赤道凸缘看似为"实心突起";这种规则的膜壳加厚和赤道凸缘似乎构成支撑的棒条体(19~30 根),也许用以加强凸缘。该种具膜壳壁中部简单裂开的脱囊结构,此裂缝延伸穿过膜壳中部,但不包含赤道凸缘。

产地、时代　美国俄克拉荷马州;早泥盆世,吉丁期(Gedinnian)。

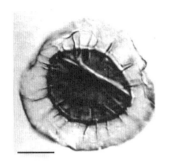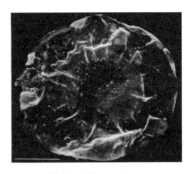

(引自 Loeblich and Wicander,1976;图版 9,图 6—7)

褶边杜维纳球藻　*Duvernaysphaera oa* Loeblich and Wicander,1976

1976 *Duvernaysphaera oa* Loeblich and Wicander, p. 28; pl. 9, figs. 10—11.

种征　膜壳轮廓亚四方形(直径 16~23μm),受挤压的脊边直或略膨胀,且被薄而透明的赤道凸缘(宽 8~11μm)围绕,使得膜壳总体(直径 26~41μm)呈现亚圆形轮廓。凸缘通常扭曲、有皱。膜壳角部伸出简单突起,它们穿过赤道凸缘向外延伸。膜壳壁薄,厚约 0.5μm。膜壳壁表面和赤道凸缘光滑。该种的膜壳脱囊结构是一条从角部至对应角横穿膜壳的裂缝。

产地、时代　美国俄克拉荷马州;早泥盆世,吉丁期(Gedinnian)。

(引自 Loeblich and Wicander,1976;图版 9,图 11)

不规球藻属　*Ecmelostoiba* Wicander,1974

模式种　*Ecmelostoiba asymmetrica* Wicander,1974

属征　膜壳椭球形至亚球形,轮廓向外膨胀。突起简单,基部宽,末端尖,中空并与膜壳腔自由连通。膜壳和突起壁皆光滑,中等厚。膜壳具裂开的脱囊结构。

非对称不规球藻　*Ecmelostoiba asymmetrica* Wicander,1974

1974 *Ecmelostoiba asymmetrica* Wicander, p. 20; pl. 8, figs. 9—11.

种征　膜壳亚球形至椭球形,总体长 24~39μm。膜壳壁厚。膜壳附有 5~7 枚中空突起,它们与膜壳腔自由连通。突起长 27~33μm,基部宽 5.5μm,末端封闭、尖出。膜壳和突起壁光滑。膜壳具裂开的脱囊结构。

产地、时代　美国俄亥俄州;晚泥盆世。

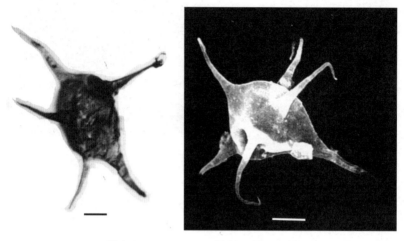

(引自 Wicander,1974;图版8,图9—10)

薄壁不规球藻　*Ecmelostoiba leptoderma* Wicander,1974

1974 *Ecmelostoiba leptoderma* Wicander, p. 21; pl. 8, fig. 12.

种征　膜壳枕形,总体长为 12~18μm。膜壳壁薄。从膜壳向外延伸 4~6 枚宽基部的中空突起,它们与膜壳腔自由连通。突起长 16~22μm,末端封闭、尖出。膜壳和突起表面光滑。膜壳具裂开的脱囊结构。

产地、时代　美国俄亥俄州;晚泥盆世。

(引自 Wicander,1974;图版8,图12)

珍盔球藻属　*Ecthymabrachion* Wicander,1974

模式种　*Ecthymabrachion camptus* Wicander,1974

属征　膜壳球形,壁薄,表面光滑。膜壳附有许多中空、简单和表面具有颗粒的突起,突起与膜壳腔自由相通。膜壳具裂开的脱囊结构。

黎明珍盔球藻　*Ecthymabrachion anatolion* Hashemi and Playford，1998

1998 *Ecthymabrachion anatolion* Hashemi and Playford, p. 145；pl. 5，figs. 11—12.

种征　膜壳球形，轮廓圆形至亚圆形。膜壳壁厚 0.7~1.0μm，表面光滑。膜壳壁近均匀（间距1.5~4.0μm）分布刺状、同形、中空（与膜壳腔自由连通）的突起。突起大部分长度是直的，其远端部分纤细或弯曲；突起壁厚度与膜壳壁相等，其表面覆有细密或不甚清楚的颗粒。突起近端以角度至微弯曲与膜壳壁接触，至远端渐尖削。不常见以膜壳壁简单破裂的脱囊结构。总体直径29~37μm。膜壳直径19~25μm；突起长9~12μm，基部直径1~2μm。

产地、时代　伊朗中东部；晚泥盆世。

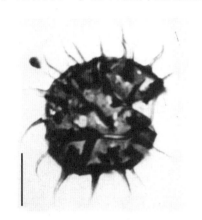 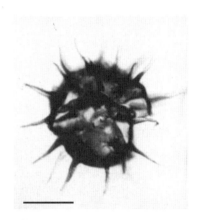

（引自 Hashemi and Playford，1998；图版 5，图 11—12）

弯曲珍盔球藻　*Ecthymabrachion camptus* Wicander，1974

1974 *Ecthymabrachion camptus* Wicander, p. 21；pl. 9，figs. 7—9.

种征　膜壳球形，直径28~32μm；壁薄，表面光滑。膜壳附有 20~30 枚表面覆有颗粒的中空突起，突起末端尖出，与膜壳腔自由连通。突起长 18~24μm，基部宽2.2μm。膜壳具裂开的脱囊结构。

产地、时代　美国俄亥俄州；晚泥盆世。

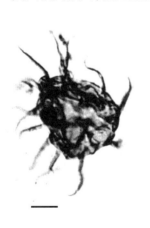 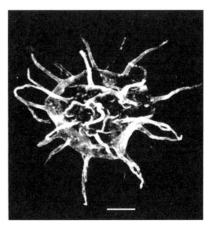

（引自 Wicander，1974；图版9，图 7,9）

疙瘩球藻属 *Ecthymapalla* Loeblich and Wicander，1976

模式种 *Ecthymapalla retusa* Loeblich and Wicander，1976

属征 膜壳轮廓圆形至亚圆形。膜壳壁厚，表面饰有颗粒至粗条纹。膜壳附有许多与膜壳腔不连通的实心突起，突起表面光滑或有条纹，末端钝圆或为短而钝圆的二分叉。该种具膜壳壁开裂或简单裂开的脱囊结构。

多刺疙瘩球藻 *Ecthymapalla echinata* Loeblich and Wicander，1976

1976 *Ecthymapalla echinata* Loeblich and Wicander，p. 11；pl. 4，figs. 1—4.

种征 膜壳轮廓圆形至亚圆形，直径34~42μm。膜壳壁厚略大于1μm，表面覆有颗粒至皱纹。在膜壳一边有多于75枚短的实心、锥形突起，其基部宽2μm，长2~3μm，远端钝或呈锯齿状的微小二分叉，与膜壳腔不连通。整个突起表面光滑，自突起基部有明显条纹，它们伸展至膜壳表面，但不连续。该种具膜壳壁简单裂开的脱囊结构。

产地、时代 美国俄克拉荷马州；早泥盆世，吉丁期（Gedinnian）。

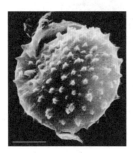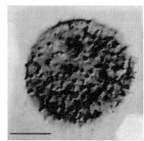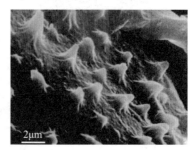

（引自 Loeblich and Wicander，1976；图版 4，图 1—2，4）

顶凹疙瘩球藻 *Ecthymapalla retusa* Loeblich and Wicander，1976

1976 *Ecthymapalla retusa* Loeblich and Wicander，p. 12；pl. 3，figs. 7—9.

种征 膜壳轮廓圆形至亚圆形，直径38~48μm。膜壳壁厚2μm，表面覆有颗粒至皱纹。在膜壳一边附有45~65枚短的实心锥形突起，它们的基部宽2~3μm，长2~3μm，远端钝或锯齿状，或有很短的钝圆形二分叉。从突起远端至基部有明显条纹，且伸展至膜壳表面，与相邻突起呈现不规则连续或汇聚。该种具膜壳壁简单裂开的脱囊结构。

产地、时代 美国俄克拉荷马州；早泥盆世，吉丁期（Gedinnian）。

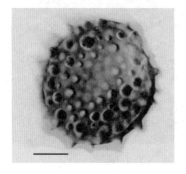

（引自 Loeblich and Wicander，1976；图版 3，图 7—8）

饰面藻属　*Ectypolopus* Loeblich and Wicander，1976

模式种　*Ectypolopus elimatus* Loeblich and Wicander，1976

属征　膜壳球形；膜壳壁厚，双层，致密。膜壳附有壁薄、棒状易弯曲、具有细微颗粒纹饰的中空突起。突起近基端被塞，而与膜壳腔不连通。突起长度可达 1.5μm。膜壳未见脱囊结构，但推测可能是膜壳壁简单裂开的脱囊结构。

精美饰面藻　*Ectypolopus elimatus* Loeblich and Wicander，1976

1976 *Ectypolopus elimatus* Loeblich and Wicander，p. 12；pl. 4，fig. 8.

种征　膜壳轮廓圆形，直径 24~28μm，附有约 19 枚薄壁、柔韧、微小颗粒表面的突起，它们的长度约为膜壳直径的一半；突起的近端收缩，远端微膨大，中间直径最大；渐尖削至顶端，少数突起的近端有长达 1~2μm 的塞；突起中空，但不与膜壳腔连通，膜壳壁致密，稍厚于 1μm，双层；壁装饰大量些许柔细的凸起，其中一些呈棒形，在光学镜下，另外一些呈现棍棒形，长达 1.5μm，而通常长 1μm 或更短；未见脱囊开口，可能是膜壳壁简单裂开的结构。

产地、时代　美国俄克拉荷马州；早泥盆世，吉丁期（Gedinnian）。

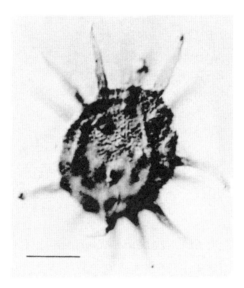

（引自 Loeblich and Wicander，1976；图版 4，图 8）

埃森拉克藻属　*Eisenackidium*（Cramer and Díez，1968），emend. Eisenack *et al.*，1973

模式种　*Eisenackidium triplodermum* Cramer，1966，ex Eisenack *et al.*，1973

属征　具刺疑源类，附有 3~12 枚较低矮的突起，突起基部汇合；突起丰满，远端稍尖削呈现钝端；大多数是简单突起，偶尔有 1~2 枚突起分叉。膜壳形状随突起的数量、位置及其基部的宽度而变化。膜壳壁外层较薄（≤1μm），表面光滑，或有微小结构物，且易褶皱。该属以发育内层或囊胞为特征。此囊胞壁较厚，呈现膨胀的多角形，其角部位于突起基部中间。内层可伸展入突起，形成不同长度的脉状突出物；内层壁可有细微雕饰（扁平瘤或扁平的其他雕饰),致使膜壳壁内层的其他部分颜色更深或囊胞呈现雀斑状的外貌。沿突起中部通常有纵向褶皱,看似"脉状物",它们与囊胞突出的角部突起远端部分连接;也可能内层瓦解,而在膜壳的中央区域出现波状褶皱。

小丘埃森拉克藻 *Eisenackidium colle* Cramer and Díez, 1976

1976 *Eisenackidium colle* Cramer and Díez, p. 82; pl. 7, fig. 75.

种征 中央体由不透明至中等透明的内体构成。中央体被外层围绕,其上附有6~8枚膨大、些许锥尖形的突起;外层宽松围绕内层,以至外层有许多褶皱,而可能被误认为是顶饰和脊线;内层一般为圆形至多角形,而其角部紧靠突起基部。内层表面光滑,厚度均一;外层表面光滑至模糊的颗粒或鲛粒(它们的直径和高度皆小于0.5μm)。中央体直径达35μm。

产地、时代 西班牙;早泥盆世,艾姆斯期(Emsian)。

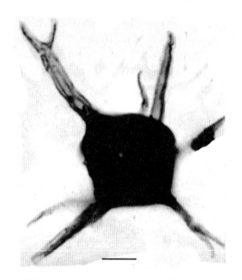

(引自 Cramer and Díez, 1976;图版7,图75)

蛙形埃森拉克藻 *Eisenackidium ranaemanum* Le Hérissé, 1989

1989 *Eisenackidium ranaemanum* Le Hérissé, p. 120; pl. 9, figs. 9—13.

种征 膜壳球形,壁厚,表面光滑。膜状透明的包被与中间层形成突起,而内层与中间层分离。膜壳附有10~12枚主突起,其长度与膜壳直径相当,另有一些短小突起。圆柱形突起中空,基部圆锥形,末端简单或呈指状。膜壳未见明显开口。膜壳直径55~68μm;主突起长37~58μm,基部宽8.5~22μm;次小突起长5~15μm。

产地、时代 瑞典哥特兰岛;早志留世,兰多维利期(Llandovery)。

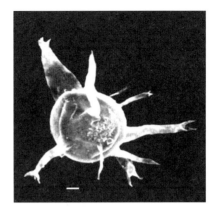

（引自 Le Hérissé，1989；图版9，图10,12）

线射藻属　*Elektoriskos* Loeblich，1970

模式种　*Elektoriskos aurora* Loeblich，1970

属征　膜壳具圆形至亚圆形中央体，明显单层壁，表面光滑，或具鲛粒至颗粒。膜壳附有许多细长、易弯曲、实心的突起，与膜壳腔不连通。

光线线射藻　*Elektoriskos aktinotos* Wicander，Playford and Robertson，1999

1999 *Elektoriskos aktinotos* Wicander，Playford and Robertson，p. 13；pl. 7，figs. 8—9.

种征　膜壳轮廓圆形至亚圆形，壁厚约0.5μm，表面光滑。膜壳离散（间隔2~4μm）分布25~35枚拉长、头发状实心突起。突起与膜壳壁直交或微弯曲，向远端渐尖出。突起长5~9μm，基部宽1μm。膜壳未见脱囊结构。

描述　膜壳轮廓圆至亚圆形，壁厚约0.5μm，光滑；离散（间隔2~4μm）分布25~35枚拉长、头发状实心突起，它们5~9μm长，与膜壳直交或微弯曲；基部宽1μm，向远端渐尖出。未见脱囊结构。

产地、时代　北美；晚奥陶世，阿什极尔期（Ashgill）。

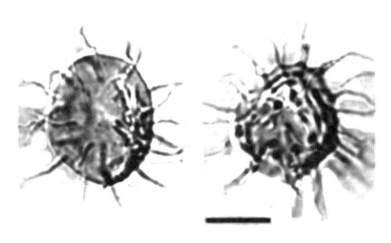

（引自 Wicander *et al.*，1999；图版7，图8—9）

分开线射藻　*Elektoriskos apodasmios* Wicander，1974

1974 *Elektoriskos apodasmios* Wicander，p. 21；pl. 9，figs. 4—6.

　　种征　膜壳球形，直径16~20μm；壁薄，表面光滑。膜壳附有20~40枚实心、简单、光滑、稍弯曲的突起，突起长6~9μm，末端尖出。该种具膜壳壁裂开的脱囊结构。

　　产地、时代　美国俄亥俄州；晚泥盆世。

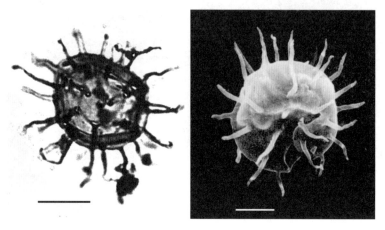

（引自 Wicander，1974；图版9，图4，6）

间隔线射藻　*Elektoriskos araiothriches* Loeblich and Wicander，1976

1976 *Elektoriskos araiothriches* Loeblich and Wicander，p. 13；pl. 2，fig. 5.

　　种征　膜壳轮廓圆形，直径25μm；膜壳壁厚0.3μm或更薄，表面光滑。膜壳附有少数的突起，突起稍显坚实的针状，总体微尖削。突起实心，与膜壳腔不连通。突起长2~6μm，直径约0.3μm，彼此间距约3μm。膜壳未见脱囊开口，可能是简单裂开的脱囊结构。

　　产地、时代　美国俄克拉荷马州；早泥盆世，吉丁期（Gedinnian）。

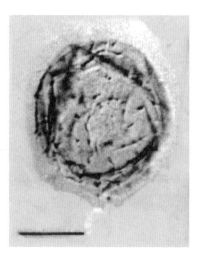

（引自 Loeblich and Wicander，1976；图版2，图5）

足髮线射藻 *Elektoriskos arcetotricus* Wicander，1974

1974 *Elektoriskos arcetotricus* Wicander，p. 22；pl. 9，figs. 1—2.

种征 膜壳球形，直径 19~25μm；壁薄，表面光滑。膜壳均匀分布多于 50 枚实心、弯曲、简单、光滑的突起。突起长 8~10μm，基部宽 0.8μm。该种具膜壳壁裂开的脱囊结构。

产地、时代 美国俄亥俄州；晚泥盆世。

（引自 Wicander，1974；图版 9，图 1）

匕突线射藻 *Elektoriskos dolos* Wicander and Loeblich，1977

1977 *Elektoriskos dolos* Wicander and Loeblich，p. 143；pl. 5，figs. 1—2.

种征 膜壳轮廓圆形，直径 18~21μm；壁薄，表面光滑。膜壳附有 35~40 枚表面光滑、实心、易弯曲的简单突起。突起长 9~10μm，基部宽 1μm，从基部向远端尖出。该种具膜壳壁简单裂开的脱囊结构。

产地、时代 美国印第安纳州；晚泥盆世。

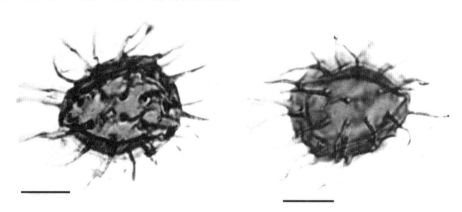

（引自 Wicander and Loeblich，1977；图版 5，图 1—2）

芒刺线射藻 *Elektoriskos intonsus* Loeblich and Wicander，1976

1976 *Elektoriskos intonsus* Loeblich and Wicander，p. 13；pl. 4，figs. 9—10.

种征 膜壳轮廓圆形，直径 31~37μm。膜壳壁薄，厚约 0.5μm，在光学显微镜下显示表面光滑。膜壳密集附有简单、柔韧的突起。突起直径小于 1μm,远端尖削;突起的长度不一,最长达 20μm;突起为实心,与膜壳腔不连通。膜壳未见脱囊结构。

产地、时代 美国俄克拉荷马州;早泥盆世,吉丁期(Gedinnian)。

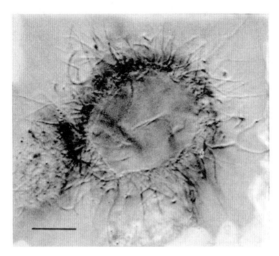

(引自 Loeblich and Wicander, 1976;图版 4,图 9)

多毛线射藻 *Elektoriskos lasios* Wicander, 1974

1974 *Elektoriskos lasios* Wicander, p. 22; pl. 10, figs. 5—6.

种征 膜壳球形,直径 27μm;壁薄,表面光滑。膜壳附有许多(多于 100 枚)实心、简单、表面光滑、弯曲的突起。突起长 5.5μm,基部宽 0.5μm。膜壳未见脱囊结构。

产地、时代 美国俄亥俄州;晚泥盆世。

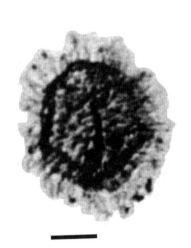
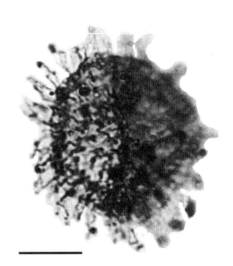

(引自 Wicander, 1974;图版 10,图 5—6)

精美线射藻 *Elektoriskos tenuis* Playford *in* Playford and Dring, 1981

1981 *Elektoriskos tenuis* Playford *in* Playford and Dring, p. 28; pl. 6, figs. 10—12.

种征 膜壳原本球形,轮廓圆形至亚圆形;壁薄(厚 0.3~0.5μm),表面光滑,常有几条弓形挤压褶皱。膜壳附有细长、同形的近圆柱形突起，突起实心、光滑，通常直至弯曲，它们往远端尖削为钝尖的末端，末端可能微微膨大；突起的近端与膜壳壁呈现角度至微弯曲接触。膜壳直径 17~25μm；突起长 2.5~7.5μm，基部直径 0.3~0.5μm，彼此间距 1.4~5.0μm。该种具膜壳壁简单裂开的脱囊结构。

产地、时代　澳大利亚西部卡拉封盆地(Carnavon Basin)；晚泥盆世。

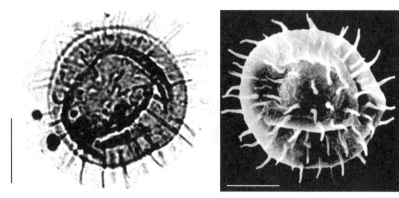

（引自 Playford and Dring, 1981；图版 6，图 10,12）

钉固球藻属　*Ephelopalla* Wicander，1974

模式种　*Ephelopalla elongata* Wicander，1974

属征　膜壳球形，壁表面光滑。突起壁光滑，原先向膜壳腔开放的突起内腔在其近基部或在基部与末端之间被次生物充填。可见膜壳裂开的脱囊结构。

伸长钉固球藻　*Ephelopalla elongata* Wicander，1974

1974 *Ephelopalla elongata* Wicander, p. 22；pl. 10, figs. 1—4.

种征　膜壳球形，直径 29~42μm(平均 38μm)；膜壳壁中等厚，表面光滑。膜壳附有 12~20 枚光滑、简单的突起，突起长 22~30μm，其基部略宽(宽 2.2~3.3μm)，末端尖出。突起原先向膜壳内腔开放；一些突起的基部或突起基部与末端之间被次生沉积物填塞，但无突起完全被填塞。可见膜壳壁裂开的脱囊结构。

产地、时代　美国俄亥俄州；晚泥盆世。

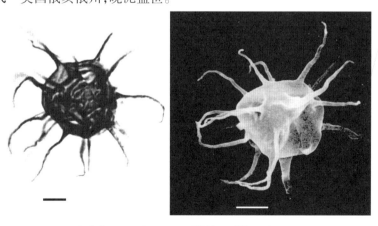

（引自 Wicander, 1974；图版 10，图 1,3）

苗条钉固球藻 *Ephelopalla talea* Wicander，1974

1974 *Ephelopalla talea* Wicander，p. 23；pl. 9，fig. 3.

种征 膜壳球形，直径 30~33μm；壁厚，表面光滑。膜壳附有 20~22 枚光滑的突起，突起长 33μm。原本突起中空，后被次生沉积物充填，致使接近突起基部至顶端呈现实心。可见膜壳壁裂开的脱囊结构。

产地、时代 美国俄亥俄州；晚泥盆世。

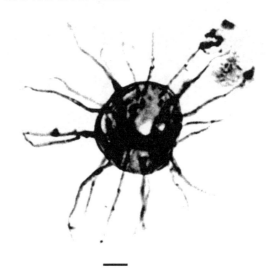

（引自 Wicander，1974；图版 9，图 3）

伊利亚藻属 *Ericanthea* Cramer and Díez，1977

模式种 *Ericanthea pollicipes* Cramer and Díez，1977

属征 由 7 个细胞组成的疑源类，其中 5 个位于同一平面，另外 2 个在中间，而与群体中其他 5 个细胞的各一边相邻。细胞呈瓮状，边缘光滑，宽口，辐射分布；在其下，有比口腔更小直径的暗色区（加厚？）。细胞壁覆有微弱、不规则纵向条纹或褶皱。细胞的膜状物较薄，易变形。

藤壶伊利亚藻 *Ericanthea pollicipes* Cramer and Díez，1977

1977 *Ericanthea pollicipes* Cramer and Díez，p. 346；pl. 4，figs. 1—3.

种征 由 7 个细胞组成的双层菌团的疑源类，面上有 5 个，中部有 2 个（它们位于 5 个细胞群的一边）。细胞呈瓮形，它们的光滑边缘呈宽口状辐射，在其下有直径小于宽口的暗色带（加厚？）。在细胞壁上有模糊、不规则分布的纵向条纹或褶皱。细胞膜状物薄（厚约 0.5μm），易变形。单个细胞直径 30~40μm；菌团直径 65~80μm。

产地、时代 摩洛哥；早奥陶世，阿伦尼格期（Arenigian）。

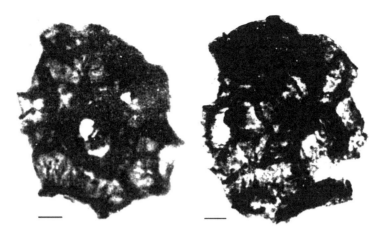

（引自 Cramer and Díez，1977；图版 4，图 2—3）

舒坦藻属　*Estiastra* Eisenack，1959

模式种　*Estiastra magna* Eisenack，1959

属征　膜壳星状，宽而柔软的附属物从一共同中心伸出，不存在实质性的中央膜壳。附属物呈尖角的金字塔形，它们的基部在中心连接，彼此没有边界。

枕垫舒坦藻　*Estiastra culcita* Wicander，1974

1974 *Estiastra culcita* Wicander, p. 23; pl. 10, figs. 7—9.

种征　膜壳亚正方形，附有 6~8 枚与膜壳壁区分不明显的的突起。突起锥形，其顶端尖出，长 13~16μm，基部宽 10~13μm；从一枚突起顶端至另一枚突起顶端相距 40~43μm。膜壳与突起壁的特征没有区别，它们皆覆有小颗粒；膜壳未见脱囊结构。

产地、时代　美国俄亥俄州；晚泥盆世。

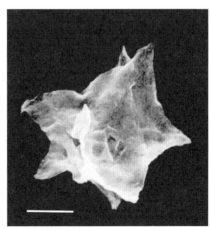

（引自 Wicander，1974；图版 10，图 7,9）

大星舒坦藻 *Estiastra dilatostella* Wicander，1974

1974 *Estiastra dilatostella* Wicander, p. 23；pl. 10，figs. 10—12.

种征 膜壳星形,附有6~8枚与膜壳壁分界不清楚的突起。突起基宽、锥形,顶端钝、呈齿状;突起宽13~15μm,从一枚突起顶端至另一枚突起顶端相距40~44μm。膜壳与突起壁的特征没有区别,壁表面覆有大而明显的颗粒,在接近突起顶端遂成为刺。可见膜壳壁裂开的脱囊结构。

产地、时代 美国俄亥俄州;晚泥盆世。

（引自 Wicander, 1974；图版10,图10,12）

皱壁舒坦藻 *Estiastra rugosa* Wicander，1974

1974 *Estiastra rugosa* Wicander, p. 23；pl. 11，figs. 1—4.

种征 膜壳星形,其与6枚中空、圆柱形(其长度为突起长度的3/4)突起融合。突起末端尖出。突起形成3条垂直的轴,其表面有颗粒和皱。突起长22~25μm,宽13~16μm。膜壳未见脱囊结构。

产地、时代 美国俄亥俄州;晚泥盆世。

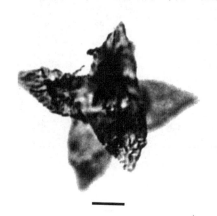

（引自 Wicander, 1974；图版11,图1—2）

艾威特藻属　*Evittia* Brito，1967

模式种　*Evittia sommeri* Brito，1967

属征　膜壳三角形至多角形，与稀刺藻（*Veryhachium*）的膜壳结构相似，但具有典型分叉的突起，尽管在同一标本一些突起是简单顶尖。

几何艾威特藻　*Evittia geometrica* Playford *in* Playford and Dring，1981

1981 *Evittia geometrica* Playford *in* Playford and Dring，p. 29；pl. 6，fig. 13；pl. 7，figs. 3—8.

种征　膜壳原本多面体，是典型的八面体，即四角双锥体或三角双锥体。按赤道轮廓，依据挤压方向，膜壳面和形态呈现三角形或五角形。膜壳壁厚 0.5~0.8 μm，通常粗糙或没有小的离散颗粒或小棘刺，可能原本是光滑的；在那里有三条边或更多边汇聚，且有一枚（偶尔出现两枚）中空突起，它们基本上是膜壳壁呈亚圆柱形伸展，而与膜壳腔无障碍连通。突起异形至近同形，它们的近端与膜壳壁弯曲至微角度接触。突起末端通常分叉（二分叉，直到第三级）或呈指形，偶尔简单尖出；分叉些许不规则或不对称，末端圆尖。突起一般直径 4~8 μm，长 8~17 μm。突起表面雕饰与膜壳表面相似，稍显粗糙。除主突起外，可见 1~2 枚更小不分叉的尖细突起（长达 6 μm，基部宽 2~5 μm）。膜壳直径 31~52 μm；膜壳总体长 51~95 μm。很少见膜壳壁简单裂开的脱囊结构。

产地、时代　澳大利亚西部卡拉封盆地（Carnavon Basin）；晚泥盆世。

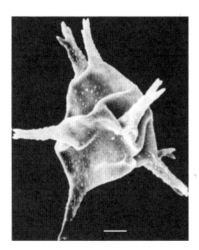 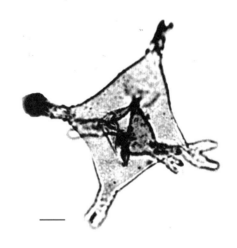

（引自 Playford and Dring，1981；图版 6，图 13；图版 7，图 6）

小叉艾威特藻　*Evittia virgultata* Le Hérissé，1989

1989 *Evittia virgultata* Le Hérissé，p. 131；pl. 12，figs. 3—4.

种征　膜壳球形，具有长的（长度约为膜壳直径的两倍）突起。膜壳壁致密或有褶，表面有大的网。突起圆柱形、中空、窄细，表面有致密分布的条纹和小棘刺；突起末端分叉很短（简单二分叉或再二分叉为一级羽枝）。膜壳直径 14~21 μm；突起长 23~33 μm，宽 2~3 μm。可见膜壳壁简单裂开的开口脱囊结构，且边缘有装饰。

产地、时代　瑞典哥特兰岛；早—中志留世，兰多维利—文洛克期（Llandovery—Wenlock）。

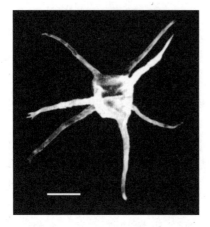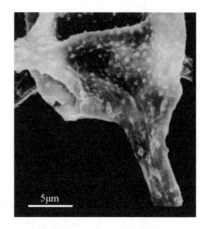

（引自 Le Hérissé，1989；图版12，图3—4）

薄壁球藻属　*Exilisphaeridium* Wicander，1974

模式种　*Exilisphaeridium simplex* Wicander，1974

属征　膜壳球形，壁薄，表面光滑。膜壳附有少数简单、光滑的突起，突起与膜壳壁分界明显。突起末端尖出，它们与膜壳腔自由相通。膜壳未见脱囊结构。

简单薄壁球藻　*Exilisphaeridium simplex* Wicander，1974

1974 *Exilisphaeridium simplex* Wicander，p. 24；pl. 14，fig. 6.

种征　膜壳球形，壁薄，表面光滑。膜壳附有5枚简单、光滑的突起。突起与膜壳壁区分明显，其末端尖出，中空且与膜壳腔自由连通。膜壳直径21μm；突起长27μm，基部宽2.7μm。膜壳未见脱囊结构。

产地、时代　美国俄亥俄州；早石炭世。

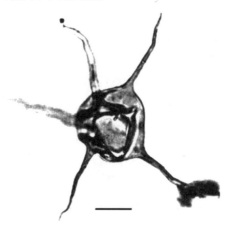

（引自 Wicander，1974；图版14，图6）

疣壁藻属　*Exochoderma* Wicander，1974

模式种　*Exochoderma irregulare* Wicander，1974

属征　膜壳轮廓三角形至正方形，膜壳和突起壁覆有颗粒和肋纹。突起中空，并与膜壳腔自由连通。突起基部宽，从基部直至分叉处或简单突起的末端保持圆柱形；大多数突起末端呈现二分叉或多分叉。突起与膜壳壁分界明显。两突起间膜壳壁裂开形成"外翻"的脱囊结构。

显饰疣壁藻　*Exochoderma asketa* Wicander and Loeblich，1977

1977 *Exochoderma asketa* Wicander and Loeblich，p. 143；pl. 5，figs. 3—4.

种征　膜壳轮廓正方形至多角形，每边长 23μm，壁薄，表面光滑或微粗糙。膜壳附有 10 枚中空、柔细突起，它们与膜壳腔自由连通。突起一般从基部至远端呈圆柱形，尖端钝或尖出。膜壳表面覆有颗粒或粗糙，有格外显著的纵长脉；一些突起的颗粒发育为长 1μm 的小刺。突起长 20μm，基部宽 3~4μm。膜壳未见脱囊结构。

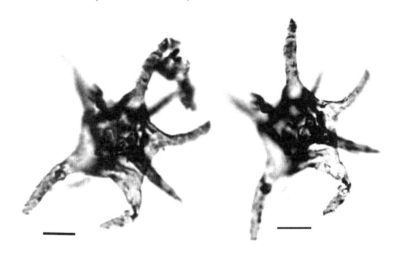

（引自 Wicander and Loeblich，1977；图版 5，图 3—4）

产地、时代　美国印第安纳州；晚泥盆世。

不规则疣壁藻　*Exochoderma irregular* Wicander，1974

1974 *Exochoderma irregular* Wicander，p. 24；pl. 11，figs. 6—9.

种征　膜壳轮廓三角形至正方形，边长 37~58μm（平均 46μm）；壁薄至中厚。膜壳壁和突起壁皆有颗粒和肋纹。膜壳附有 3~6 枚中空突起，它们与膜壳腔自由连通。突起基部宽，圆柱形，一般从基部长度的 3/4 处出现二分叉，其末端简单、二分叉或多分叉。突起表面肋纹与突起长轴平行。突起宽 5.1~9.3μm（平均 7μm），长 16~38μm（平均 32μm）。两突起间膜壳壁裂开形成旋口（epityche）的脱囊结构。

产地、时代　美国俄亥俄州；晚泥盆世，早石炭世。

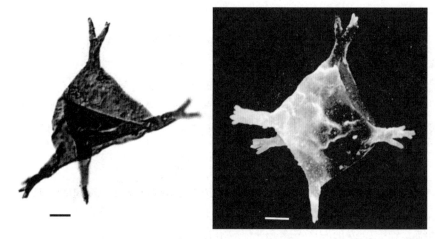

（引自 Wicander，1974；图版 11，图 6—7）

分叉疣壁藻　*Exochoderma ramibrachium* Wicander，1974

1974 *Exochoderma ramibrachium* Wicander，p. 25；pl. 11，fig. 5.

种征　膜壳轮廓亚圆形，直径 40~42μm；壁薄，表面覆有微弱颗粒。膜壳附有 6~8 枚中空突起，且与膜壳腔自由连通。突起圆柱形，末端二分叉、三分叉或多分叉。突起长 36~41μm，宽 3~5μm。膜壳未见脱囊结构。

产地、时代　美国俄亥俄州；晚泥盆世。

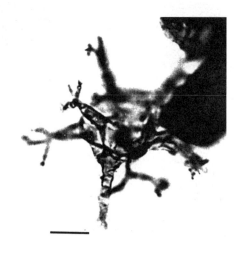

（引自 Wicander，1974；图版 11，图 5）

似鸟藻属　*Falavia* Le Hérissé，Molyneux，and Miller，2015

模式种　*Falavia magniretifera* Le Hérissé，Molyneux，and Miller，2015

属征　膜壳球形。突起限于半个膜壳。沿突起长度显示连接丝状物的网络，它们在远端连接突起。

大网似鸟藻　*Falavia magniretifera* Le Hérissé, Molyneux, and Miller, 2015

2015 *Falavia magniretifera* Le Hérissé, Molyneux, and Miller, p. 47; pl. Ⅵ, figs. 8—9.

种征　膜壳轮廓亚圆形,壁薄,表面覆有细小颗粒雕饰。膜壳附有 25 枚实心、坚实、远端尖出的杆状突起,突起仅限于半个膜壳。沿突起长度至远端有交织的线丝网相连接;线丝网宽度约是膜壳直径的 1.5 倍。膜壳大小为(28~35)μm(平均 32μm)×(18~33)μm(平均 27.2μm);网高 40~53μm(平均 48μm)。

产地、时代　沙特阿拉伯;晚奥陶世,凯迪晚期—赫南特早期(late Katian—early Hirnantian)。

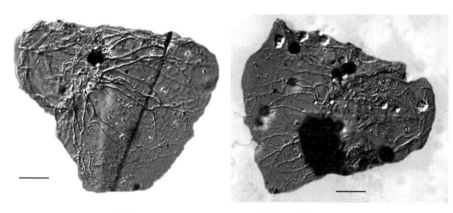

(引自 Le Hérissé *et al.*, 2015;图版 6,图 8—9)

磁铁藻属　*Ferromia*(Vavrdová, 1979), emend. Martin, 1996

模式种　*Ferromia pellita*(Martin), emend. Martin, 1996

属征　膜壳原本球形,中空;单层壁,覆有不等距的毛发状连接的雕饰。膜壳均匀间隔分布伸长、尖削、中空的突起。突起原本与膜壳腔连通。突起远端多数简单,偶尔有二分叉。突起表面光滑或有比膜壳表面更微弱的雕饰。膜壳具有口盖的圆形开口的脱囊结构。

小钉磁铁藻　*Ferromia clavula* Vecoli, 1999

1999 *Ferromia clavula* Vecoli, p. 42; pl. 8, figs. 1—5.

种征　膜壳球形,轮廓圆形,单层壁(厚约 0.5μm)。膜壳显著附有离散实心、远端尖锐的刺突(宽 1~1.5μm,长 3~5μm,彼此间距 1~2μm),其中相当多的刺突出自膜壳赤道边缘的单一面。主突起细长、中空,它们与膜壳腔自由连通;突起基部宽,且彼此连接,远端简单尖出,少数有二分叉末端。在扫描电子显微镜下,突起壁显示直径为 0.2μm 的微小颗粒。膜壳赤道边缘可见圆形开口的脱囊结构,开口边缘有显著刺状凸出物,口盖光滑。膜壳直径 18~27μm;主突起长 12~24μm,基部宽 4~5μm;突起数 14~22 枚。

产地、时代　北非;中奥陶世,兰维尔晚期(late Llanvirn)。

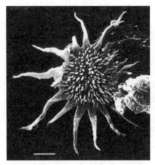

（引自 Vecoli, 1999；图版 8,图 2a,4—5）

焰突球藻属 *Flammulasphaera* Richards and Mullins, 2003

模式种 *Flammulasphaera bella* Richards and Mullins, 2003

属征 膜壳球形至亚球形,表面光滑或覆有颗粒和网饰。膜壳壁被低矮的膜状物划分为数个多边形区域,膜状物在多边形区交汇处相交,且伸长形成远端尖的突起。突起和膜状物表面饰有鲛粒。

漂亮焰突球藻 *Flammulasphaera bella* Richards and Mullins, 2003

2003 *Flammulasphaera bella* Richards and Mullins, p. 582；pl. 3, figs. 9—10；pl. 5, figs. 10—11.

种征 膜壳球形至亚球形,表面光滑,覆有小颗粒或网饰。膜壳壁被低矮膜划分为许多多角形区域,膜状物在多角形区间连接处相交,且拉长形成远端尖出的突起。突起和膜状物表面饰有鲛刺,而在突起顶部格外明显。膜壳未见脱囊结构。膜壳直径 10~15μm；膜壳总体直径为 18~25μm；突起长 4.0~5.6μm。

产地、时代 英格兰；晚志留世。

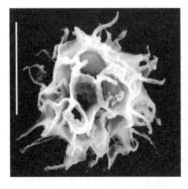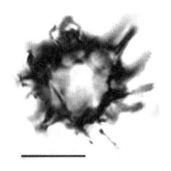

（引自 Richards and Mullins, 2003；图版 3,图 9；图版 5,图 11）

盛华球藻属 *Florisphaeridium* Lister, 1970

模式种 *Florisphaeridium castellum* Lister, 1970

属征 膜壳球形至亚球形,中空,单层壁。突起基部宽,中空,远端呈现玫瑰花状。突起壁凹入,向膜壳腔开放。突起不规则分布。在单个标本中,突起大小和形状变化。可见膜壳隐缝的脱囊结构。

破裂盛华球藻 *Florisphaeridium abruptum* Uutela and Tynni, 1991

1991 *Florisphaeridium abruptum* Uutela and Tynni, p. 63; pl. XI, fig. 111.

种征 膜壳为小的亚球形,附有许多短圆柱形突起(视域可见约40枚)。在突起微呈玫瑰色的远端有小的开口。膜壳和突起表面有颗粒饰。膜壳见有中裂缝。膜壳直径13μm;突起长和基部宽皆为1μm,彼此间距1μm。

产地、时代 爱沙利亚;中奥陶世, 兰维尔期(Llanvirn)。

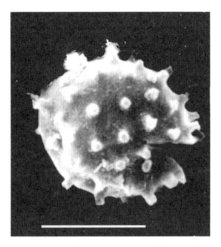

(引自 Uutela and Tynni, 1991;图版11,图111)

小环盛华球藻 *Florisphaeridium circulatum* Uutela and Tynni, 1991

1991 *Florisphaeridium circulatum* Uutela and Tynni, p. 64; pl. XI, fig. 112.

种征 膜壳亚球形,附有非常短、末端开放的突起。光学断面可见3~4枚突起。突起远端圆环没有宽出。膜壳表面光滑或有鲛粒,突起远端外环饰有颗粒。膜壳直径10~25μm;突起长1~2μm,突起外径3.5~4.0μm,突起远端开口直径1.5~1.7μm。

产地、时代 爱沙利亚;晚奥陶世, 阿什极尔期(Ashgill)。

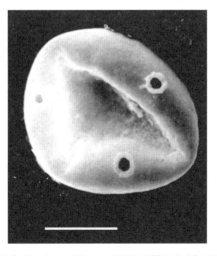

(引自 Uutela and Tynni, 1991;图版11,图112)

密集盛华球藻 *Florisphaeridium densum* Uutela and Tynni, 1991

1991 *Florisphaeridium densum* Uutela and Tynni, p. 64; pl. XI, fig. 113.

种征 膜壳为小的圆球形,附有许多短的圆柱形突起(视域可见约 60 枚)。在突起远端有成圆环形的孔。突起壁表面有隆起的条纹,它们辐射伸展横穿膜壳表面,致使突起基部相连。膜壳直径 13~20μm;突起长 1.0~1.5μm,宽 1μm,彼此间距 2μm。

产地、时代 爱沙利亚;中奥陶世,卡拉道克期(Caradoc)。

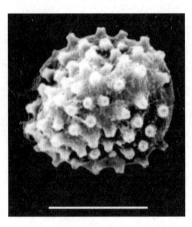

(引自 Uutela and Tynni, 1991;图版 11,图 113)

拉维盛华球藻 *Florisphaeridium lavidensis* Cramer and Díez, 1976

1976 *Florisphaeridium lavidensis* Cramer and Díez, p. 83; pl. 5, figs. 62,64.

种征 中央体由突起基部构成,以至不能明显区分中央体和突起。突起少,通常 3 枚,少数情况有 4~5 枚,但从没有 2 枚的。突起多于 3 枚时,它们不会分布在同一平面。突起锥形,其末端是羽枝的顶冠;外层较薄(厚 0.5~1.0μm),易于褶皱;中央体区域最厚。膜壳壁整个覆有稀疏的小棘刺雕饰,雕饰向突起远端增加。膜壳未见脱囊开口和内层结构。膜壳总体长 65~85μm。

产地、时代 西班牙;早泥盆世,艾姆斯晚期(late Emsian)。

(引自 Cramer and Díez, 1976;图版 5,图 62)

细薄盛华球藻 *Florisphaeridium micidum* Playford *in* Playford and Dring，1981

1981 *Florisphaeridium micidum* Playford *in* Playford and Dring，p. 30；pl. 7，figs. 1—2.

种征 膜壳原本亚球形至多面体形，轮廓亚圆形至多角形。膜壳附有 5~9 枚中空、同形的突起，它们是膜壳壁辐射定向伸展构成的管状物。膜壳和突起壁薄（厚约 0.3μm），易受挤压褶皱，表面光滑。突起末端扩展（外展或内弯），没有呈现指状形。突起与膜壳腔自由开放，突起的近端与膜壳壁弯曲接触。膜壳未见脱囊结构。膜壳直径 20~26μm；膜壳总体长 36~50μm；突起宽 3.5~9μm，长 7~14μm。

产地、时代 澳大利亚西部卡拉封盆地（Carnavon Basin）；晚泥盆世，（？）弗拉斯期 （? Frasnian）。

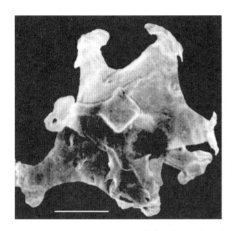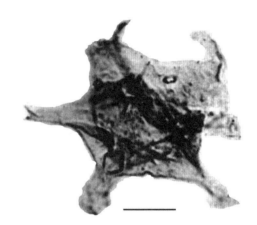

（引自 Playford and Dring，1981；图版7，图1—2）

球形球藻属 *Globosphaeridium* Moczydłowska，1991

模式种 *Globosphaeridium cerinum*（Volkova，1968），comb. Moczydłowska，1991

属征 膜壳球形至椭球形，中央体单层壁，表面光滑，附有许多明显分隔开的实心突起。突起简单，相同宽度或基部宽出，向顶端尖削。突起细长或坚实如同长刺，长度小于中央体直径。膜壳未见脱囊开口。

淡黄球形球藻 *Globosphaeridium cerinum*（Volkova，1968），comb. Moczydłowska，1991

1968 *Baltisphaeridium cerinum* Volkova，p. 17；pl. 1，figs. 1—7；pl. 11，fig. 5.

1991 *Globosphaeridium cerinum*（Volkova，1968），comb. Moczydłowska，p. 54；pl. 4，figs. H—J.

种征 膜壳球形至椭球形，附有许多均匀分布的小刺状实心突起。突起的基部稍加厚，远端尖出。膜壳直径 20~35μm；突起长 2~3μm。

产地、时代 东欧地台，波兰东南部；早寒武世。

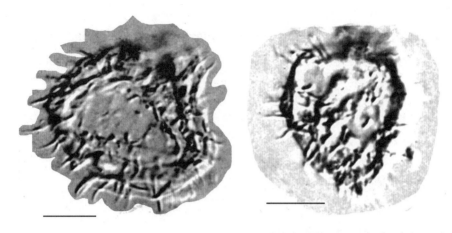

（引自 Moczydłowska，1991；图版 4，图 H—I）

球形藻属　*Globus* Vidal，1988

模式种　*Globus gossipinus* Vidal，1988

属征　为圆柱形丝状体紧密排列的球形聚合体，丝状体（亚微米宽）突出聚合体外缘。

似棉球形藻　*Globus gossipinus* Vidal，1988

1988　*Globus gossipinus* Vidal *in* Moczydłowska and Vidal，pp. 6—8；pl. 1，fig. 3.

种征　膜壳轮廓球形，紧密聚集亚微米宽的圆柱形丝状物，它们在球体外缘聚集，似为丝状突起。聚集体直径 40~48μm；丝状物宽小于 1μm。

产地、时代　斯堪的纳维亚半岛；早寒武世。

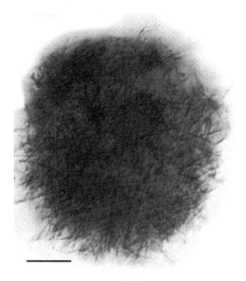

（引自 Moczydłowska and Vidal，1988；图版 1，图 3）

格留德拉藻属　*Gneudnaella* Playford *in* Playford and Dring, 1981

模式种　*Gneudnaella psilata* Playford *in* Playford and Dring, 1981

属征　膜壳球形至椭球形，中空，单层壁，无结构，表面光滑。在膜壳一端或中央部位具圆口的脱囊结构。

光滑格留德拉藻　*Gneudnaella psilata* Playford *in* Playford and Dring, 1981

1981 *Gneudnaella psilata* Playford *in* Playford and Dring, p. 32; pl. 7, figs. 9—12; pl. 8, figs. 1—2.

种征　膜壳球形至椭球形，壁表面光滑，厚 0.6~1.2μm。有两个完全或部分合并发育的圆口，两者各占有半个膜壳，即它们在对应端的中部，而终止于赤道。通常（也不都是）这两个圆口几乎同样大小，圆口边缘完整，口盖通常原位保存或些微位移，口盖厚度和形貌与围绕的膜壳壁相同。圆口直径与膜壳直径比值为 1:1~1:1.5。膜壳直径 12~19μm。

产地、时代　澳大利亚西部卡拉封盆地（Carnavon Basin）；晚泥盆世，(?)弗拉斯期（? Frasnian）。

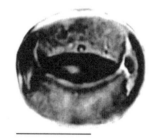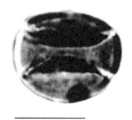

（引自 Playford and Dring, 1981；图版 7，图 10—11；图版 8，图 1）

角突藻属　*Goniolopadion* Playford, 1977

模式种　*Goniolopadion prolixum* Playford, 1977

属征　膜壳轮廓为明显的星形，在同一平面附有 5~7 个强烈角度的凸起。凸起单层壁，中空。由各凸起辐射生出中空、典型刺状突起。突起简单，末端封闭，同形（尖削），位于基部的塞状结构物使之与膜壳腔分隔。从一枚突起基部至相对应突起基部的简单裂缝构成膜壳脱囊结构。

抽出角突藻　*Goniolopadion prolixum* Playford, 1977

1977 *Goniolopadion prolixum* Playford, p. 22; pl. 8, figs. 9—11.

种征　膜壳轮廓呈对称星形，在同一平面有 5~7 个尖角（45°~50°）凸出，由此延伸一枚长的纤细突起。连接相邻凸出的膜壳呈钝角边缘，中空，单层壁，壁厚 1.0~1.7μm。在光学显微镜和电子显微镜下，膜壳壁显示颗粒雕饰。颗粒形状不规则，基部宽 1μm，高 0.5μm，彼此间距 0.5μm；向膜壳外边缘，颗粒变细且稀疏分布。突起表面光滑，长 25~45μm，同形，中空（除基部外），突起壁厚度 ≤0.5μm。突起从基部（宽 1.5~3.0μm）向末端渐尖削,基部充填实心塞形物(长 2.5~4.0μm),将突起内部完全封闭。另外,一些突起近端近 1/3 处含有一个或几个离散的小球状结构物。从一枚突起基部至相对应突起基部的简单裂开,形成几乎将膜壳二分的脱囊结构。

产地、时代 加拿大安大略省;早泥盆世,艾姆斯期(Emsian)。

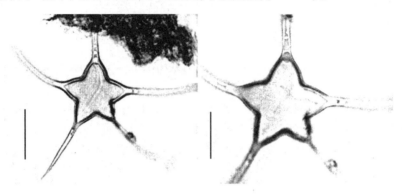

(引自 Playford,1977;图版 8,图 10—11)

角球藻属 *Goniosphaeridium*(Eisenack,1969),emend. Turner,1984

模式种 *Goniosphaeridium polygonale*(Eisenack,1931 ex Eisenack,1938a)Eisenack,1969

属征 膜壳中空,多角形或亚多角形,直径大于 20μm;膜壳壁表面光滑,壁薄(厚0.50~0.75μm)。膜壳均匀分布 8 枚或更多中空、简单、末端尖出的同形突起。突起内部与膜壳腔自由连通;突起壁与膜壳壁没有明显差别。

短辐角球藻 *Goniosphaeridium breviradiatum* Uutela and Tynni,1991

1991 *Goniosphaeridium breviradiatum* Uutela and Tynni,p. 64;pl. XIII,fig. 129.

种征 膜壳呈微圆的多边形,附有数量不等、短、宽基部而纤细的突起(长度约为膜壳直径的 1/3)。突起末端圆形。所有突起简单,且与膜壳腔直接连通。膜壳和突起表面有鲛粒。膜壳直径 20~36μm;突起长 6~12μm;视域可见突起 13~20 枚。

产地、时代 爱沙利亚;中奥陶世,卡拉道克期(Caradoc)。

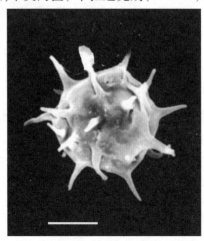

(引自 Uutela and Tynni,1991;图版 13,图 129)

细刺角球藻 *Goniosphaeridium tenuispinosum* Uutela and Tynni, 1991

1991 *Goniosphaeridium tenuispinosum* Uutela and Tynni, p. 67; pl. XIII, fig. 132.

种征 膜壳稍显多角形,附有许多宽基部而柔韧的突起（约25枚）。突起长约为膜壳直径的1/2,其末端尖出,有些突起伸展呈窄细的鞭毛状。膜壳和突起壁皆覆有微小颗粒。膜壳直径30~40μm;突起长17~20μm,基部宽2~3μm。

产地、时代 爱沙利亚;早—中奥陶世,阿伦尼克—兰代洛期（Arenigian—Llandeilo）。

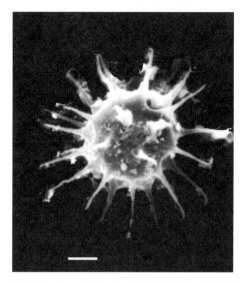

（引自 Uutela and Tynni, 1991;图版13,图132）

棘突球藻属 *Gorgonisphaeridium* Staplin, Jansonius and Pocock, 1965

模式种 *Gorgonisphaeridium winslowii* Staplin, Janonius and Pocock, 1965

属征 膜壳球形;壁坚实,较厚,表面光滑或有微小雕饰。膜壳附有许多刺状突起,它们实心,通常易弯曲,细长或宽。刺状突起顶端简单,基部可微显球形。突起与膜壳壁为相同物质。已知种的膜壳较大。

远距棘突球藻 *Gorgonisphaeridium absitum* Wicander, 1974

1974 *Gorgonisphaeridium absitum* Wicander, p. 25; pl. 11, figs. 10—12.

种征 膜壳圆球形,壳壁粗糙,厚1~2μm。膜壳附有35~65枚实心、表面光滑的刺状突起。突起规则分布（平均彼此间距5μm）,它们的基部很少连接,从突起基部往上收尖,粗细一致（直径1.5~2.5μm）,末端尖或稍圆。突起长4~8μm。膜壳壁常有大的、弯曲呈弓形的褶皱。该种具膜壳壁简单裂开的脱囊结构。

产地、时代 美国,澳大利亚;晚泥盆世。

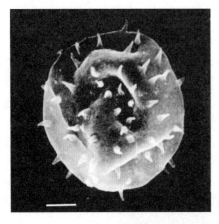

(引自 Wicander, 1974;图版 11,图 10,12)

隐匿棘突球藻 *Gorgonisphaeridium abstrusum* Playford *in* Playford and Dring, 1981

1981 *Gorgonisphaeridium abstrusum* Playford *in* Playford and Dring, p. 33; pl. 8, figs. 3—4, 15—16.

种征 膜壳原本球形,轮廓圆形至亚圆形或椭圆形。膜壳壁很薄(厚约 0.4μm),常被几条大的褶皱挤压而变形。膜壳近规则分布许多小的细长突起。在高倍光学显微镜下,很难确定突起是否中空或实心,同形或异形。在扫描电子显微镜下,可知突起表面覆有钝的小刺和小棒,显得粗糙。膜壳直径 10~27μm;突起长 1.5μm(平均约 0.7μm),基部宽 0.3μm,彼此间距 0.3~2.5μm。该种具膜壳壁简单裂开的脱囊结构。

产地、时代 澳大利亚西部卡拉封盆地(Carnavon Basin);晚泥盆世,(?)弗拉斯期(? Frasnian)。

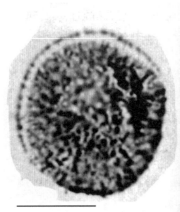
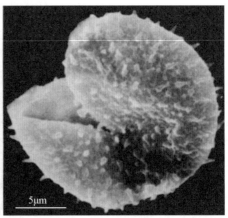

(引自 Playford and Dring, 1981;图版 8,图 3,16)

大棘突球藻 *Gorgonisphaeridium amplum* Wicander and Loeblich, 1977

1977 *Gorgonisphaeridium amplum* Wicander and Loeblich, p. 144; pl. 5, figs. 10—11.

种征 膜壳轮廓圆形,直径 48~50μm;壁厚 2.5μm,表面覆有鲛粒。膜壳附有 15~20 枚实心、简单、柔细的突起,突起长 28~42μm,基部宽 2.5μm,从基部至顶端渐尖削。突起表面光滑。该种具膜壳壁简单裂开的脱囊结构。

产地、时代　美国印第安纳州；晚泥盆世。

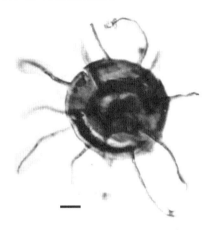

（引自 Wicander and Loeblich，1977；图版 5，图 10）

粗糙棘突球藻　*Gorgonisphaeridium asperum* Hashemi and Playford，1998

1998 *Gorgonisphaeridium asperum* Hashemi and Playford，p. 149；pl. 6, figs. 5—9；pl. 7, fig. 16.

　　种征　膜壳球形，轮廓圆形至亚圆形；壁厚 1.0~1.2μm，表面有均匀分布的颗粒和小皱。膜壳附有 25~30 枚实心、同形、光滑、刺状的突起，突起近端直，而远端弯曲，且向远端直径渐减小，呈现简单尖至钝的顶端。突起基部轮廓为圆形，它们与膜壳壁呈角度至弯曲接触。膜壳直径 25~38μm，总体直径 33~49μm；突起长 7~12μm，直径 1.5~2.0μm，彼此间距 2.5~6.5μm（偶尔基部连接）。该种具膜壳壁简单裂开的脱囊结构。

　　产地、时代　伊朗中东部；晚泥盆世。

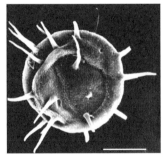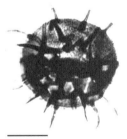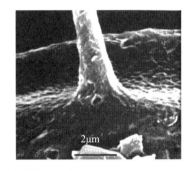

（引自 Hashemi and Playford，1998；图版 6，图 5,8—9）

卡拉旺棘突球藻　*Gorgonisphaeridium carnarvonense* Playford *in* Playford and Dring，1981

1981 *Gorgonisphaeridium carnarvonense* Playford *in* Playford and Dring, p. 33；pl. 8, figs. 5—7.

　　种征　膜壳原本球形，轮廓圆形至亚圆形。膜壳壁光滑至相当粗糙，厚 0.4~0.7μm，附有许多密集或离散分布的、小的、同形和实心的小刺状突起。突起直或弯曲，它们的近端与膜壳壁微弯曲接触；突起末端尖或些微钝。膜壳壁常被 1~3 个挤压呈弓形的褶皱所扭曲。膜壳未见脱囊结构。膜壳直径 25~35μm；突起长 0.6~1.5μm，基部宽 0.5μm，彼此间距 0.3~1.5μm。

产地、时代 澳大利亚西部卡拉封盆地(Carnavon Basin);晚泥盆世,(?)弗拉斯期(? Frasnian)。

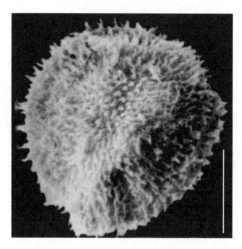

(引自 Playford and Dring, 1981;图版 8,图 7)

密集棘突球藻 *Gorgonisphaeridium condensum* Playford *in* Playford and Dring,1981

1981 *Gorgonisphaeridium condensum* Playford *in* Playford and Dring, p. 34; pl. 8, figs. 11—14.

种征 膜壳原本球形,轮廓圆形。膜壳壁光滑至粗糙,壁厚 0.5~1.0μm。整个膜壳均一,离散分布许多简单、实心、同形、光滑的突起。突起细长,向远端微变细,直至弯曲;突起基部圆形,末端钝,呈截锥形,或微微膨大;突起近端与膜壳壁呈现角度至弯曲接触。很少见膜壳壁简单裂开的脱囊结构。膜壳直径 14~29μm;突起长 2~4μm,基部直径0.3~1.0μm,彼此间距 0.4~4.0μm。

产地、时代 澳大利亚西部卡拉封盆地(Carnavon Basin);晚泥盆世,(?)弗拉斯期(? Frasnian)。

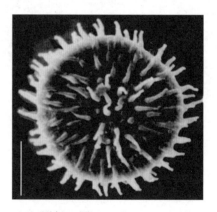

(引自 Playford and Dring, 1981;图版 8,图 11,14)

堆积棘突球藻　*Gorgonisphaeridium cumulatum* **Playford，1977**

1977 *Gorgonisphaeridium cumulatum* Playford，p. 22；pl. 8，figs. 12—20

种征　膜壳球形，轮廓圆形至近圆形。膜壳壁厚 2~3μm，表面光滑，附有许多密集分布的、同形、实心的刺状光滑突起。突起侧面直或微弯曲，基部圆，直径 0.5~2.0μm，偶尔连接宽达 4μm（平均 1~2μm）；突起近端弯曲，末端钝尖。突起长 1.0~3.5μm。该种具膜壳壁简单裂开的脱囊结构。

产地、时代　加拿大安大略省；早泥盆世，艾姆斯期（Emsian）。

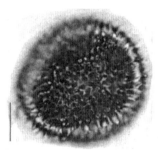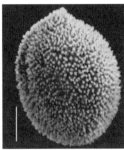

（引自 Playford，1977；图版 8，图 14—15，20）

分裂棘突球藻　*Gorgonisphaeridium discissum* **Playford** *in* **Playford and Dring，1981**

1981 *Gorgonisphaeridium discissum* Playford *in* Playford and Dring，p. 34；pl. 9，figs. 1—7.

种征　膜壳原本近球形，轮廓圆形至亚圆形。膜壳壁光滑，厚 0.8~1.8μm。突起通常均一、离散分布、实心、异形、表面光滑、直或弯曲式样；它们的近端与膜壳壁弯曲至角度接触。突起总体呈亚圆柱形，从圆形基部往上仅少许尖削；末端异形变化，从尖出（不多）至多分叉，以至突起末端有 2~6 个小的、短而粗的第一或第二级分枝，最常见的是 2~3 个分枝，分枝的最终顶端几乎都呈钝圆形或膨大。该种具膜壳壁简单裂开的脱囊结构。膜壳直径 27~50μm；突起长 1.4~4.5μm，基部直径 0.5~2.0μm，彼此间距 0.4~4.5μm。

产地、时代　澳大利亚西部卡拉封盆地（Carnavon Basin）；晚泥盆世，（？）弗拉斯期（？ Frasnian）。

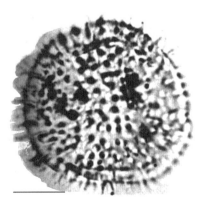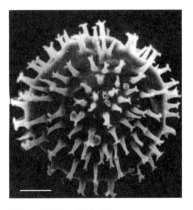

（引自 Playford and Dring，1981；图版 9，图 1，5）

分离棘突球藻　*Gorgonisphaeridium disparatum* Playford，1977

1977 *Gorgonisphaeridium disparatum* Playford，p. 23；pl. 9，figs. 8—16.

种征　膜壳为近球形，轮廓为圆形、亚圆形或椭圆形。膜壳壁厚 1.5~2.5μm；在光学显微镜和电子显微镜下观察，表面光滑至粗糙。整个膜壳表面附有许多密集或较宽松分布的矮胖至细长的突起，它们从亚圆形基部向远端渐尖削；突起实心、异形、光滑，侧面直或微弯曲。突起近端微弯曲，偶尔收缩。所见标本的突起大多二分叉（至二级）或三分叉，分叉通常见于远端，但也有始于近端基部者；未成年突起简单尖出，尖端钝圆。突起长3~12μm，基部宽 1.5~5μm，彼此间距 1~10μm。膜壳未见脱囊结构。

产地、时代　加拿大安大略省；早泥盆世，艾姆斯期（Emsian）。

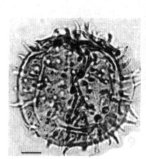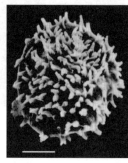

（引自 Playford，1977；图版 9，图 9，13—14）

伸长棘突球藻　*Gorgonisphaeridium elongatum* Wicander，1974

1974 *Gorgonisphaeridium elongatum* Wicander，p. 25；pl. 12，figs. 1—3.

种征　膜壳球形，壁厚 1.0~1.2μm，覆有颗粒。膜壳均匀分布 24~45 枚（平均36 枚）实心、光滑至具微小颗粒表面的简单突起。突起一般坚实，在近端部弯曲，末端尖出。膜壳直径26~64μm（平均48μm）；突起长 15~27μm（平均21μm），基部宽2.2~3.0μm。可见膜壳壁裂开的脱囊结构。

产地、时代　美国俄亥俄州；晚泥盆世。

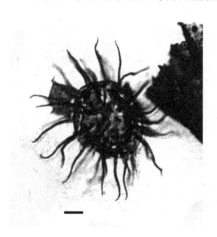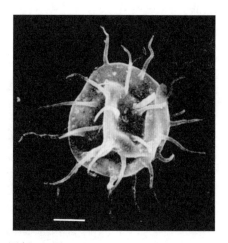

（引自 Wicander，1974；图版 12，图 1，3）

圆端棘突球藻　*Gorgonisphaeridium evexispinosum* Wicander，1974

1974 *Gorgonisphaeridium evexispinosum* Wicander，p. 25；pl. 12. figs. 4—6.

　　种征　膜壳球形,直径24~38μm(平均29μm);壁厚约1.1μm,表面光滑。膜壳表面均匀分布多于250枚实心、光滑的棒状突起,它们的末端呈微球形,少数有长2.2~3.0μm(平均2.2μm)、宽1.1μm的二分叉。可见膜壳壁裂开的脱囊结构。

　　产地、时代　美国俄亥俄州;晚泥盆世。

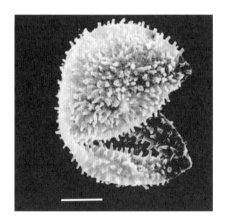

（引自 Wicander，1974；图版12,图4—5）

叉状棘突球藻　*Gorgonisphaeridium furcillatum* Wicander and Playford，1985

1985 *Gorgonisphaeridium furcillatum* Wicander and Playford，p. 106；pl. 3，figs. 1—3.

　　种征　膜壳轮廓圆形至亚圆形,壁厚2.2~3.3μm,表面光滑,均匀分布近50枚实心、光滑、微柔韧的突起。突起亚圆柱形,至远端二分叉(距离基部的8/10~9/10处),且渐尖削。突起多数有二分叉或三分叉,偶尔有第二级二分叉,然后尖出。少数突起仍保留简单尖出。突起近端与膜壳壁呈现角度接触或微弯曲。该种近赤道部位通常具简单裂开的脱囊结构。膜壳直径38~57μm;突起长7.3~13.2μm,基部宽1.8~3.3μm,彼此间距5~8μm。

　　产地、时代　美国爱荷华州;晚泥盆世。

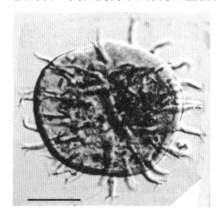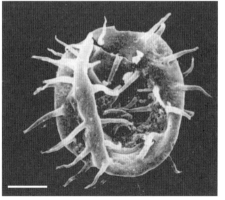

（引自 Wicander and Playford，1985；图版3,图1,3）

颗粒棘突球藻　*Gorgonisphaeridium granatum* Playford，1977

1977 *Gorgonisphaeridium granatum* Playford，p. 23；pl. 9，figs. 1—7.

　　种征　膜壳球形至近球形,轮廓圆形至亚圆形;壁厚 1~2.5μm,覆有密集、同形、细小的颗粒雕饰。膜壳离散分布实心、同形、直至弯曲、表面基本光滑、大体刺形的突起。突起从亚圆形基部(直径 1~3μm)向远端尖削,末端尖或微钝尖;突起长 2.5~12μm,突起的基部间距变化较大(2~12μm),很少见它们的基部连接。突起近端弯曲。在扫描电子显微镜下,突起表面显示模糊纵向条纹的微小变化。少数标本见有膜壳壁简单裂开的脱囊结构。

　　产地、时代　加拿大安大略省;早泥盆世,艾姆斯期(Emsian)。

(引自 Playford，1977;图版 9,图 2,5,7)

俄比喔棘突球藻　*Gorgonisphaeridium ohioense*（Winslow）Wicander，1974

1962 *Hystrichosphaeridium ohioense* Winslow，p. 77；pl. 19，figs. 1,22；pl. 22，fig. 9.

1974 *Gorgonisphaeridium ohioense*（Winslow）Wicander，p. 26；pl. 12，figs. 7—9.

　　种征　膜壳球形,壳壁微粗糙,壁厚 1~2μm。膜壳附有 30~50 枚实心、光滑、近均匀分布的刺状突起;极少突起基部相连接,从基部至尖端均匀削减。突起长 7~20μm,基部直径 1.5~2.5μm,彼此平均间距 6μm。该种具膜壳壁简单裂开的脱囊结构,膜壳表面常有大的弓形挤压褶皱。

　　产地、时代　北美,阿尔及利亚撒哈拉;晚泥盆世—早石炭世。

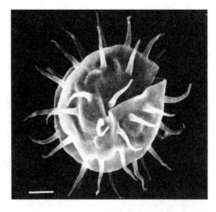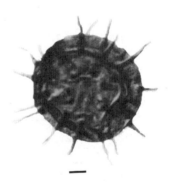

(引自 Wicander，1974;图版 12,图 7,9)

细长棘突球藻 *Gorgonisphaeridium petilum* Hashemi and Playford, 1998

1998 *Gorgonisphaeridium petilum* Hashemi and Playford, p. 150; pl. 7, figs. 10—12.

种征 膜壳球形,轮廓圆形至亚圆形;壁厚 0.7μm,附有 25~30 枚同形、刺状突起。突起实心、光滑、柔细,从圆形至亚圆形基部均匀尖削至简单尖出的末端。突起近端与膜壳壁角度接触。可见简单裂开的脱囊结构。膜壳直径 21~28μm,总体直径 26~32μm;突起长 3~8μm,基部直径 0.5~0.7μm。

产地、时代 伊朗中东部;晚泥盆世。

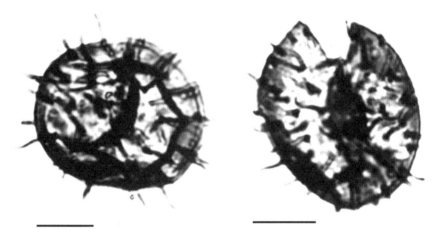

（引自 Hashemi and Playford, 1998;图版 7,图 10,12）

多刺棘突球藻 *Gorgonisphaeridium plerispinosum* Wicander, 1974

1974 *Gorgonisphaeridium plerispinosum* Wicander, p. 26; pl. 12,figs. 10—12.

种征 膜壳球形,壁厚约 1.1μm,表面粗糙,均匀分布多于 150 枚实心、光滑、简单的突起。突起末端钝。膜壳直径 33~47μm;突起长 2.2~3.3μm,基部宽 1.1μm。可见膜壳壁裂开的脱囊结构。

产地、时代 美国俄亥俄州;晚泥盆世。

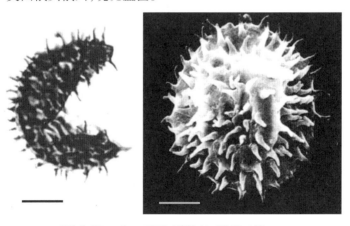

（引自 Wicander, 1974;图版 12,图 10,12）

离散棘突球藻 *Gorgonisphaeridium separatum* Wicander，1974

1974 *Gorgonisphaeridium separatum* Wicander，p. 26；pl. 13，figs. 1—3.

种征 膜壳球形，壁厚 1.1μm，表面粗糙，均匀分布 45~50 枚实心、光滑、末端二分叉的突起。膜壳直径 49~63μm；突起长 4.4~6.6μm，宽 3.3μm。可见膜壳壁裂开的脱囊结构。

产地、时代 美国俄亥俄州；晚泥盆世。

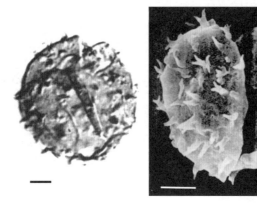

（引自 Wicander，1974；图版 13，图 1,3）

旋刺棘突球藻 *Gorgonisphaeridium spiralispinosum* Uutela and Tynni，1991

1991 *Gorgonisphaeridium spiralispinosum* Uutela and Tynni，p. 68；pl. XIII，fig. 133.

种征 膜壳球形至椭球形，附有锥形突起。一些突起扭曲呈螺旋状。突起完全封闭，大小变化，不规则间距分布。膜壳表面不规则分布颗粒，围绕突起的表面光滑，但随着突起之间的空间加大，颗粒也随之增加。突起表面光滑。膜壳见有中裂缝。膜壳直径 40~48μm；突起长 3.0~3.5μm，宽 4μm。

产地、时代 爱沙利亚；中—晚奥陶世，兰维尔—阿什极尔期（Llanvirn—Ashgill）。

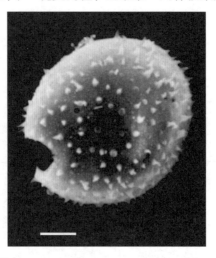

（引自 Uutela and Tynni，1991；图版 13，图 133）

塔巴斯棘突球藻　*Gorgonisphaeridium tabasense* Hashemi and Playford, 1998

1998 *Gorgonisphaeridium tabasense* Hashemi and Playford, p. 152; pl. 6, figs. 11—13; pl. 7, fig. 15.

种征　膜壳球形,轮廓圆形至亚圆形,具有特征的与膜壳边缘近平行的大型挤压褶皱。膜壳壁厚 0.6~0.8μm,表面光滑至粗糙,或覆有微小颗粒(扫描电子显微镜下观察)。膜壳表面均匀分布 60~100 枚实心、光滑、同形、刺状的突起,突起直或微弯曲,与膜壳壁呈角度接触。突起通常散布,基部圆,向远端渐尖削至简单尖出。该种具膜壳壁简单裂开的脱囊结构。膜壳直径 22~36μm,总体直径 27~41μm;突起长 2~6μm,基部直径 0.8~1.0μm,多数彼此间距 1~6μm。

产地、时代　伊朗中东部;晚泥盆世。

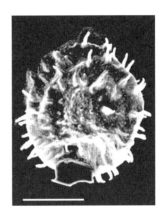

(引自 Hashemi and Playford, 1998;图版 6,图 12;图版 7,图 15)

标枪棘突球藻　*Gorgonisphaeridium telum* Wicander and Playford, 1985

1985 *Gorgonisphaeridium telum* Wicander and Playford, p. 106; pl. 3, figs. 4—5.

种征　膜壳轮廓圆形至亚圆形,壁厚 0.8~1.0μm,表面光滑。膜壳均匀分布 60~70 枚光滑、实心、直或微弯曲、同形的刺状突起。突起的基部呈圆形,近端与膜壳壁角度接触至微弯曲,远端简单尖出。在靠近赤道部位少数具有简单裂开的脱囊结构。突起长 2.0~3.5μm,基部直径 0.5~1.0μm,彼此间距 1.1~2.0μm。

产地、时代　美国爱荷华州;晚泥盆世。

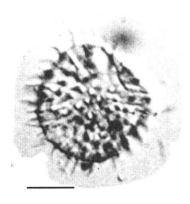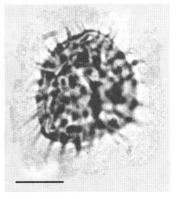

(引自 Wicander and Playford, 1985;图版 3,图 4—5)

轻浮棘突球藻 *Gorgonisphaeridium vesculum* Playford *in* Playford and Dring，1981

1981 *Gorgonisphaeridium vesculum* Playford *in* Playford and Dring, p. 36; pl. 8, figs. 8—10.

种征 膜壳轮廓圆形至椭圆形，壁厚约 0.5 μm，表面覆有小颗粒或粗糙。突起表面光滑、实心、呈小刺状、同形、规则分布。突起基部圆形，近端与膜壳壁近角度或微弯曲接触，向远端渐尖削至简单顶端（尖或些许花序状）。膜壳未见脱囊结构。膜壳直径 14~19 μm；突起长 3~5 μm，基部宽 0.5~1.3 μm，彼此间距 1~2 μm。

产地、时代 澳大利亚西部卡拉封盆地（Carnavon Basin）；晚泥盆世，(？)弗拉斯期（？Frasnian）。

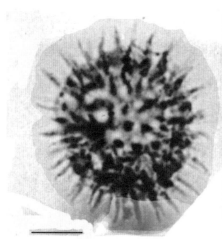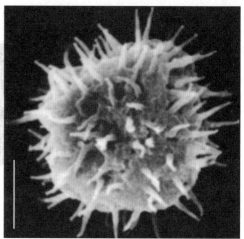

（引自 Playford and Dring，1981；图版 8，图 8，10）

斑点球藻属 *Guttatisphaeridium* Wicander，1974

模式种 *Guttatisphaeridium pandum* Wicander，1974

属征 膜壳轮廓圆形至稍许椭圆形，壁厚，表面覆有小颗粒。少数弯曲的突起原先向膜壳腔开放，后由于充填次生物而收缩（虽然一些突起仍中空）。突起表面覆有点状小颗粒。突起末端简单尖出。可见膜壳壁裂开的脱囊结构。

弯曲斑点球藻 *Guttatisphaeridium pandum* Wicander，1974

1974 *Guttatisphaeridium pandum* Wicander, p. 27; pl. 13, figs. 4—6.

种征 膜壳球形至微椭圆形，壁厚 1.4 μm，覆有点状颗粒。膜壳附有 10~12 枚的突起。一些突起远端中空，但后来被次生物充填。突起表面具微颗粒，末端简单尖出。可见膜壳壁裂开的脱囊结构。膜壳直径 21~27 μm；突起长 28~35 μm，基部宽 3.3~4.4 μm。

产地、时代 美国俄亥俄州；晚泥盆世至早石炭世。

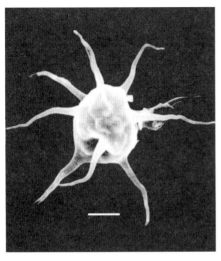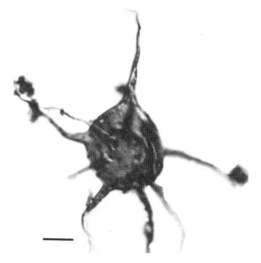

（引自 Wicander，1974；图版 13，图 4,6）

围绕藻属　*Halodinium* Bujak，1984

模式种　*Halodinium major* Bujak，1984

属征　膜壳盘形,轮廓为圆形极面,具有不规则薄膜状边缘。通常在适当位置有带口盖的中心圆口。

埃里克森围绕藻　*Halodinium eirikssonii* Verhoeven *et al.*，2014

2014 *Halodinium eirikssonii* Verhoeven *et al.*，p. 6；pl. 1，figs. 1—12.

种征　极部被挤压呈现圆形至亚圆形轮廓的小孢型体。表面粗糙至光滑的外壁在囊胞体的绝大部分紧贴内壁;外壁偶尔有褶皱的脊线构成的皱饰表面。在囊胞的周边,外壁形成领圈状的凸缘,凸缘是由不规则隔膜或褶皱状构造物构成。圆口为圆形,没有口盖。中央体直径 27.4μm;圆口最大直径 8.8μm;围绕的凸缘宽 6.8μm。

产地、时代　北半球;上新世至近代。

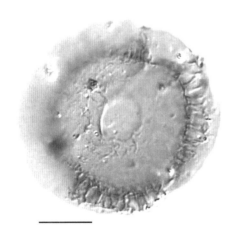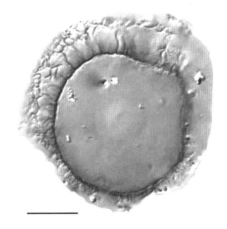

（引自 Verhoeven *et al.*，2014；图版 1,图 3—4）

大围绕藻　*Halodinium major* Bujak，1984

1984 *Halodinium major* Bujak，p. 196；pl. 4，figs. 15—17.

种征　有机质壁微体化石,具有圆的极面轮廓和不规则膜状凸缘。圆口中心或紧靠圆口边缘有明显脊纹,圆口通常有口盖。极面观膜壳直径(不包括膜状物)大于90μm;膜壳直径(不包括膜状物)104~116μm;膜状物最大高度9~27μm;圆口直径24~25μm。

产地、时代　白令海和北太平洋北部;早—晚更新世。

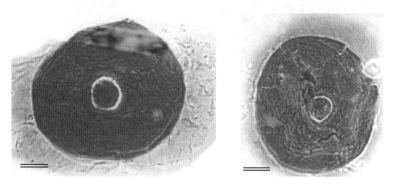

（引自 Bujak，1984；图版4,图16—17）

小围绕藻　*Halodinium minor* Bujak，1984

1984 *Halodinium major* Bujak，p. 196；pl. 4，figs. 18—20.

种征　有机质壁微体化石,具有圆的极面轮廓和不规则膜状凸缘。有中央圆口,且常有口盖。极面观膜壳直径(不包括膜状物)小于75μm;膜壳直径(不包括膜状物)46~63μm;膜状物最大高度4.5~9.0μm;圆口直径11~22μm。

产地、时代　白令海和北太平洋北部;早—晚更新世。

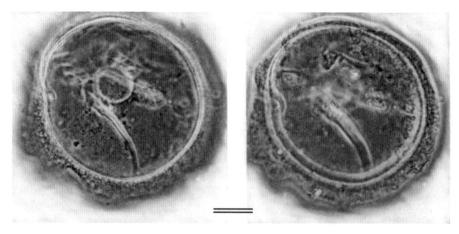

（引自 Bujak，1984；图版4,图18—19）

网眼藻属　*Hapsidopalla* Playford，1977

模式种　*Hapsidopalla sannemannii*（Deunff），comb. Playford，1977

属征　膜壳原本球形至亚球形，轮廓圆形至亚圆形，中空，明显单层。膜壳壁与突起分界明显。近均匀分布许多中空、实质、同形的光滑突起，其远端分叉，封闭。分离突起基部的墙脊彼此连接，以至膜壳表面形成明显相同的网状雕饰。突起伸出自墙脊交汇处，而不是出自网眼；网眼三角形至多角形。突起内部与膜壳腔自由连通。可见膜壳壁裂开的脱囊结构。

外凸网眼藻　*Hapsidopalla exornata*（Deunff），comb. Playford，1977

1967 *Baltisphaeridium exornatum* Deunff, p. 260；figs. 1,3—4,19.

1977 *Hapsidopalla exornata*（Deunff），comb. Playford, p. 25；pl. 10, figs. 1—6.

种征　膜壳球形或近球形，轮廓圆形至亚圆形。膜壳表面覆以大量连接、辐射串联的莲座样网饰，网脊低、窄（宽 0.7μm，高 0.5~1.0μm），围绕明显三角形的网穴（宽 0.5~1.3μm）；网脊汇聚的中心或是低、光滑、呈圆形提高，或是作为突起基部。突起同形，向远端渐尖削至圆形末端或稍内凹的端部，在内凹端部出现 2~6 根小的、简单的、常弯曲的刺样凸出（长通常为 2~3μm，可达 6μm）。突起表面光滑或有稀疏的微小颗粒。突起长 5~13μm；突起基部圆形至亚圆形，基部宽 1.5~4.0μm，彼此间距 2~12μm。中空突起与膜壳腔自由连通。该种具膜壳壁简单裂开的脱囊结构。

产地、时代　加拿大安大略省；早—中泥盆世。

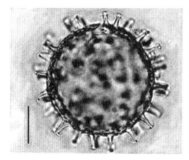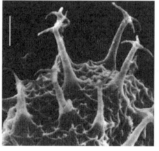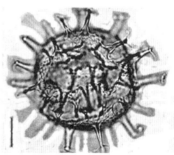

（引自 Playford，1977；图版 10，图 2，5—6）

让德乌网眼藻　*Hapsidopalla jeandeunffii* Le Hérissé，1989

1989 *Hapsidopalla jeandeunffii* Le Hérissé, p. 142；pl. 17, figs. 5—6.

种征　膜壳球形，附有许多很短、同形的突起。突起基部圆锥形，其末端显示为四个丝状刺的花边形。突起彼此等距离分布，突起间有脊连接而显示蔷薇花般的规则网；网脊简单，其断面圆柱形。突起中空而与膜壳腔连通。膜壳壁可见简单裂缝的脱囊结构。膜壳直径 22~26μm；突起长 1.5~2.0μm，彼此间距 2~3μm。

产地、时代　瑞典哥特兰岛；晚志留世，卢德洛期（Ludlow）。

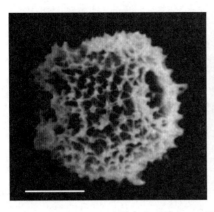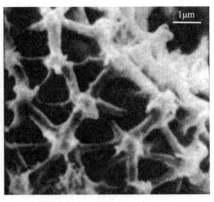

（引自 Le Hérissé，1989；图版 17，图 5—6）

多裂网眼藻 *Hapsidopalla multifida* Uutela and Tynni，1991

1991 *Hapsidopalla multifida* Uutela and Tynni，p. 69；pl. XⅢ，fig. 137.

种征 膜壳为中空球形，附有 6~11 枚树枝状的突起。突起与膜壳腔自由连通，突起长度是膜壳直径的 2/3；初级羽枝发生在突起中部，它们大多分叉至第三级。突起基部光滑，分枝表面有颗粒。膜壳表面覆有明显网饰至凹穴。膜壳未见脱囊结构。膜壳直径 18~24μm；突起长 17~21μm。

产地、时代 爱沙利亚；中奥陶世—早志留世，卡拉道克—兰多维利期（Caradoc—Llandovery）。

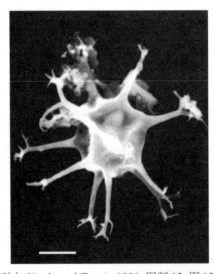

（引自 Uutela and Tynni，1991；图版 13，图 137）

桑内曼网眼藻 *Hapsidopalla sannemannii*（Deunff），comb. Playford，1977

1957 *Micrhystridium sannemannii* Deunff，p. 6；pl. 13，fig. 1.

1977 *Hapsidopalla sannemannii*（Deunff），comb. Playford，p. 26；pl. 10，figs. 7—13.

种征 膜壳球形至近球形，轮廓圆形至亚圆形或椭圆形；壁很薄（0.5μm 或更薄），具有大量辐射呈串连接的莲座状雕饰。低的网脊（宽 0.5~2.0μm，高 1.0~1.5μm）围绕三角形(偶尔矩形或多角形)网穴,网穴直径3~10μm,明显下凹。从"莲座"中心伸出中空、同形、渐尖削的突起。中空突起与膜壳腔自由连通。突起壁与膜壳壁同样厚度,表面光滑或有稀疏微小颗粒。突起基部圆形至亚圆形,近端弯曲,远端圆至平坦或微凹。每枚突起附有2~4根微小、等长或不等长的刺状凸出物,它们长0.5~4.0μm,偶尔二分叉。突起长5~14μm(通常8~9μm),基部直径1.5~3.5μm,彼此间距3~8μm。该种具膜壳壁简单裂开的脱囊结构。

产地、时代　加拿大安大略省;早—中泥盆世。

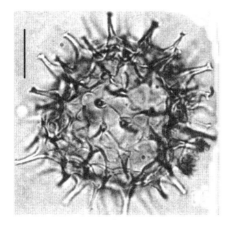
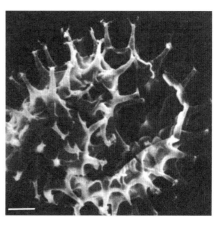

（引自 Playford,1977;图版10,图10,12）

海绵网眼藻　*Hapsidopalla spongiosa* Le Hérissé,1989

1989 *Hapsidopalla spongiosa* Le Hérissé,p.143;pl.17,figs.9—12.

种征　膜壳球形,壁薄,附有很短、同形的突起。脊纹缠绕突起基部,形成呈现稠密环形的网;网不规则,网眼内凹。突起二分叉,且每个分枝再分裂为丝状细枝。膜壳壁具简单裂缝的开口式样。膜壳直径22~33μm;突起长2.0~2.5μm,彼此平均间距2μm。

产地、时代　瑞典哥特兰岛;晚志留世,卢德洛期(Ludlow)。

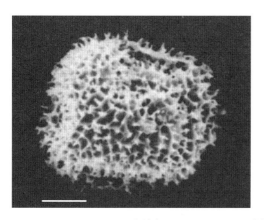
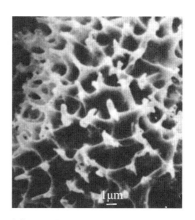

（引自 Le Hérissé,1989;图版17,图9—10）

日棘球藻属　*Heliosphaeridium* Moczydłowska，1991

模式种　*Heliosphaeridium dissimilare*（Volkova，1969）Moczydłowska，1991

属征　膜壳球形至椭球形,壁薄,单层。中心体附有数量不等的同形突起(偶尔有少数突起形状不同)。突起中空,与中心体腔相通,其顶端封闭。突起壁与中心体壁相同,它们的基部扩展呈现不同形状。突起顶端简单或分叉。膜壳未见脱囊结构。

精致日棘球藻　*Heliosphaeridium bellulum* Moczydłowska，1998

1998 *Heliosphaeridium bellulum* Moczydłowska，p. 70；figs. 30A—I.

种征　膜壳轮廓圆形至椭圆形,附有许多形状规则的突起。突起窄细、圆柱形,近基部微宽,其顶端呈现头状或纽扣形;突起中空,与膜壳腔自由连通。膜壳直径 12~20μm;突起长 5~9μm。

产地、时代　波兰上西里西亚;中寒武世。

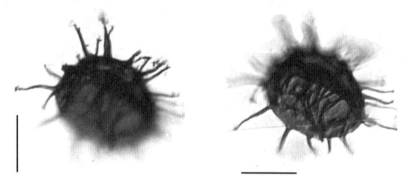

(引自 Moczydłowska，1998;图 30A,C)

毬果日棘球藻　*Heliosphaeridium coniferum*（Downie，1982），comb. Moczydłowska，1991

1982 *Micrhystridium coniferum* Downie，p. 260；figs. 4,6q—t.

1991 *Heliosphaeridium coniferum*（Downie，1982），comb. Moczydłowska，p. 58；pl. 8，figs. B—D.

种征　膜壳轮廓圆形,附有许多均匀分布的突起。突起等长,其基部锥形宽出,末端钝尖;突起中空,与膜壳腔连通。膜壳直径 5~10μm;突起长 2~7μm。

产地、时代　东欧地台,波兰东南部;早寒武世。

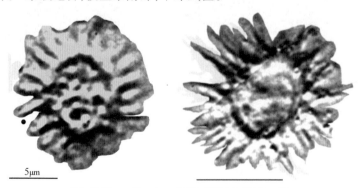

5μm

(引自 Moczydłowska，1991;图版 8,图 B—C)

异别日棘球藻　*Heliosphaeridium dissimilare*（Volkova，1969），comb. Moczydłowska，1991

1969 *Micrhystridium dissimilare* Volkova, p. 227；pl. 50，figs. 12—13，19—20.

1991 *Heliosphaeridium dissimilare*（Volkova，1969），comb. Moczydłowska，p. 58；pl. 8，figs. A，E—J.

　　种征　膜壳轮廓圆形至椭圆形,附有许多长而均匀分布的突起。突起基部些微宽出,末端尖出;突起常不规则弯曲,它们与膜壳腔连通。膜壳直径 10~18μm;突起长4~10μm。

　　产地、时代　东欧地台,波兰东南部;早寒武世。

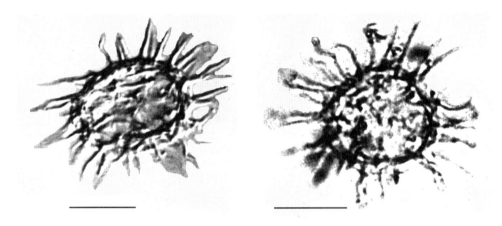

（引自 Moczydłowska，1991；图版 8，图 E，J）

细长日棘球藻　*Heliosphaeridium exile* Moczydłowska，1998

1998 *Heliosphaeridium exile* Moczydłowska, p. 75；fig. 32G.

　　种征　膜壳轮廓圆形至亚圆形,附有许多从低矮锥形基部升起的窄细、短的突起。膜壳壁光滑,在突起基部间内凹。突起的锥形部分中空,与膜壳腔连通;突起远端部分薄,实心,向顶端尖削,末端尖出。膜壳直径 12~18μm;突起长 3~6μm。

　　产地、时代　波兰上西里西亚;晚寒武世。

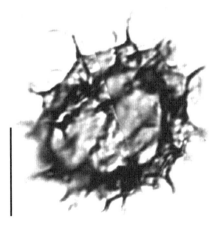

（引自 Moczydłowska，1998；图 32G）

拉长日棘球藻 *Heliosphaeridium longum*（Moczydłowska, 1988），comb. Moczydłowska, 1991

1988 *Micrhystridium longum* Moczydłowska, p. 7；pl. 1, figs. 5—6.

1991 *Heliosphaeridium longum*（Moczydłowska, 1988），comb. Moczydłowska, p. 59；pl. 8, figs. P—Q.

种征 膜壳轮廓椭圆形。突起细长,其长度与膜壳直径相当;突起内腔与膜壳腔连通;突起基部呈锥形延伸,末端尖至微圆形。膜壳直径 7~12μm;突起长 5~16μm。

产地、时代 东欧地台,波兰东南部;早寒武世。

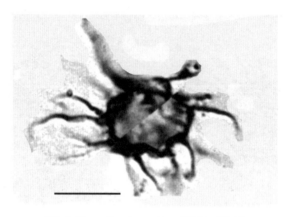

（引自 Moczydłowska, 1991;图版 8,图 Q）

鲁布尔日棘球藻 *Heliosphaeridium lubomlense*（Kirjanov, 1974），comb. Moczydłowska, 1991

1974 *Micrhystridium lubomlense* Kirjanov, p. 125；pl. 8, figs. 1—2.

1991 *Heliosphaeridium lubomlense*（Kirjanov, 1974），comb. Moczydłowska, p. 59；pl. 8, figs. K—N.

种征 膜壳轮廓不规则圆形或椭圆形,附有许多长的突起。突起等距离分布。突起基部宽锥形,致使膜壳呈现波形轮廓,而其末端尖出或些微宽出呈漏斗状。突起内腔与膜壳腔连通。膜壳直径 10~20μm;突起长 5~11μm。

产地、时代 东欧地台,波兰东南部;早寒武世。

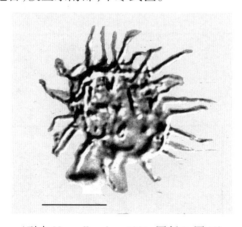

（引自 Moczydłowska, 1991;图版 8,图 M）

多刺日棘球藻　*Heliosphaeridium nodusum* Moczydłowska，1998

1998 *Heliosphaeridium nodusum* Moczydłowska，p. 77；fig. 32F.

种征　膜壳轮廓圆形至椭圆形,附有坚实、棘刺状突起(在膜壳轮廓可见 20~25 枚突起)。突起从宽出的基部渐向尖出的顶端尖削；突起中空,与膜壳腔连通。膜壳直径 5~13μm；突起长 2~4μm。

产地、时代　波兰上西里西亚；中寒武世。

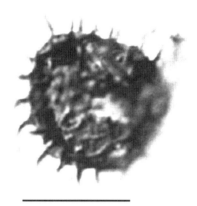

(引自 Moczydłowska,1998；图 32F)

模糊日棘球藻　*Heliosphaeridium obscurum*（Volkova，1969），
comb. Moczydłowska，1991

1969 *Micrhystridium obscurum* Volkova，p. 228；pl. 51，figs. 21—32.

1991 *Heliosphaeridium obscurum*（Volkova，1969），comb. Moczydłowska，p. 60；pl. 8，fig. O.

种征　膜壳轮廓椭圆形,膜壳壁均匀分布数量不多的短突起。突起宽度不一,基部些微宽出,末端尖或钝；突起内腔与膜壳腔连通。膜壳直径 10~16μm；突起长 2~5μm。

产地、时代　东欧地台,波兰东南部；早寒武世。

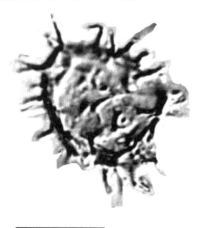

(引自 Moczydłowska，1991；图版 8,图 O)

拉德兹日棘球藻 *Heliosphaeridium radzynicum*（Volkova, 1979），comb. Moczydłowska, 1991

1979 *Micrhystridium radzynicum* Volkova et al., p. 16；pl. 9, figs. 12—13.

1991 *Heliosphaeridium radzynicum*（Volkova, 1979），comb. Moczydłowska, p. 60；pl. 8, figs. R—S.

种征 膜壳轮廓为不规则多角形，附有稀疏突起。突起基部些微宽出，其末端尖；突起内腔与膜壳腔连通。膜壳直径 5~6μm；突起长 2~3μm。

产地、时代 东欧地台，波兰东南部；早寒武世。

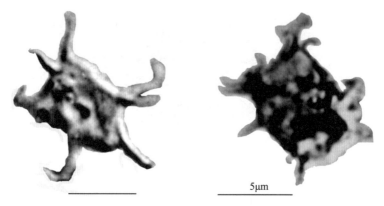

（引自 Moczydłowska, 1991；图版 8, 图 R—S）

锯齿日棘球藻 *Heliosphaeridium serridentatum* Moczydłowska, 1998

1998 *Heliosphaeridium serridentatum* Moczydłowska, p. 80；figs. 32I—K.

种征 膜壳轮廓圆形至椭圆形；膜壳壁厚，附有许多（膜壳轮廓可见 25~30 枚）短、坚实的突起，它们均匀分布。突起简单，宽的基部呈棘刺状，致使膜壳呈现锯齿形轮廓；突起中空（但其远端部分应是实心），与膜壳腔连通；其顶端尖出，偶尔钝截。膜壳直径 16~23μm；突起长约 2μm。

产地、时代 波兰上西里西亚；中寒武世。

（引自 Moczydłowska, 1998；图 32I—J）

棘射藻属 *Helosphaeridium* Lister，1970

模式种 *Helosphaeridium clavispinulosum* Lister，1970

属征 膜壳球形至亚球形，单层壁，中空。膜壳均匀覆有许多小的雕饰。突起实心或中空，远端明显呈现棒状样式。可见膜壳壁隐缝的脱囊结构。

古塔忒棘射藻 *Helosphaeridium guttatum* Playford *in* Playford and Dring，1981

1981 *Helosphaeridium guttatum* Playford *in* Playford and Dring, p. 38; pl. 10, figs. 5—11.

种征 膜壳原本球形至亚球形，轮廓圆形至椭圆形；壁厚 0.4~0.8μm，表面光滑，附有许多微小、同形、致密、离散分布的突起。突起实心，近圆柱形的杆状，它们显示稍许至中等膨大的球根形末端。该种具膜壳壁简单裂开的脱囊结构。膜壳直径 19~41μm；突起长 0.6~1.7μm，基部直径 0.5~1.2μm，彼此间距 0.5~2.0μm。

产地、时代 澳大利亚西部卡拉封盆地（Carnavon Basin）；晚泥盆世，（?）弗拉斯期（? Frasnian）。

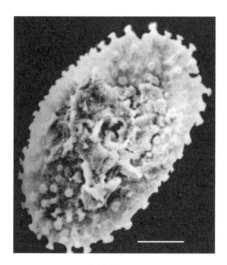

（引自 Playford and Dring，1981；图版 10，图 6,8）

细棒棘射藻 *Helosphaeridium microclavatum* Playford，1981

1981 *Helosphaeridium microclavatum* Playford *in* Playford and Dring, p. 38; pl. 10, figs. 1—4,12—13.

种征 膜壳原先球形，轮廓圆形至亚圆形。膜壳壁厚 1.4~2.5μm，表面光滑，有少数大的挤压褶皱。膜壳表面附有大量微小、近同形和实心的突起，突起光滑，通常从突起基部（接触区略弯曲）向钝的末端渐尖削，但也出现远端稍膨大的结节式样。突起圆形基部宽 0.3~0.7μm，一般彼此间隔 0.5~1.5μm（或可达 2.5μm），偶尔成对融合；突起长 1~3μm，直至弯曲。该种具膜壳壁简单裂开的脱囊结构。

产地、时代 澳大利亚；晚泥盆世，（?）弗拉斯期（? Frasnian）。

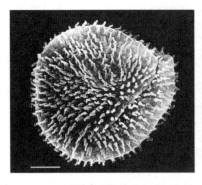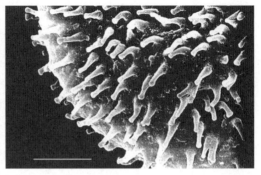

（引自 Playford *in* Playford and Dring，1981；G. Playford 赠送图像）

异形藻属 *Heteromorphidion* Loeblich and Wicander，1976

模式种 *Heteromorphidion echinopillum* Loeblich and Wicander，1976

属征 膜壳球形，膜壳壁薄。膜壳附有大小和特点不同的两种类型的突起。主突起中空，近基部被塞，不与膜壳腔连通，它们发生自膜壳壁的外层；小突起与膜壳腔自由连通，但其远端迅速被充填为实心，且易弯曲。突起壁覆有细微颗粒雕饰，呈现粗糙，有许多离散分布的、末端钝的微小刺。可见膜壳壁裂开的脱囊结构。

多刺异形藻 *Heteromorphidion echinopillum* Loeblich and Wicander，1976

1976 *Heteromorphidion echinopillum* Loeblich and Wicander，p. 14；pl. 5，figs. 1—4.

种征 膜壳球形，直径 28~30μm。膜壳为双层壁，且薄（厚约 0. 5μm）。膜壳附有两种大小和特征不同的突起。一种是 14~19 枚大的主突起，它们在与膜壳壁交接处微收缩，并被厚达 2μm、呈颈圈样的塞封堵。在正模标本，"塞"与突起壁以等厚的浅色线条为界；主突起中空，表面覆有细小颗粒，其大部分长度是近等宽，接近远端迅速尖削至尖出。另一种是不规则分布的小突起（正模标本有 7~8 枚），它们明显小于主突起，长 12μm，其基部宽 1μm，且近端向膜壳腔开放，但短距离被填塞，以至远端实心，表面未见雕饰，柔细，向远端渐尖削至末端。突起壁厚度是膜壳壁厚的 1/3。在电子显微镜下，膜壳表面呈现微小颗粒，它们被散乱的钝端小刺叠加。该种具膜壳壁简单裂开的脱囊结构。

产地、时代 美国俄克拉荷马州；早泥盆世，吉丁期（Gedinnian）。

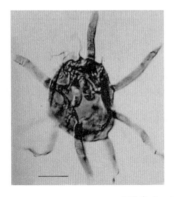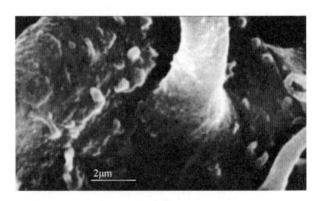

（引自 Loeblich and Wicander，1976；图版5，图1,3）

蛛网藻属　*Histopalla* Playford *in* Playford and Dring, 1981

模式种　*Histopalla capillosa* Playford *in* Playford and Dring, 1981

属征　膜壳中空,原先球形或近球形,轮廓圆形至亚圆形,明显单层壁,与突起分界明显。膜壳近规则分布许多实心、表面光滑和同形的突起,其末端简单,不分叉;突起间虽正常间隔,但它们的近基部有肋纹连接,以至在膜壳表面形成网状结构;突起从肋纹交汇处,而非从网眼处伸出,网眼三角形至多角形。该种具膜壳壁简单裂开的脱囊结构。

毛发蛛网藻　*Histopalla capillosa* Playford *in* Playford and Dring, 1981

1981 *Histopalla capillosa* Playford *in* Playford and Dring, p. 39; pl. 9, figs. 8—12.

种征　膜壳原本球形,轮廓圆形至椭圆形。膜壳壁厚 1.2~1.9μm,具有超小的网状雕饰,它们由低矮、近直的脊墙(宽约 0.2μm)构成。脊墙以 8~10 个规则排列为辐射形组,从而形成连续多变的玫瑰花状结构物,并围绕小三角形的网穴。在各个脊墙的收敛点几乎都有单枚光滑、实心的突起;突起直或弯曲,同形。突起边向花序状顶端微微尖削。突起近端呈角度至微弯曲与膜壳壁接触。该种具膜壳壁简单裂开的脱囊结构。膜壳直径 30~44μm;突起长 1.8~3.5μm,圆形基宽 0.3~0.9μm,彼此间距 0.5~3.0μm。

产地、时代　澳大利亚西部卡拉封盆地(Carnavon Basin);晚泥盆世,(?)弗拉斯期(? Frasnian)。

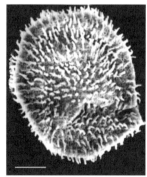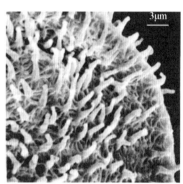

（引自 Playford and Dring, 1981;图版9,图9,11—12）

珍珠蛛网藻　*Histopalla margarita* Le Hérissé, 1989

1989 *Histopalla margarita* Le Hérissé, p. 145; pl. 17, figs. 7—8.

种征　膜壳亚圆球形,附有大量短小突起。突起基部圆锥形,末端芽胞状;它们由双脊纹系统连接,辐射分布,以至在膜壳表面形成蔷薇花般的规则网。膜壳壁具简单裂缝的开口样式。膜壳直径 22~31μm;突起长 2μm,彼此间距 2μm。

产地、时代　瑞典哥特兰岛;中志留世,文洛克期(Wenlock)。

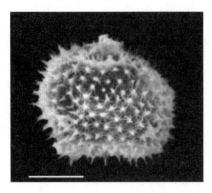 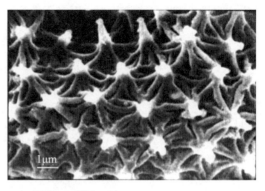

（引自 Le Hérissé，1989；图版 17，图 7—8）

穿衣球藻属 *Induoglobus* Loeblich and Wicander，1976

模式种 *Induoglobus latipenniscus* Loeblich and Wicander，1976

属征 膜壳球形；膜壳壁薄，表面光滑。膜壳附有许多宽而透明的短突起，它们的内腔与膜壳腔连通；受到挤压时，突起会出现以 120°三向分开的"小刺"。该种具膜壳壁简单裂开的脱囊结构。

宽翼穿衣球藻 *Induoglobus latipenniscus* Loeblich and Wicander，1976

1976 *Induoglobus latipenniscus* Loeblich and Wicander，p. 15；pl. 5，figs. 8—9.

种征 膜壳轮廓圆形，直径 14~17μm；壁厚约 1μm，表面光滑。膜壳附有大量长 3~7μm 的突起。在突起的一边，有薄而透明的膜（宽度达 4μm）而加宽，突起加膜在突起近端宽 7μm。遭受压缩时，膜壳表面突起的平面观显现为三射线的"骨针"，射线间的夹角为 120°。突起内腔与膜壳腔连通。该种具膜壳壁简单裂开的脱囊结构。

产地、时代 美国俄克拉荷马州；早泥盆世，吉丁期（Gedinnian）。

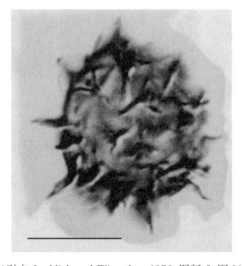

（引自 Loeblich and Wicander，1976；图版 5，图 9）

拉伸藻属 *Inflatarium* Le Hérissé，Molyneux，and Miller，2015

模式种 *Inflatarium trilobatum* Le Hérissé，Molyneux，and Miller，2015

属征 膜壳叶状,由数枚"叶瓣"结合形成,叶瓣的圆形末端具有一个或几个小短刺。膜壳表面光滑。

三裂拉伸藻 *Inflatarium trilobatum* Le Hérissé，Molyneux，and Miller，2015

2015 *Inflatarium trilobatum* Le Hérissé，Molyneux，and Miller，p. 48；pl. X，figs. 3—7.

种征 膜壳中空,在同平面膨胀形成三片钝圆的舌形叶,其中一片叶比其他两片叶长而显著,两片较短叶的轴垂直于较长叶的轴而延伸。膜壳壁薄,表面光滑,附有数量不等的短刺饰,它们主要见于较短叶的远端部分,但在较长叶中也有出现。长叶长 38~65μm,短叶长 18~22μm,叶宽 22~28μm;刺饰长 3~6μm。

产地、时代 沙特阿拉伯;晚奥陶世,凯迪晚期—赫南特早期。

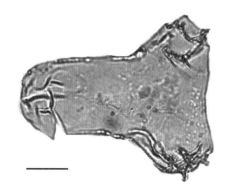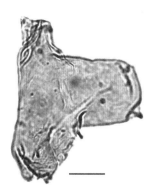

（引自 Le Hérissé *et al.* ，2015；图版 10，图 3,6）

乔维球藻属 *Joehvisphaera* Uutela and Tynni，1991

模式种 *Joehvisphaera capillata* Uutela and Tynni，1991

属征 膜壳球形,表面附有圆顶的结瘤,并在其远端带有纤毛;圆形开口的边缘加厚。

毛发乔维球藻 *Joehvisphaera capillata* Uutela and Tynni，1991

1991 *Joehvisphaera capillata* Uutela and Tynni，p. 70；pl. XIV，fig. 139.

种征 膜壳球形,表面有大小不一的圆顶瘤,它们的末端呈窄细鞭形丝状体。膜壳壁有鲛粒,瘤或光滑,圆形开口的边缘加厚。膜壳直径 48μm;瘤高 1~3μm,鞭状毛长 10μm;瘤间距 1~3μm;圆口直径 11μm。

产地、时代 爱沙利亚;中奥陶世,卡拉道克期(Caradoc)。

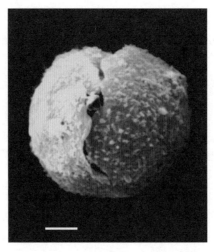

（引自 Uutela and Tynni, 1991; 图版 14, 图 139）

羽冠球藻属 *Jubatasphaera* Loeblich and Wicander, 1976

模式种 *Jubatasphaera dispariluma* Loeblich and Wicander, 1976

属征 膜壳球形至亚球形；膜壳壁薄，明显双层，外层形成突起。膜壳附有许多呈行或冠状排列的突起，它们将膜壳表面划分为区间。突起与膜壳腔不相通。该种具膜壳壁简单裂开的脱囊结构。

异样羽冠球藻 *Jubatasphaera dispariluma* Loeblich and Wicander, 1976

1976 *Jubatasphaera dispariluma* Loeblich and Wicander, p. 16; pl. 5, figs. 10—13.

种征 膜壳球形至亚球形，直径 18~22μm，轮廓通常显示稍带棱角。膜壳附有成行排列的突起，由于挤压形成呈脊的褶皱；成行的突起划分膜壳而余留裸露区，其中少数突起二分叉，表面光滑，柔韧，与膜壳腔不连通。突起显然出自紧贴双层壁的外薄层。一般突起的近端微收缩，且被膜壳内层的沉淀物（厚达 1μm）堵塞。突起长 2~14μm，排列成单行。膜壳壁厚 0.5μm；突起壁较薄。该种具膜壳壁简单裂开的脱囊结构。

产地、时代 美国俄克拉荷马州；早泥盆世，吉丁期（Gedinnian）。

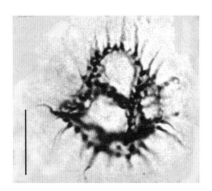

（引自 Loeblich and Wicander, 1976; 图版 5, 图 10, 12）

疑难球藻属　*Labyrinthosphaeridium* Uutela and Tynni，1991

模式种　*Labyrinthosphaeridium curvatum* Uutela and Tynni，1991

属征　膜壳为小而中空的球形至亚球形，装饰有不规则的低矮脊纹，并形成宽或窄的错综复杂式样。可见膜壳中裂的脱囊结构。

粗糙疑难球藻　*Labyrinthosphaeridium asperum* Uutela and Tynni，1991

1991 *Labyrinthosphaeridium asperum* Uutela and Tynni，p. 72；pl. XIV，fig. 142.

种征　膜壳为小的球形，中空，装饰有直而低的脊，它们构成三角形、斜长方形或多角形的图样。脊之间的区域明显。膜壳表面有颗粒；脊的表面光滑。膜壳未见脱囊结构。膜壳直径 11μm；脊高 0.5μm。

产地、时代　爱沙利亚；中奥陶世，卡拉道克期（Caradoc）。

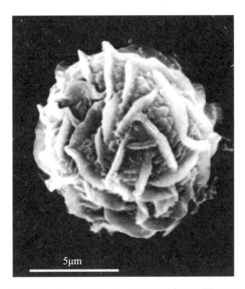

5μm

（引自 Uutela and Tynni，1991；图版 14，图 142）

弯脊疑难球藻　*Labyrinthosphaeridium curvatum* Uutela and Tynni，1991

1991 *Labyrinthosphaeridium curvatum* Uutela and Tynni，p. 72；pl. XIV，fig. 143.

种征　膜壳球形至亚球形，直径 12~13μm，壁薄（厚 0.5μm），中空，装饰有低、弯曲的分枝脊，它们构成带有窄的缠绕通道的曲折图样。膜壳和脊的表面光滑。可见膜壳壁中裂的脱囊结构。

产地、时代　爱沙利亚；中—晚奥陶世，卡拉道克—阿什极尔期（Caradoc—Ashgill）。

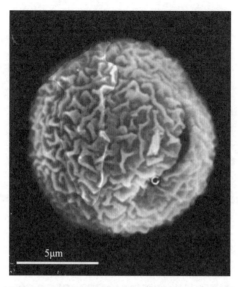

（引自 Uutela and Tynni，1991；图版14，图143）

浪状疑难球藻 *Labyrinthosphaeridium cymoides* **Uutela and Tynni，1991**

1991 *Labyrinthosphaeridium cymoides* Uutela and Tynni, p. 72；pl. XIV, fig. 144.

  种征 膜壳球形，表面具有长而弯曲、不规则的脊墙构成的不规则区域。膜壳见有中裂。膜壳直径12~18μm；曲折脊墙高1.5~2.0μm，曲折通道宽2μm。

  产地、时代 爱沙利亚；中—晚奥陶世，卡拉道克—阿什极尔期（Caradoc—Ashgill）。

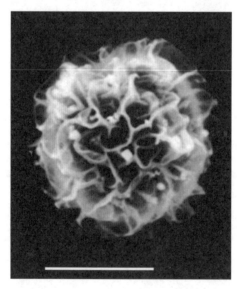

（引自 Uutela and Tynni，1991；图版14，图144）

挤压疑难球藻 *Labyrinthosphaeridium restrictum* **Uutela and Tynni，1991**

1991 *Labyrinthosphaeridium restrictum* Uutela and Tynni, p. 72；pl. XIV, fig. 145.

  种征 膜壳为小的球形；膜壳壁具有不规则大小、低矮、厚的断续脊墙，它们布满整个膜壳,在它们之间有窄的曲折通道。这些脊墙形状变化,从结节状至直长或弯曲形。膜壳直径12μm。

产地、时代　爱沙利亚;中奥陶世,卡拉道克期(Caradoc)。

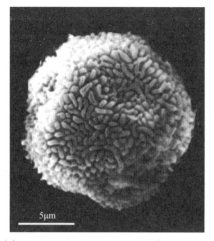

(引自 Uutela and Tynni, 1991;图版14,图145)

穴孔球藻属　*Lacunosphaeridium* Uutela and Tynni, 1991

模式种　*Lacunosphaeridium spinosum* Uutela and Tynni, 1991

属征　膜壳球形,表面附有突起或结瘤,并被小脊纹构成的多边形网所围绕。这是该属、种的典型特征。

颗粒穴孔球藻　*Lacunosphaeridium granosum* **Uutela and Tynni, 1991**

1991 *Lacunosphaeridium granosum* Uutela and Tynni, p. 73; pl. XV, figs. 146a—b.

种征　膜壳球形,具有低矮、球根状瘤,它们被不规则网围绕,大小变化,且不均匀分布。膜壳见有中裂缝。膜壳直径34~50μm;网饰直径1~2μm,瘤直径0.5~1.4μm,瘤间距1~3μm。

产地、时代　爱沙利亚;中奥陶世,卡拉道克期(Caradoc)。

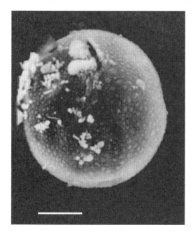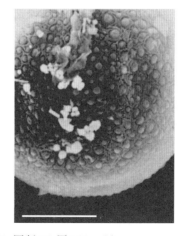

(引自 Uutela and Tynni, 1991;图版15,图146a—b)

棘刺穴孔球藻 *Lacunosphaeridium spinosum* Uutela and Tynni, 1991

1991 *Lacunosphaeridium spinosum* Uutela and Tynni, p. 73; pl. XV, fig. 147.

种征 膜壳亚球形,中空,表面有细小双脊形成的六角形图样,在每个六角形的中间有一枚短的突起,其长度约为膜壳直径的1/10。突起末端钝或呈棍棒状,中空,但与膜壳腔不连通。膜壳和突起壁表面光滑。膜壳具中裂缝的脱囊结构。膜壳直径40~42μm;突起长5~7μm;六角形直径8~10μm。

产地、时代 爱沙利亚;中奥陶世,卡拉道克期(Caradoc)。

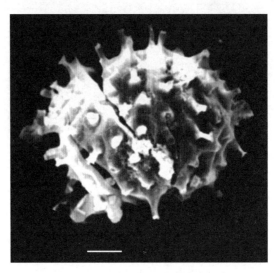

(引自 Uutela and Tynni, 1991;图版15,图147)

拉多克藻属 *Ladogella* (Golub and Volkova, 1985), emend. Milia, Ribecai and Tongiorgi, 1989

模式种 *Ladogella rotundiformis* Golub and Volkova, 1985

属征 膜壳轮廓亚椭圆形至亚多边形,其中部多少有点收缩,两端附有第一级同形突起,在膜壳相对端还有次级突起,且被第一级突起围绕。第一级突起简单,形状数量和长度多样,它们中空,与膜壳腔自由连通。次级突起毛发状,饰有小疣、小刺和横向砖状小刺,这些砖状小刺有时伸长为小梁,且与相邻突起连接。

羊角拉多克藻? *Ladogella*? *aries* Milia, Ribecai and Tongiorgi, 1989

1989 *Ladogella*? *aries* Milia, Ribecai and Tongiorgi, p. 19; pl. 10, figs. 4—10.

种征 膜壳轮廓亚矩形,顶端和相对应不规则端皆有一级突起,不规则端另有二级突起。一级突起呈锥形,它们与膜壳腔自由连通,其远端分叉为坚实羽枝;一级突起在同一端的数量和长度变化。二级突起壁薄,其中一些显示聚结的基部,它们的远端简单或二裂至三裂,其末端都有显著的颗粒。一些二裂突起分叉为很薄的羽枝。二级突起由许多交织的横隔连接。膜壳壁光滑至颗粒;一级突起表面部分有颗粒。膜壳长20~34μm,宽14~24μm;一级突起长12~33μm。

产地、时代　瑞典;晚寒武世。

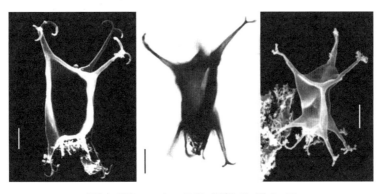

（引自 Milia *et al.* , 1989;图版 10,图5—7）

丝状拉多克藻　*Ladogella filifera* Milia, Ribecai and Tongiorgi, 1989

1989 *Ladogella filifera* Milia, Ribecai and Tongiorgi, p. 16; pl. 7, figs. 2, 4—6, 8, 11.

种征　膜壳亚椭圆形,其端部亚圆形,中部收缩;在对应端有一级同形突起,而第二级突起仅出现在不规则端。一级突起呈丝状弯曲,二级突起呈毛发状,它们的远端分叉,且互相连接。膜壳壁光滑至微颗粒;一级突起表面有颗粒,且附有不规则的小刺。膜壳长 27~41μm,宽 18~26μm;一级突起长 17~36μm;膜壳赤道带宽 9~15μm。

产地、时代　瑞典;晚寒武世。

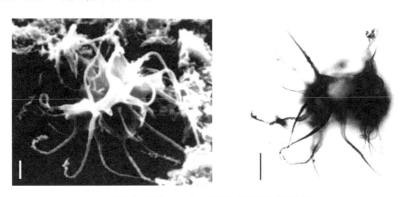

（引自 Milia *et al.* , 1989;图版 7,图 4,7）

沃尔科娃拉多克藻　*Ladogella volkovae* Milia, Ribecai and Tongiorgi, 1989

1989 *Ladogella volkovae* Milia, Ribecai and Tongiorgi, p. 18; pl. 9, figs. 12—14, 16—18; pl. 10, figs. 1—3.

种征　膜壳轮廓亚矩形,在两端附有少数一级突起。在不规则端,少数二级突起处在由一级突起构成的环圈之内。一级突起中空、坚实、简单锥形,它们的基部略宽,远端规则尖削至末端;二级突起较薄、较短,它们与膜壳腔不连通,这些突起由横隔片状物连接形成冠状结构。一级突起的上半部饰有颗粒,二级突起表面覆有小的、稀疏颗粒,横隔片上饰有低矮的小齿或小瘤。膜壳壁厚,覆有稀疏颗粒。膜壳长 20~35μm,宽 16~28μm;顶端突起长 5~21μm(很少达到26μm);位于不规则端的一级突起长 5~18μm(少数达 23μm)。

产地、时代　瑞典;晚寒武世。

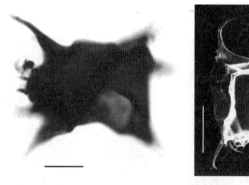

（引自 Milia *et al.*，1989；图版 9，图 17—18）

拉布拉多藻属 *Lavradosphaera* De Schepper and Head，2008

模式种 *Lavradosphaera crista* De Schepper and Head，2008

属征 膜壳为小的球形至亚球形。膜壳壁薄，其内层光滑、连续，中层呈现不连续的多孔海绵状和薄而连续的外层；所有三层紧压一起，中、外两层形成顶饰、脊纹或锥形体，或是它们的组合，它们深达多孔内部。圆口为多角形至圆多角形。

通道拉布拉多藻 *Lavradosphaera canalis* Schepper and Head，2014

2014 *Lavradosphaera canalis* Schepper and Head，p. 511；figs. 13A—T.

种征 膜壳壁厚，表面光滑至微波状，具有大体均匀深度的、呈现"U"字形至圆"V"字形断面的通道雕饰。圆口为圆多角形，可见简单口盖或没有口盖。

产地、时代 北大西洋东部；中新世。

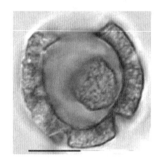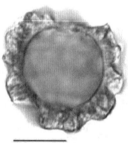

（引自 Schepper and Head，2014；图 13H，L，P）

光梭藻属 *Leiofusa*（Eisenack，1938 emend. Eisenack，1965），emend. Combaz *et al.*，1967

模式种 *Leiofusa fusiformis* Eisenack，1934 ex Eisenack，1938

属征 膜壳中空，梭形，在两端各有简单尖出的突起；突起长度变化，从小于膜壳长度的 1/10 至膜壳长度的 5 倍。膜壳壁单层，表面光滑至微小颗粒；雕饰分子不呈现纵向排列。膜壳长轴与纵向对称轴一致；膜壳长轴方向对称，长轴直或近直。可见裂缝形圆口或赤道开裂。

球形光梭藻　*Leiofusa globulina* Cramer and Díez，1976

1976 *Leiofusa globulina* Cramer and Díez，p. 84；pl. 7，fig. 74.

　　种征　膜壳球形至梭形，附有同形、丝状突起，长而坚实，末端钝圆；突起壁比膜壳壁稍厚，此是该种的特征和褶皱形式。膜壳外表面光滑，膜壳壁厚≤0.75μm，突起壁厚约1μm。膜壳未见脱囊结构。膜壳直径30~40μm；突起长度与膜壳直径相等或是膜壳直径的1.5倍。

　　产地、时代　西班牙；早泥盆世，艾姆斯晚期（Late Emsian）。

（引自 Cramer and Díez，1976；图版7，图74）

脊饰光梭藻　*Leiofusa iugosa* Uutela and Tynni，1991

1991 *Leiofusa iugosa* Uutela and Tynni，p. 74；pl. XV，figs. 149a—b.

　　种征　膜壳拉长梭形，两端各有长的、基部宽、远端尖出的突起。突起与膜壳腔连通。膜壳和突起表面覆有规则间隔、拉长的条形饰，它们分布位置不规则。膜壳长32μm，宽11μm；突起长28μm；网脊长0.6μm，高约0.3μm。

　　产地、时代　爱沙利亚；中奥陶世，卡拉道克期（Caradoc）。

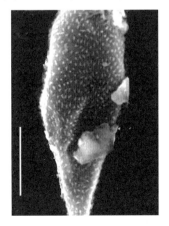

（引自 Uutela and Tynni，1991；图版15，图149a—b）

光面球藻属 *Leiosphaeridia*（Eisenack，1958），emend. Turner，1984

模式种 *Leiosphaeridia baltica* Eisenack，1958

属征 膜壳球形至椭球形，没有突起。膜壳壁常凹陷或褶皱，有或无圆口；壳壁薄或厚，表面呈颗粒状或无明显雕饰；膜壳壁没有区间划分以及纵、横向的沟或者腰带。

海绵光面球藻 *Leiosphaeridia spongiosa* Verhoeven *et al.*，2014

2014 *Leiosphaeridia spongiosa* Verhoeven *et al.*，p. 9；pl. 2，figs. 1—12.

种征 具有单层壁中央体的小疑源类，覆有实心、尖形的小刺；大多数小刺完全嵌入海绵状的外层，偶尔少数小刺微微突出外层；外层表面有呈蜂窝状小穴。总体最大直径19~34μm（平均26.9μm），最小直径19~34μm（平均25.8μm）；中央体最大直径14~24μm（平均17.9μm），最小直径13~24μm（平均16.8μm）。

产地、时代 北海盆地南部和北大西洋区域；渐新世晚期至中新世晚期。

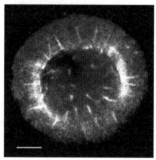

（引自 Verhoeven *et al.*，2014；图版2，图2，5，11）

多鳞藻属 *Leprotolypa* Colbath，1979

模式种 *Leprotolypa evexa* Colbath，1979

属征 膜壳球形，附有数量不多、中空、简单的突起，它们与膜壳腔自由连通。突起为简单圆锥形，与膜壳壁界线分明，它们的远端钝圆形，不尖出；大多数突起长度基本相等，少数较短；少数突起的远端二分叉，呈现两短钝的分枝。膜壳壁粗糙，而不同于光滑或有微细颗粒饰的突起壁；突起壁薄。膜壳未见脱囊结构。

锋芒多鳞藻 *Leprotolypa aculeata* Le Hérissé，1989

1989 *Leprotolypa aculeata* Le Hérissé，p. 153；pl. 18，figs. 1—2.

种征 膜壳球形，表面有大网装饰，附有较多圆柱形、中空、简单和光滑、末端呈圆形的突起。突起内腔与膜壳腔连通；突起末端的壁加厚而呈现深色。没有开口脱囊结构的证据。膜壳直径30~42μm；突起长19~30μm，宽3.5~4.5μm。

产地、时代 瑞典哥特兰岛；早志留世、兰多维利期（Llandovery）。

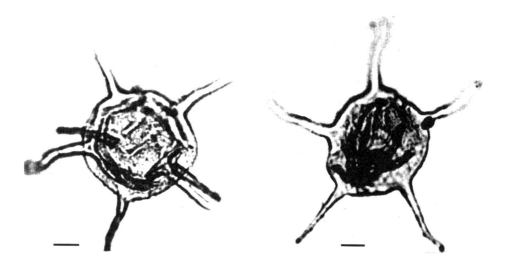

（引自 Le Hérissé，1989；图版18，图1—2）

面疱多鳞藻 *Leprotolypa pustulosa* Le Hérissé，1989

1989 *Leprotolypa pustulosa* Le Hérissé，p.154；pl.18，fig.15.

种征 膜壳球形，表面饰有大的颗粒。突起短圆锥形，末端一般尖出，偶尔二分叉，表面光滑，中空，与膜壳腔连通。突起数量（4~25 枚）在不同标本有变化。主突起间伴有很短的小突起。可见膜壳壁简单裂缝的脱囊结构。膜壳直径 13~20μm；突起长 4.5~17μm，宽 2.5~3.0μm。

产地、时代 瑞典哥特兰岛；中—晚志留世，文洛克期—卢德洛期（Wenlock—Ludlow）。

（引自 Le Hérissé，1989；图版18，图15）

百合花球藻属 *Liliosphaeridium* Uutela and Tynni，1991

模式种 *Liliosphaeridium kaljoi* Uutela and Tynni，1991

属征 膜壳亚球形，附有许多易于区分的突起。突起远端向外伸展为漏斗状式样，漏斗底部封闭。突起与膜壳腔不连通。

卡络百合花球藻 *Liliosphaeridium kaljoi* Uutela and Tynni, 1991

1991 *Liliosphaeridium kaljoi* Uutela and Tynni, p. 77; pl. XVI, figs. 154a—b.

种征 膜壳亚球形,附有7~9枚漏斗形突起。突起薄壁,有纵向加厚,它们中空,但与膜壳腔不连通。从突起内部的1/2处呈现漏斗形,其远端初次分叉为5~6个分枝,再二分叉为最末端的小刺。突起长不超过膜壳直径,大多数约为膜壳直径的1/2。膜壳壁表面有颗粒饰;突起表面光滑。膜壳未见圆形开口。膜壳直径30~53μm;突起长24~33μm,基部宽8~11μm,远端宽20~36μm。

产地、时代 爱沙利亚;早—中奥陶世,阿伦尼克—兰维尔期(Arenigian—Llanvirn)。

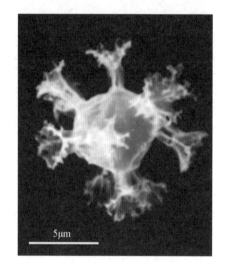 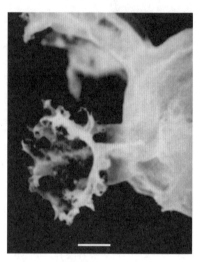

5μm

(引自 Uutela and Tynni, 1991;图版16,图154a—b)

碟形藻属 *Lomatolopas* Playford *in* Playford and Dring, 1981

模式种 *Lomatolopas cellulosa* Playford *in* Playford and Dring, 1981

属征 膜壳轮廓圆形,具有连续、相对窄而明显隆起的外围或边缘外隆起缘与内体界线明显或不甚明显,其特征是具有坑穴的表面。除此外,膜壳壁无显著特征。膜壳未见脱囊开口。

小孔碟形藻 *Lomatolopas cellulose* Playford *in* Playford and Dring, 1981

1981 *Lomatolopas cellulose* Playford *in* Playford and Dring, p. 40; pl. 11, figs. 1—11.

种征 膜壳轮廓圆形至卵形。膜壳壁薄(厚约0.3μm),它们中空,中心部分被一般厚、连续升起的边缘带或圈状物所围绕,以至表面为蜂窝状网,并不规则分布至整个外围。边缘带的横截面呈圆形,其宽度约为整个直径的20%。网穴等轴或辐射拉长,最大直径0.4~3.8μm,相互间距0.5~3.0μm。边缘带的内界线可以明显或微弱界定,中心区域与边缘带相比表现为些许隆起,且呈现粗糙或稀疏的点穴表面。在一些标本,在两个半膜壳的中间部位缺少壁,或显示壁的移位,此事实支持脱囊开口可能是大的圆口(macropyle)样式。中心区直径7~15μm;总体直径12~24μm。

产地、时代 澳大利亚西部卡拉封盆地(Carnavon Basin);晚泥盆世,(?)弗拉斯期(? Frasnian)。

 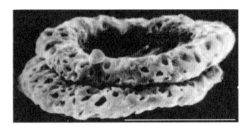 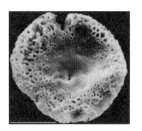

(引自 Playford and Dring, 1981;图版11,图2,10—11)

瘤面球藻属 *Lophosphaeridium* Timifeev, 1959 ex Downie, 1963

模式种 *Lophosphaeridium rarum* Timofeev, 1959 ex Downie, 1963

属征 膜壳中空,单层壁,附有实心的瘤状突起。可见膜壳隐缝形式的脱囊结构。

葡萄状瘤面球藻 *Lophosphaeridium acinatum* Wicander, Playford and Robertson, 1999

1999 *Lophosphaeridium acinatum* Wicander, Playford and Robertson, p. 15; figs. 8.6—8.11.

种征 膜壳轮廓圆形至亚圆形,附有许多离散分布的、实心、表面光滑、形似葡萄状瘤的突起。膜壳未见脱囊结构。

种征 膜壳球形,轮廓圆形至亚圆形,通常有弓形的挤压褶皱。膜壳壁厚约1μm,密集分布许多实心、表面光滑、呈葡萄状的突起;瘤状突起高约1μm,基部宽1~2μm。在扫描电子显微镜下,单个突起呈现不规则球根形状,相互间距0.5~1.5μm,构成串葡萄式样。膜壳未见脱囊结构。

产地、时代 北美;晚奥陶世,阿什极尔期(Ashgill)。

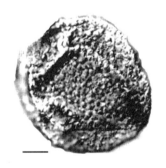 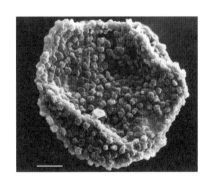

(引自 Wicander *et al.*, 1999;图8.7, 8.11)

丰富瘤面球藻 *Lophosphaeridium copiatorillum* Loeblich and Wicander, 1976

1976 *Lophosphaeridium copiatorillum* Loeblich and Wicander, p. 17; pl. 5, figs. 6—7.

种征 膜壳轮廓圆形至亚圆形,直径59~80μm。膜壳壁厚1~3μm。在一些较大的标本,膜壳壁较厚,常有褶皱,表面覆有大量小、低矮、圆的实心颗粒状瘤饰。最大颗粒瘤饰直径近1μm,高达0.3μm,它们的大小和间距稍显不同。膜壳未见脱囊结构,可能是膜壳壁裂开的脱囊结构。

产地、时代 美国俄克拉荷马州；早泥盆世，吉丁期（Gedinnian）。

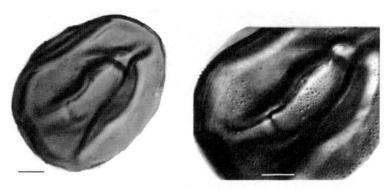

（引自 Loeblich and Wicander，1976；图版5，图6—7）

缩小瘤面球藻 *Lophosphaeridium deminutum* Playford，1981

1981 *Lophosphaeridium deminutum* Playford, p. 42；pl. 11, figs. 12—16.

种征 膜壳原本球形，轮廓圆形至亚圆形。膜壳壁厚约 0. 4~0. 5 μm，表面光滑至粗糙，覆有许多分离的、实心、短矮瘤状、同形的突起。突起基部稍显收敛，它们与膜壳壁近角度接触或微弯曲，彼此间距 0. 5~3. 5 μm。很少见膜壳简单裂开的脱囊结构。

产地、时代 澳大利亚；晚泥盆世，（？）弗拉斯期（？ Frasnian）。

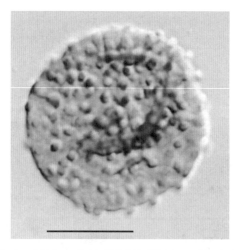

（引自 Playford and Dring，1981；图版 11，图 12；G. Playford 赠送图像）

杜比瘤面球藻 *Lophosphaeridium dubium*（Volkova，1968），comb. Moczydłowska，1991

1968 *Baltisphaeridium dubium* Volkova, p. 18；pl. 1, figs. 8—9；pl. 11, fig. 6.

1991 *Lophosphaeridium dubium*（Volkova），comb. Moczydłowska, p. 61；pl. 3, fig. A.

种征 膜壳轮廓椭圆形，表面覆有均匀分布的雕饰分子，它们短、实心，看似像小刺，其末端圆。膜壳直径35~38 μm；突起长 1~2 μm。

产地、时代　东欧地台,波兰东南部;早寒武世。

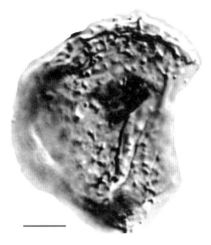

（引自 Moczydłowska，1991；图版 3，图 A）

荆棘瘤面球藻　*Lophosphaeridium dumalis* Playford，1977

1977 *Lophosphaeridium dumalis* Playford, p. 26；pl. 11，figs. 1—5.

　　种征　膜壳球形至亚球形,轮廓圆形至亚圆形。膜壳壁光滑,厚约 0.7~1.3μm,常有挤压留下大的褶皱,附有大量短、实心、同形的突起,突起两边平行或末端稍稍尖削至钝。突起高 1.0~1.7μm,彼此间距 1~3μm;突起基部圆形至亚圆形,直径 0.3~1.3μm。该种具膜壳壁简单裂开的脱囊结构。

　　产地、时代　加拿大安大略省;中泥盆世,艾斐尔期(Eifelian)。

（引自 Playford，1977；图版 11，图 1,5）

强壮瘤面球藻　*Lophosphaeridium impensum* Wicander and Loeblich，1977

1977 *Lophosphaeridium impensum* Wicander and Loeblich, p. 18；pl. 6，figs. 1—2.

　　种征　膜壳轮廓圆形至亚圆形,直径 72~95μm;壁厚达 2μm,可有褶皱,表面光滑。膜壳覆有小的、圆形、实心、疣状的颗粒。颗粒高 0.5~2.0μm,宽 0.7~2.0μm。颗粒大小和形状变化不大,不均匀分布,且在膜壳表面不规则出现,有时成束或均匀分布,颗粒间经常大片光滑。该种似乎是膜壳壁简单裂开的脱囊结构。

产地、时代 美国印第安纳州;晚泥盆世。

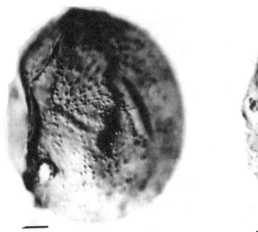

（引自 Wicander and Loeblich, 1977;图版 6,图 1,2）

规则瘤面球藻 *Lophosphaeridium regulare* Uutela and Tynni, 1991

1991 *Lophosphaeridium regulare* Uutela and Tynni, p. 79; pl. XVI, fig. 156.

种征 膜壳球形,具有均一厚度、规则成行的小刺状瘤。膜壳直径 13μm;瘤高 0.2μm。

产地、时代 爱沙利亚;晚奥陶世,阿什极尔期(Ashgill)。

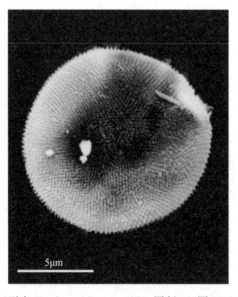

（引自 Uutela and Tynni, 1991;图版 16,图 156）

分开瘤面球藻　*Lophosphaeridium segregum* **Playford, 1981**

1981 *Lophosphaeridium segregum* Playford, p. 44；pl. 11, figs. 17—19；pl. 12, fig. 17.

　　种征　膜壳原本球形,轮廓圆形或亚圆形。膜壳壁厚 $0.7\sim1.1\,\mu m$,在光学显微镜下显示光滑,而在电子显微镜下显现粗糙至微小颗粒。膜壳表面时有大的弓形挤压褶皱,附有许多稍显粗硬、实心、同形的光滑突起。突起直立或微弯曲,与膜壳壁近角度接触;突起末端钝或尖,两侧近平行或渐尖出,或末端稍膨大。突起长 $0.7\sim1.5\,\mu m$;突起基部亚圆形,直径 $0.3\sim1.0\,\mu m$,彼此间距 $0.3\sim2.0\,\mu m$(很少连接)。膜壳未见脱囊结构。

　　产地、时代　澳大利亚;晚泥盆世,(?)弗拉斯期(? Frasnian)。

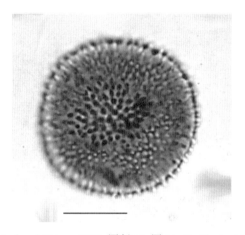

（引自 Playford and Dring, 1981；图版 11,图 18；G. Playford 赠送图像）

森林瘤面球藻　*Lophosphaeridium sylvanium* **Playford and Wicander, 2006**

2006 *Lophosphaeridium sylvanium* Playford and Wicander, p. 23；pl. 14, figs. 3—5,7；pl. 15, figs. 1—6；pl. 16, figs. 1—6.

　　种征　膜壳球形,轮廓圆形至亚圆形;壁厚 $0.5\sim1.0\,\mu m$, 表面光滑或粗糙,具有明显褶皱,附有大量小而实心、形态多种多样、密集分布(相互间距 $0.5\sim2.0\,\mu m$)的突起。突起形态包括有颗粒、小锥、针状刺和不同比例的棒瘤。突起的远端简单尖出,呈现锐圆形,或稍显球根状或钝截的顶端,或侧面伸展(大多二裂)为卷须状;突起近端弯曲,基部宽 $0.1\sim2.0\,\mu m$, 高 $0.6\sim2.0\,\mu m$(少数达 $6\,\mu m$)。该种具膜壳壁简单裂开的脱囊结构。

　　产地、时代　北美;晚奥陶世。

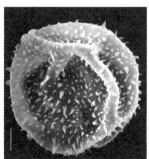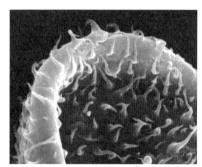

（引自 Playford and Wicander, 2006；图版 14,图 3；图版 15,图 1,4）

圆凸瘤面球藻 *Lophosphaeridium torum* Loeblich and Wicander，1976

1976 *Lophosphaeridium torum* Loeblich and Wicander，p. 17；pl. 6，figs. 1—2.

种征 膜壳球形，直径 52~58μm；壁厚约 1μm，覆有大量分散的、大小不同的、圆形或短矮的小瘤饰。瘤饰的基部宽略大于 1μm，高 0.5μm，在膜壳壁不规则分布；它们的间距可达 3μm，或紧靠一起。膜壳未见脱囊结构，可能是膜壳壁裂开的脱囊结构。

产地、时代 美国俄克拉荷马州；早泥盆世，吉丁期（Gedinnian）。

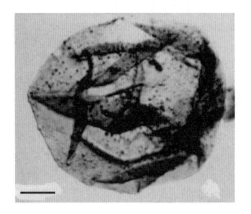 

（引自 Loeblich and Wicander，1976；图版 6，图 1—2）

纽扣凸瘤面球藻 *Lophosphaeridium umbonatum* Hashemi and Playford，1998

1998 *Lophosphaeridium umbonatum* Hashemi and Playford，p. 156；pl. 8，figs. 15—18.

种征 膜壳球形，轮廓圆形至亚圆形，偶尔显现小的弓形挤压褶皱；壁厚 0.6~0.8μm，表面光滑，附有约 30 枚小的、实心、表面光滑、坚实的突起。突起与膜壳壁角度接触。突起近同形，基部圆形至亚圆形，茎秆近圆柱形，远端球根形或有小而短的等二分叉末端。膜壳未见脱囊结构。膜壳直径 10~15μm，总体直径 12~19μm；突起长 1.0~1.5μm，基部直径 0.8~1.0μm，彼此间距 1~3μm。

产地、时代 伊朗中东部；晚泥盆世。

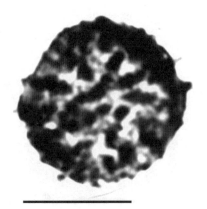 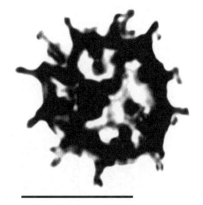

（引自 Hashemi and Playford，1998；图版 8，图 16—17）

内弯瘤面球藻　*Lophosphaeridium varum* Wicander，Playford and Robertson，1999

1999 *Lophosphaeridium varum* Wicander，Playford and Robertson，p. 15；figs. 9. 1—9. 5.

　　种征　膜壳轮廓圆至亚圆形。膜壳壁表面粗糙,附有大量离散分布的实心、表面光滑、呈芽胞状的突起。该种具膜壳壁简单裂开的脱囊结构。

　　描述　膜壳球形,轮廓圆形至亚圆形,常见弓形褶皱。膜壳壁表面粗糙,厚约 1μm,附有大量小的实心、疣状或芽胞状的光滑突起。突起基部圆形至亚圆形,近端弯曲。突起高 0.5~1.0μm,基部直径 0.5~1.0μm;彼此间距约 1μm。该种具膜壳壁简单裂开的脱囊结构。

　　产地、时代　北美;晚奥陶世, 阿什极尔期(Ashgill)。

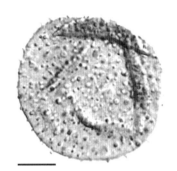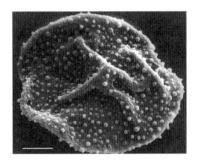

（引自 Wicander *et al.*，1999；图 9. 2，9. 4）

斑点藻属　*Maculatasporites* Tiwari，1964

　　模式种　*Maculatasporites indicus* Tiwari，1964

　　属征　圆形至亚圆形、无缝的小孢子,壳体覆有网状纹饰。

浓重斑点藻　*Maculatasporites gravidus* Playford，2008

2008 *Maculatasporites gravidus* Playford and Rigby，p. 40；pl. 8，figs. 10—14,18.

　　种征　膜壳原本球形,轮廓圆形至亚圆形,偶尔可见近圆三角形。膜壳壁厚 1.5~3.0μm,表面广布完美网饰。网脊光滑,大多宽 1.5~3.0μm,在交织处可达 7μm 宽;网脊顶冠圆或平,两边平直或远端稍膨大,高约 1.0~2.5μm。网眼亚圆形至不规则多角圆形,直径 2~14μm。

　　产地、时代　新几内亚巴布亚岛;二叠纪。

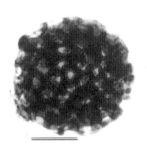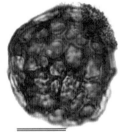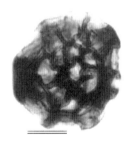

（引自 Playford and Rigby，2008；图版 8，图 10—11,13）

拉里昂藻属　*Maranhites* Brito，1965

模式种　*Maranhites brasiliensis* Brito，1965

属征　膜壳轮廓圆圈状，直径80~150μm。通常有由小的盾形成的波状边缘，其间可见小的开口。该种的主要特征是具边缘盾，它比其他雕饰更大，在相对边很少见到有两个盾；显然，边缘盾似应由3~5个小边缘盾构成，它们共处同一底部。膜壳显示两对称面，一面从大的侧盾中心穿过膜壳中心，另一面穿过赤道面，可想象该生物体应是扁圆的而不是球形体。通常有中央接触带，呈现辐射条纹，以至比膜壳其他部位颜色较暗，在透射光下，呈现浅褐黄色。

缠结拉里昂藻　*Maranhites perplexus* Wicander and Playford，1985

1985 *Maranhites perplexus* Wicander and Playford，p. 110；pl. 3，figs. 11A—B，12.

种征　膜壳轮廓圆形，双层壁，内层较厚，有圆齿状边缘，它被紧贴的薄而透明的外层覆盖。内层壁的赤道边缘辐射伸展出14~20个远端宽圆至钝的中空凸起物，它们长4.4~6.6μm，基部宽4.4~6.3μm。凸起物间的边缘内凹，内层壁光滑(厚2.2μm)，外层有细小皱伸展至凸起边缘，而且外层可离开内层延伸而超越圆齿状边缘。膜壳未见脱囊结构。膜壳直径(不包括凸起)40~65μm；总体直径55~84μm。

产地、时代　美国爱荷华州；晚泥盆世，弗拉斯晚期(late Frasnian)。

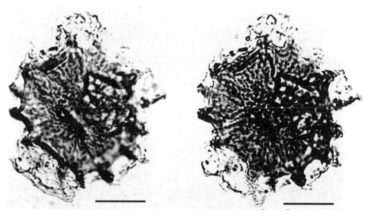

(引自 Wicander and Playford，1985；图版3，图11A—B)

蛇突球藻属　*Medousapalla* Wood and Clendening，1982

模式种　*Medousapalla choanoklosma* Wood and Clendening，1982

属征　膜壳圆形至亚圆形。膜壳具两层壁，内层比外层厚，薄的外层覆盖整个内壳，并形成突起。突起中空，其近端被内层壁封闭，远端扩展呈漏斗形，且可相互联合。

漏斗形蛇突球藻　*Medousapalla choanoklosma* Wood and Clendening，1982

1982 *Medousapalla choanoklosma* Wood and Clendening，p. 259；pl. 1，figs. 1—7.

种征　膜壳具双层壁，内层轮廓为圆形至亚圆形，当膨胀时可呈现球形；外层薄、透明,附有25~60枚突起。突起中空,基部常扩展,远端锥形,末端常呈喇叭或漏斗形。膜壳直径23~32μm;突起长8~13μm,宽约1~2μm。

产地、时代 美国田纳西州;早寒武世。

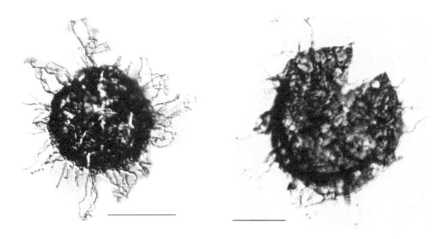

（引自 Wood and Clendening, 1982;图版1,图1,7）

梅尔球藻属 *Mehlisphaeridium* Segroves, 1967

模式种 *Mehlisphaeridium fibratum* Segroves, 1967

属征 膜壳球状,两层壁。膜壳附有大小不一、表面粗糙的锥形突起。突起中空,它们由壁外层形成;突起表面差异增厚形成等同或超过突起长度的纤维状纹。没有任何明显裂开机制。

规则梅尔球藻 *Mehlisphaeridium regulare* Anderson, 1977

1977 *Mehlisphaeridium regulare* Anderson, p. 2; pl. 1, figs. 11—20.

2008 *Mehlisphaeridium regulare* Playford and Rigby, p. 40; pl. 8, figs. 15—17.

种征 膜壳球形,轮廓圆形,没有明显裂开。膜壳具两层壁,内层较厚,无刻纹;外层较薄,具有刻纹。膜壳表面均匀分布中空、棒状至毛发状的突起。突起高2μm;膜壳大小为36~64μm。

产地、时代 南非,澳大利亚,新几内亚;二叠纪。

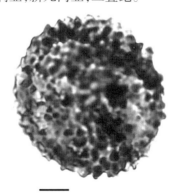

（引自 Playford1 and Rigby, 2008;图版8, 图15;G. Playford 赠送图像）

汇角藻属 *Melikeriopalla* (Tappan and Loeblich, 1971), emend. Mullins, 2001

模式种 *Melikeriopalla amydra* Tappan and Loeblich, 1971

属征 膜壳球形至亚球形,覆有由低矮脊纹形成的多角形至亚圆形网饰,在各网眼中心有一中心瘤,在其下面可有或无孔。这些孔部分穿过膜壳壁,而近表面没有显现,少数在孔间壁明显有线状结构。膜壳壁无纹饰裂开的脱囊开口。

丘疹汇角藻 *Melikeriopalla pustula* Richards and Mullins, 2003

2003 *Melikeriopalla pustula* Richards and Mullins, p. 568; pl. 1, figs. 7—8; pl. 2, figs. 5—8.

种征 膜壳球形至亚球形,膜壳壁被低矮膜划分为许多多角形区域,每个多角形区域中部饰有实心块瘤,在其边缘附有莲座状的膜状物。瘤块被多角形区域基底的辐射条纹围绕。膜壳未见脱囊开口结构。膜壳直径22.2~25μm;多角区域直径2.5~4.1μm;中心瘤块直径0.8~3.0μm。

产地、时代 英格兰;晚志留世,卢德洛期(Ludlow)。

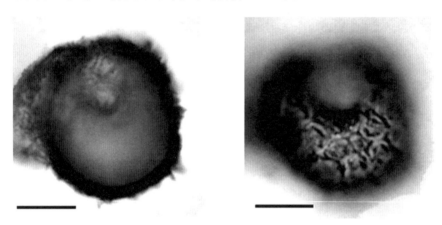

(引自 Richards and Mullins, 2003;图版 1,图 7—8)

脉络汇角藻 *Melikeriopalla venulosa* Playford, 1981

1981 *Melikeriopalla venulosa* Playford, p. 45; pl. 12, figs. 1—4.

种征 膜壳原本球形,轮廓圆形至亚圆形。膜壳壳壁厚1.1~1.4μm,覆有低矮、明显直至微弯曲的幕黎(宽0.2~0.4μm,高约0.5μm),它们汇合形成近规则多角形的网(典型六边形),最宽可达1.5~6.0μm。在多角形网底部,壳壁细密褶皱呈现很细的不规则脊纹,它们似乎辐射自网穴底部中心,而呈现树枝状样式。脊纹通常在网穴底部中央部分最为发育,它们可以或不与边界幕黎连接。该种具膜壳壁简单裂开的脱囊结构。

产地、时代 澳大利亚;晚泥盆世,(?)弗拉斯期(? Frasnian)。

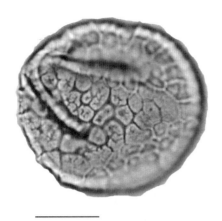

（引自 Playford and Dring，1981；图版 12，图 1；G. Playford 赠送图像）

小刺藻属 *Micrhystridium* Deflandre，1937

模式种 *Micrhystridium inconspicum* Deflandre，1937

属征 膜壳球形，附有多种不同附属物。膜壳直径小于 20μm，甚至 8~10μm。

端尖小刺藻 *Micrhystridium acuminosum* Cramer and Díez，1977

1977 *Micrhystridium acuminosum* Cramer and Díez，p. 347；pl. 1，figs. 3—4，10.

种征 膜壳附有许多（约 40 枚）锥形突起，它们的末端尖出。膜壳直径 32~38μm；突起长度可达膜壳直径的一半。

产地、时代 摩洛哥；早奥陶世，阿伦尼克期（Arenigian）。

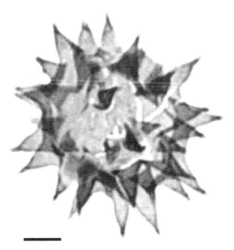

（引自 Cramer and Díez，1977；图版 1，图 3）

伸展小刺藻 *Micrhystridium adductum* Wicander，1974

1974 *Micrhystridium adductum* Wicander，p. 27；pl. 13，figs. 7—9.

种征 膜壳球形，壁薄，表面光滑，均匀分布 8~9 枚中空、光滑、简单的突起。突起内部与膜壳腔连通,其末端尖出。膜壳直径 21~24μm;突起长 23~27μm,基部宽 3.3μm。膜壳未见脱囊结构。

    产地、时代   美国俄亥俄州;晚泥盆世。

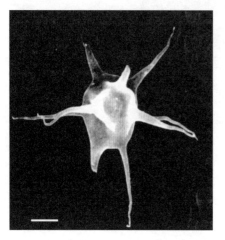
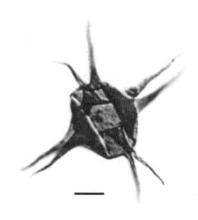

(引自 Wicander, 1974;图版 13,图 7,9)

增大小刺藻　*Micrhystridium ampliatum* Wicander and Playford, 1985

1985 *Micrhystridium ampliatum* Wicander and Playford, p. 112; pl. 4, figs. 1—3,6.

    种征   膜壳轮廓圆形至亚圆形,壁厚 1.1~1.3μm,表面光滑。膜壳附有 11~18 枚中空、光滑、同形、微柔韧的刺状突起。突起内腔与膜壳腔自由连通。突起从圆形基部向远端简单尖出。膜壳直径 24~35μm;突起长 13.5~21.6μm,基部宽 2.0~5.4μm。该种具膜壳壁简单裂开的脱囊结构。

    产地、时代   美国爱荷华州;晚泥盆世,弗拉斯晚期(late Frasnian)。

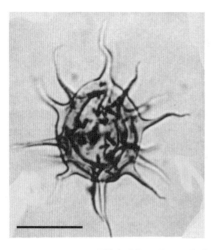
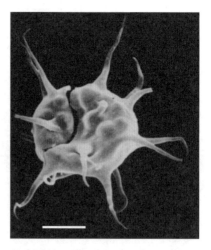

(引自 Wicander and Playford, 1985;图版 4,图 1,6)

短刺小刺藻　*Micrhystridium brevispinosum* **Uutela and Tynni, 1991**

1991 *Micrhystridium brevispinosum* Uutela and Tynni, p. 80；pl. XVI, fig. 158.

种征　膜壳亚球形,附有许多球根形突起(视域可见约 100 枚)。突起大小不一,长度约为膜壳直径的 1/10,膜壳和突起表面光滑或有鲛粒,可见膜壳中裂缝。膜壳直径 11~19μm;突起长 1~2μm,彼此间距 0.5~2.0μm。

产地、时代　爱沙利亚;早—晚奥陶世,阿伦尼克—阿什极尔期(Arenigian—Ashgill)。

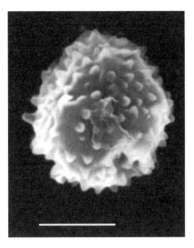

(引自 Uutela and Tynni, 1991;图版 16,图 158)

多刺小刺藻　*Micrhystridium complurispinosum* **Wicander, 1974**

1974 *Micrhystridium complurispinosum* Wicander, p. 28；pl. 14, fig. 1.

种征　膜壳球形,壁薄,表面光滑。膜壳附有 12~22 枚(平均 20 枚)中空、光滑、简单而弯曲的突起,它们与膜壳腔连通。膜壳直径 16~23μm;突起长 15~18μm,基部宽 2.2μm。可见膜壳壁裂开的脱囊结构。

产地、时代　美国俄亥俄州;晚泥盆世。

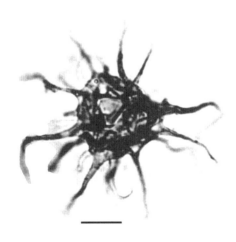

(引自 Wicander, 1974;图版 14,图 1)

弓突小刺藻 *Micrhystridium curvatum* Uutela and Tynni, 1991

1991 *Micrhystridium curvatum* Uutela and Tynni, p. 80；pl. XVI, fig. 159.

种征 膜壳近球形,密集分布两种突起:一种实心、锥形,其基部宽度是远端的两倍;另一种较短,柔韧,更为精细,常密集分布。突起表面光滑。膜壳长 $9\mu m$,宽 $7\mu m$;突起长 $2\mu m$(较短突起长 $1\mu m$),基部宽 $0.6\mu m$,彼此间距 $1.5\mu m$。

产地、时代 爱沙利亚;晚奥陶世,阿什极尔期(Ashgill)。

(引自 Uutela and Tynni, 1991;图版16,图159)

指形突小刺藻 *Micrhystridium digitatum* Uutela and Tynni, 1991

1991 *Micrhystridium digitatum* Uutela and Tynni, p. 81；pl. XVI, fig. 160.

种征 膜壳为小的亚球形,膜壳壁厚约 $0.5\mu m$。膜壳明显附有 $10\sim12$ 枚短的(长度为膜壳直径的 $1/5\sim1/4$)、远端球根形的突起。突起形态一般较简单,少数末端二分叉。突起与膜壳腔连通。膜壳和突起表面光滑,或覆有鲛粒或不规则颗粒。

产地、时代 爱沙利亚;中—晚奥陶世,卡拉道克—阿什极尔期(Caradoc—Ashgill)。

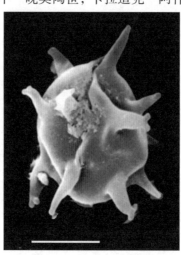

(引自 Uutela and Tynni, 1991;图版16,图160)

弯曲小刺藻 *Micrhystridium flexibile* Wicander, 1974

1974 *Micrhystridium flexibile* Wicander, p. 28；pl. 14，fig. 2.

种征 膜壳球形，壁薄，表面光滑，附有31~45枚（平均35枚）中空、光滑、简单的突起。突起与膜壳腔自由连通，其末端尖出。膜壳直径16~24μm（平均21μm）；突起长4.4~5.5μm，基部宽2.2~2.9μm。可见膜壳壁裂开的脱囊结构。

产地、时代 美国俄亥俄州；晚泥盆世，早石炭世。

（引自 Wicander，1974；图版14，图2）

粒面小刺藻 *Micrhystridium granulatum* Uutela and Tynni, 1991

1991 *Micrhystridium granulatum* Uutela and Tynni, p. 82；pl. XⅧ, fig. 177.

种征 膜壳为小的球形，附有短的锥形突起（视域内可见12~15枚突起）。突起的基部大小变化，在膜壳的不同区域分布。突起远端球根形。膜壳和突起的表面有颗粒。膜壳直径12~14μm；突起长1~6μm，宽1.5~2.0μm。

产地、时代 爱沙利亚；中奥陶世，兰维尔期（Llanvirn）。

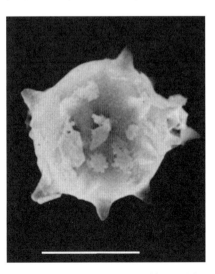

（引自 Uutela and Tynni，1991；图版18，图177）

多毛小刺藻 *Micrhystridium hirticulum* Wicander, Playford, and Robertson, 1999

1999 *Micrhystridium hirticulum* Wicander, Playford, and Robertson, p. 17；pl. 9, figs. 6—8.

种征 膜壳轮廓圆形至亚圆形,壁薄,表面光滑,附有很多刺状突起。突起内腔与膜壳腔连通,膜壳未见脱囊结构。

描述 膜壳轮廓圆形至亚圆形,壁厚 <0.5μm,表面光滑,均匀分布多于30枚(约50枚)中空、光滑、同形的刺状突起。突起内腔与膜壳腔连通。突起直或少许弯曲,基部圆形至亚圆形,近端狭窄至宽弯,远端规则尖出。突起长7~13μm,基部直径1.5~2μm,彼此间距2~4μm。膜壳未见脱囊结构。

产地、时代 北美;晚奥陶世,阿什极尔期(Ashgill)。

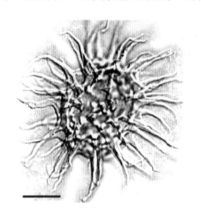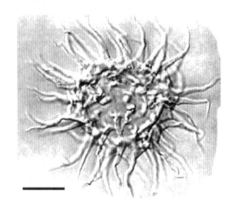

(引自 Wicander *et al.*, 1999;图版9,图6,8)

稀少小刺藻 *Micrhystridium inusitatum* Wicander, 1974

1974 *Micrhystridium inusitatum* Wicander, p. 28；pl. 14, figs. 4—5.

种征 膜壳亚球形,直径16~21μm;壁薄,表面光滑,附有18~21枚中空、光滑、坚实、基部宽而简单的突起。突起内腔与膜壳腔自由连通。突起长5.4μm,基部宽1.2~2.2μm。膜壳未见脱囊开口结构。

产地、时代 美国俄亥俄州;晚泥盆世。

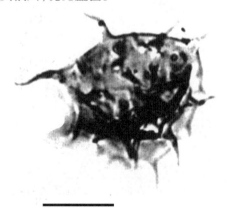

(引自 Wicander, 1974;图版14,图5)

粗喉小刺藻　*Micrhystridium lappellum* Loeblich and Wicander, 1976

1976 *Micrhystridium lappellum* Loeblich and Wicander, p. 18；pl. 6, fig. 3.

种征　膜壳小，直径 11μm，在膜壳一边附有 25 枚突起。突起小，长约 1μm，基部直径小于 1μm，呈锥形尖出。突起与膜壳腔连通。膜壳壁薄，厚 0.3μm 或更薄，表面光滑。膜壳未见脱囊结构。

产地、时代　美国俄克拉荷马州；早泥盆世，吉丁期（Gedinnian）。

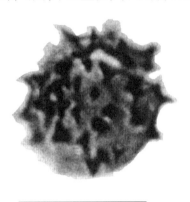

（引自 Loeblich and Wicander, 1976；图版 6，图 3）

拉斯那玛根小刺藻　*Micrhystridium lasnamaegiense* Uutela and Tynni, 1991

1991 *Micrhystridium lasnamaegiense* Uutela and Tynni, p. 83；pl. XⅧ, fig. 178.

种征　膜壳球形，附有许多短的球根样锥形的鞭毛状突起（视域可见约 60 枚）。突起与膜壳腔不连通。膜壳和突起表面有鲛粒或微小颗粒。膜壳壁有中裂缝。膜壳直径 11~14μm；突起长 1~2μm，彼此间距 2~4μm。

产地、时代　爱沙利亚；中奥陶世，兰维尔—兰代洛期（Llanvirn—Llandeilo）。

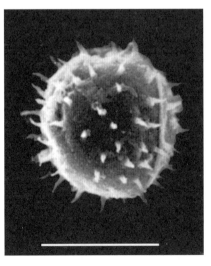

（引自 Uutela and Tynni, 1991；图版 18，图 178）

乳突小刺藻? *Micrhystridium? mammulatum* Cramer and Díez, 1977

1977 *Micrhystridium? mammulatum* Cramer and Díez, p. 347; pl. 3, figs. 6—11.

种征 附有许多厚的、宽基部呈圆柱形的突起。突起向远端迅速尖削至乳头形末端。膜壳直径 20~30μm;突起长度约为膜壳直径的 1/3。

产地、时代 摩洛哥;早奥陶世,阿伦尼克期(Arenigian)。

(引自 Cramer and Díez, 1977;图版 3,图 7)

短指小刺藻 *Micrhystridium nanodigitatum* Uutela and Tynni, 1991

1991 *Micrhystridium nanodigitatum* Uutela and Tynni, p. 83; pl. XVIII, fig. 180.

种征 膜壳球形,附有许多短的、简单锥形突起(长度约为膜壳直径的 1/5)。突起的末端微球根形。膜壳壁厚 0.8μm,表面覆有鲛粒。膜壳壁见有中裂缝。膜壳直径 13μm;突起长 2.5μm。

产地、时代 爱沙利亚;中奥陶世,兰维尔期(Llanvirn)。

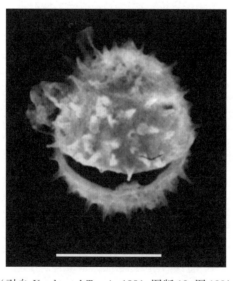

(引自 Uutela and Tynni, 1991;图版 18,图 180)

微小小刺藻 *Micrhystridium parvulum* **Uutela and Tynni，1991**

1991 *Micrhystridium parvulum* Uutela and Tynni，p. 84；pl. XⅧ，fig. 181.

种征 膜壳为小的球形，附有许多短锥形突起（其长度约为膜壳直径的1/6）。突起紧密、规则分布，远端尖出。膜壳和突起表面光滑；膜壳未见中裂缝。膜壳直径9.0～9.5μm；突起长1.0～1.5μm，彼此间距0.5μm。

产地、时代 爱沙利亚；中奥陶世—早志留世，卡拉道克—兰多维利期（Caradoc—Llandovery）。

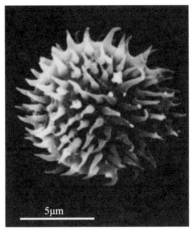

（引自 Uutela and Tynni，1991；图版18，图181）

多角小刺藻 *Micrhystridium polygonale* **Uutela and Tynni，1991**

1991 *Micrhystridium polygonale* Uutela and Tynni，p. 84；pl. XⅧ，fig. 182.

种征 膜壳多角形，在角部有短的圆柱形简单突起（视域内可见8枚突起），突起远端微球根形，它们明显与膜壳腔连通；突起的长度约为膜壳直径的1/4。膜壳和突起表面光滑。膜壳直径17μm；突起长4μm，宽1.5μm。

产地、时代 爱沙利亚；早奥陶世，阿伦尼克期（Arenigian）。

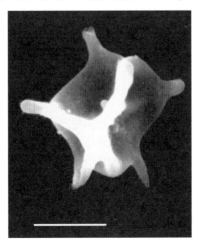

（引自 Uutela and Tynni，1991；图版18，图182）

丰富小刺藻 *Micrhystridium profusum* Wicander, 1974

1974 *Micrhystridium profusum* Wicander, p. 29; pl. 14, fig. 3.

种征 膜壳球形,直径 20~22μm;壁薄,表面光滑。膜壳附有多于 50 枚中空、光滑、简单的突起,它们与膜壳腔自由连通。突起长 13~16μm,基部宽 1.0~1.2μm。膜壳未见脱囊开口结构。

产地、时代 美国俄亥俄州;晚泥盆世。

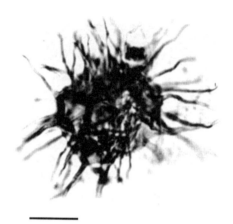

(引自 Wicander, 1974;图版 14,图 3)

展开小刺藻 *Micrhystridium prolixum* Wicander, Playford and Robertson, 1999

1999 *Micrhystridium prolixum* Wicander, Playford and Robertson, p. 17; pl. 9, figs. 13; pl. 10, fig. 7.

种征 膜壳轮廓圆形至亚圆形,壁薄(厚 < 0.5μm),表面光滑,均匀分布(彼此间隔 2~7μm)9~16枚中空、光滑、同形、直至微弯曲拉长的刺状突起。突起长 16~28μm,近端弯曲,其基部亚圆形(直径 2~4μm),向远端尖出。突起与膜壳腔自由连通。膜壳未见脱囊结构。

产地、时代 北美;晚奥陶世,阿什极尔期(Ashgill)。

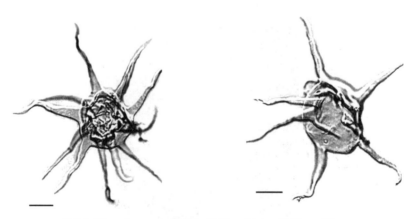

(引自 Wicander *et al.*, 1999;图版 9,图 13;图版 10,图 7)

点饰小刺藻　*Micrhystridium punctatum* Uutela and Tynni，1991

1991 *Micrhystridium punctatum* Uutela and Tynni，p.84；pl.ⅩⅧ，fig.183.

种征　膜壳为小的球形或亚球形，附有许多远端尖出的锥形突起，有些突起分叉。突起与膜壳腔连通，长度不超过膜壳直径。膜壳和突起表面覆有不规则成行的瘤饰。膜壳直径9~16μm；突起长2~5μm，基部宽1.5~3.0μm。视域内可见9~17枚突起。

产地、时代　爱沙利亚；中—晚奥陶世，兰代洛—阿什极尔期(Llandeilo—Ashgill)。

（引自 Uutela and Tynni，1991；图版18，图183）

棘柱小刺藻　*Micrhystridium stellatum* Deflandre，1945

1945 *Micrhystridium stellatum* Deflandre，p.65；pl.3，figs.16—19.

1981 *Micrhystridium stellatum* Playford and Dring，p.46；pl.12，figs.5—6.

种征　膜壳球形或亚球形，由于附有许多(14~24枚)中空、同形突起，致使轮廓改变为圆形至亚圆形。突起从光滑至粗糙的壁表面呈刺状辐射伸出，壁厚0.5~1.0μm。突起末端尖，其基部与膜壳壁接触呈弯曲面。突起长5.5~14.0μm，亚圆形基部直径1.5~3.0μm。膜壳未见脱囊结构。

产地、时代　西欧，澳大利亚；志留纪至中生代早期。

（引自 Playford and Dring，1981；图版12，图6；G. Playford 赠送图像）

带状小刺藻　*Micrhystridium taeniosum* Uutela and Tynni，1991

1991 *Micrhystridium taeniosum* Uutela and Tynni, p. 86; pl. XⅧ, fig. 185.

种征　膜壳亚球形,附有许多短的同形突起(视域可见 80~100 枚),它们的远端尖,在微弯曲的基部附有小的须状物;突起倾向挤压膜壳表面。除去远端须状物外,膜壳和突起表面光滑。膜壳直径 9~17μm;突起长 2~7μm,基部宽 0.5~1.0μm,彼此间距 0.5~2.0μm。

产地、时代　爱沙利亚;中奥陶世—早志留世，兰维尔—兰多维利期(Llanvirn—Llandovery)。

(引自 Uutela and Tynni, 1991;图版 18,图 185)

变翼小刺藻　*Micrhystridium varipinnosum* Uutela and Tynni，1991

1991 *Micrhystridium varipinnosum* Uutela and Tynni, p. 86; pl. XX, fig. 202.

种征　膜壳为小的球形,附有数量不等(视域可见 40~60 枚)的突起。一些突起呈简单锥形,另一些呈圆柱形,且显示二次的二分叉。通常具有分叉的突起较长,但也只有膜壳直径的 1/10。膜壳壁表面光滑或有鲛粒;膜壳壁厚度不均,最厚约 1.2μm,见有中裂缝。膜壳直径 14~18μm;突起长 1.3~3.0μm,间距 2.0~3.5μm。

产地、时代　爱沙利亚;奥陶纪,阿伦尼克—阿什极尔期(Arenigian—Ashgill)。

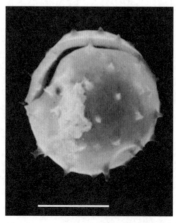

(引自 Uutela and Tynni, 1991;图版 20,图 202)

变刺小刺藻　*Micrhystridium varispinosum* Uutela and Tynni, 1991

1991 *Micrhystridium varispinosum* Uutela and Tynni, p. 86; pl. XX, fig. 203.

　　种征　膜壳球形,附有两种大小的简单突起。较长的突起呈锥形鞭毛样或颗粒状,其长度小于膜壳直径;短的突起(其长度约为膜壳直径的1/10)的末端呈球根形,表面覆有细小瘤饰。突起间的膜壳壁表面有颗粒饰。膜壳直径9~11μm;较长突起长6~7μm,短突起长约1μm。

　　产地、时代　爱沙利亚;中奥陶世,兰代洛—卡拉道克期(Lladeilo—Caradoc)。

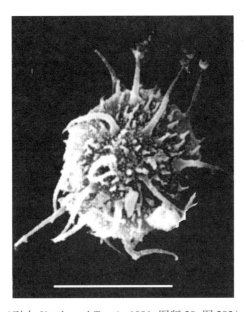

(引自 Uutela and Tynni, 1991;图版20,图203)

强壮小刺藻　*Micrhystridium viriosum* Playford and Wicander, 2006

2006 *Micrhystridium viriosum* Playford and Wicander, p. 24; pl. 17, fig. 7; pl. 18, figs. 1—2.

　　种征　膜壳球形或亚球形,轮廓圆形或亚圆形;壁层薄(厚约0.5μm),表面光滑,明显附有4~7枚中空、光滑、同形、直或微弯曲延伸、坚实的刺状突起。突起壁薄如同膜壳壁,其内部与膜壳腔自由连通。突起近端微弯曲,从亚圆形基部往顶端尖出或呈现钝端。该种具膜壳壁简单裂开的脱囊结构。膜壳直径16~26μm;突起长17~34μm,基部直径3~6μm。

　　产地、时代　北美;晚奥陶世。

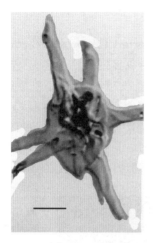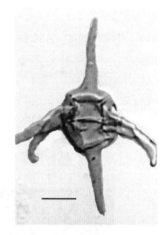

（引自 Playford and Wicander，2006；图版18，图1—2）

多叉球藻属 *Multiplicisphaeridium*（Staplin），emend. Staplin，Jansonius，and Pocock，1965

模式种 *Multiplicisphaeridium ramispinosum* Staplin，1961

属征 膜壳椭球形、亚球形或球形。分隔的突起近端细长，其远端多分叉、扩展、裂开或变动，具有封闭的顶端。在同一膜壳的所有突起同形或同样变化，不会分化为更多类别或种类的突起。膜壳和突起壁表面皆覆有微小雕饰。突起腔与膜壳腔连通。

鲛粒多叉球藻 *Multiplicisphaeridium actinospinosum* Uutela and Tynni，1991

1991 *Multiplicisphaeridium actinospinosum* Uutela and Tynni，p. 87；pl. XX，fig. 206.

种征 膜壳球形，附有许多短矮的突起（视域可见约60枚），它们的掌形末端含有约10个小羽枝。突起在膜壳壁不规则分布，基部宽，长度是膜壳直径的1/10。突起内腔与膜壳腔自由连通。膜壳和突起表面有鲛粒。膜壳未见圆形开口。膜壳直径26μm；突起长3μm，基部宽2μm。

产地、时代 爱沙利亚；中奥陶世，兰维尔期（Llanvirn）。

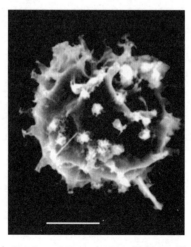

（引自 Uutela and Tynni，1991；图版20，图206）

鳍刺多叉球藻　*Multiplicisphaeridium amitum* Wicander and Loeblich，1977

1977 *Multiplicisphaeridium amitum* Wicander and Loeblich, p. 147；pl. 6, figs. 11—13.

种征　膜壳轮廓圆形，直径 20~24μm；壁厚 < 0.5μm，表面光滑。膜壳附有 13~17 枚表面光滑的圆柱形突起。突起内腔与膜壳腔自由连通。突起长 10~13μm，基部宽 2μm，通常从基部至远端两个小分枝间的 2/3~3/4 处有二分叉（偶尔三分叉）。分枝长 2~5μm，宽 1μm；这些分枝再分叉为数个小的远端尖的 3 级羽枝，很少有 4 级羽枝。该种具膜壳壁简单裂开的脱囊结构。

产地、时代　美国印第安纳州；晚泥盆世。

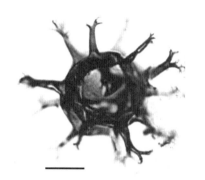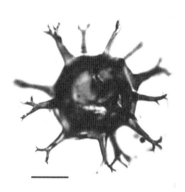

（引自 Wicander and Loeblich，1977；图版 6，图 12—13）

宽大多叉球藻　*Multiplicisphaeridium ampliatum* Playford，1977

1977 *Multiplicisphaeridium ampliatum* Playford, p. 28；pl. 11, figs. 10—13.

种征　膜壳球形至近球形，轮廓亚圆形，可能由于附有突起而变形；壁厚 0.7~1.0μm，表面光滑。膜壳壁规则分布 6~10 枚脊状突起，它们的基部宽 4~12μm，其长度是膜壳直径的 1.0~1.8 倍。所有突起近同形、中空，它们与膜壳腔连通。突起远端不规则分叉，有二分叉、三分叉，或呈现指状，但从不连接成网；分叉通常始于突起近端往远端的 0.5μm 处。膜壳未见脱囊结构。膜壳直径 16~30μm，膜壳总体大小 67~83μm。

产地、时代　加拿大安大略省；早泥盆世，艾姆斯期（Emsian）。

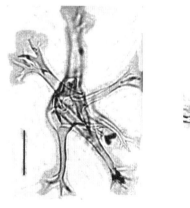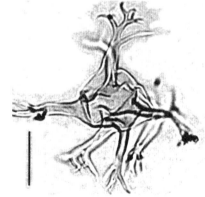

（引自 Playford，1977；图版 11，图 11，13）

似网多叉球藻 *Multiplicisphaeridium anastomosis* Wicander, 1974

1974 *Multiplicisphaeridium anastomosis* Wicander, p. 29; pl. 14, figs. 7—9.

种征 膜壳轮廓亚圆形,直径 18~21μm,附有 10~12 枚中空突起。突起长 13~16μm,基部宽 2.7μm;突起稍显圆柱形,它们的远端有三次分叉,其末端尖。膜壳和突起壁较薄,表面光滑。膜壳未见脱囊开口结构。

产地、时代 美国俄亥俄州;晚泥盆世,早石炭世。

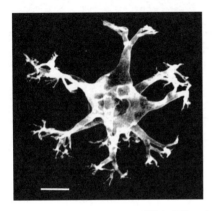 

(引自 Wicander, 1974;图版 14,图 7,9)

锚刺多叉球藻 *Multiplicisphaeridium ancorum* Wicander and Loeblich, 1977

1977 *Multiplicisphaeridium ancorum* Wicander and Loeblich, p. 147; pl. 7, figs. 1—2, 6—7.

种征 膜壳轮廓圆形,壁厚 <0.5μm,表面呈点穴状。膜壳附有 12~14 枚稍坚实的圆柱形突起,它们与膜壳腔自由连通。突起表面饰有鲛粒。突起远端分叉至约 5 个小的分枝,它们与主突起接近正交。这些二级和三级分叉的小分枝的末端尖出,长 2~4μm。膜壳直径 30~34μm;突起长 12~14μm,基部宽 2~3μm。该种具膜壳壁简单裂开的脱囊结构。

产地、时代 美国印第安纳州;晚泥盆世。

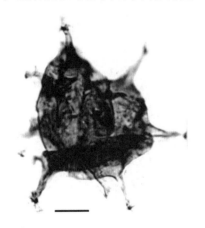 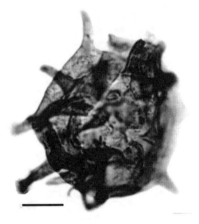

(引自 Wicander and Loeblich, 1977;图版 7,图 2,6)

无形多叉球藻　*Multiplicisphaeridium asombrosum* Cramer and Díez, 1976

1976 *Multiplicisphaeridium asombrosum* Cramer and Díez, pp. 85—86; pl. 2, figs. 10, 14—15.

种征　膜壳亚球形至球形,膜壳壁厚度均一(约 1μm),外层壁光滑。膜壳附有柱状突起。突起基部圆,它们多分叉至第三、第四级连续二分叉,二分叉的分枝一般都以约 60°分开;首次分叉出现在突起下部 1/4 处,而更多分叉见于突起上半部。除高位小羽枝外,突起中空且与膜壳腔直接连通。膜壳未见脱囊结构。膜壳直径 15~25μm;突起长与膜壳直径相等或是其的 1.5 倍。

产地、时代　西班牙;早泥盆世,艾姆斯晚期(Late Emsian)。

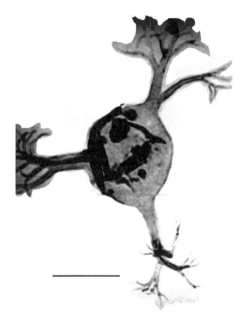

(引自 Cramer and Díez, 1976;图版 2,图 10)

双掌多叉球藻　*Multiplicisphaeridium bipalmatum* Uutela and Tynni, 1991

1991 *Multiplicisphaeridium bipalmatum* Uutela and Tynni, p. 88; pl. ⅩⅩ, fig. 207.

种征　膜壳为小的中空球形,附有许多长度为膜壳直径 1/6~1/5 的突起。突起的远端或中部有星形膨胀,以至中部较宽大;它们与膜壳壁弯曲接触,并与膜壳腔自由连通。膜壳和突起表面光滑。膜壳未见圆形开口。膜壳直径 12~20μm;突起长 2~3μm,彼此间距 2.0~2.5μm。

产地、时代　爱沙利亚;中奥陶世—早志留世,兰维尔—兰多维利期(Llanvirn—Llandovery)。

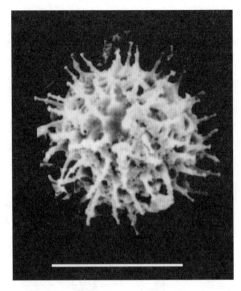

（引自 Uutela and Tynni, 1991;图版20,图207）

短指多叉球藻 *Multiplicisphaeridium brevidigitatum* Uutela and Tynni, 1991

1991 *Multiplicisphaeridium brevidigitatum* Uutela and Tynni, p. 89; pl. XX, fig. 209.

种征 膜壳球形,附有许多短矮突起(视域可见约60枚)。突起的远端一般呈现正切三分叉,或进一步二分叉;它们在膜壳不均匀分布或有短矮的分叉。膜壳和突起壁皆光滑。膜壳直径13~16μm;突起长2~3μm,基部宽1.5~2.0μm,彼此间距3μm。

产地、时代 爱沙利亚;中奥陶世, 卡拉道克期(Caradoc)。

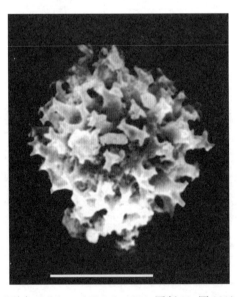

（引自 Uutela and Tynni, 1991;图版20,图209）

仙人掌多叉球藻 *Multiplicisphaeridium cacteum* Uutela and Tynni, 1991

1991 *Multiplicisphaeridium cacteum* Uutela and Tynni, p. 89；pl. XX, fig. 210a；pl. XXI, fig. 210b.

种征 膜壳球形,表面密集覆有直径约为 1μm 的实心小瘤。突起壁厚,表面光滑,亚圆柱形,较短(长度为膜壳直径的 1/5),它们的远端分叉形成 2~3 个长约 1.5μm 的小刺。突起基部有肋纹。突起中空并与膜壳腔连通。膜壳见有圆形开口(直径 10μm)。膜壳直径 30~60μm；突起长 3~9μm,基部宽 1~3μm,彼此间距 1.5~10μm。

产地、时代 爱沙利亚;早—中奥陶世,阿伦尼克—兰维尔期(Arenigian—Llavirn)。

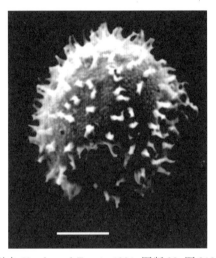

(引自 Uutela and Tynni, 1991；图版 20,图 210a)

控制多叉球藻 *Multiplicisphaeridium consolator* Cramer and Díez, 1977

1977 *Multiplicisphaeridium consolator* Cramer and Díez, p. 347；pl. 3, fig. 17.

种征 膜壳为圆多角形,膜壳壁厚约 0.5μm,表面光滑。膜壳附有许多同形突起,它们位于膜壳角部。膜壳内部和突起腔直接连通。宽基部的突起与膜壳壁没有明显界线。突起主干呈短而宽的圆柱形。突起尖出的末端有 4~6 个一级短分枝,它们依次分叉,一般显示 4 个二级小羽枝。突起覆盖膜壳,没有明显拓扑倾向。膜壳未见开口。膜壳直径 60~80μm。

产地、时代 摩洛哥;早奥陶世,阿伦尼克期(Arenigian)。

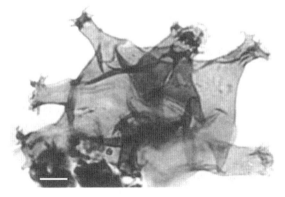

(引自 Cramer and Díez, 1977；图版 3,图 17)

角状多叉球藻 *Multiplicisphaeridium cornigerum* Uutela and Tynni, 1991

1991 *Multiplicisphaeridium cornigerum* Uutela and Tynni, p. 90; pl. XXI, fig. 211.

种征 膜壳球形,附有坚实、异形的突起(视域可见 7 枚突起),有的突起长于膜壳直径。突起简单或有两次或多次分叉,分枝较长,它们之间呈现约为 45°。膜壳壁表面有微网饰,而突起表面有微小颗粒。膜壳直径 16μm;突起长 19μm,基部宽 4μm。

产地、时代 爱沙利亚;晚奥陶世,阿什极尔期(Ashgill)。

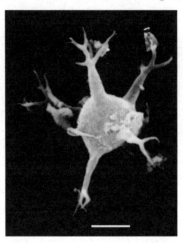

(引自 Uutela and Tynni, 1991;图版 21,图 211)

波动多叉球藻 *Multiplicisphaeridium cymoides* Uutela and Tynni, 1991

1991 *Multiplicisphaeridium cymoides* Uutela and Tynni, p. 90; pl. XXI, fig. 212.

种征 膜壳多角形,不均匀分布坚实突起(视域可见 20 枚突起)。突起简单的远端二分叉或三分叉,其末端呈微球根形。简单突起小于分叉突起。突起长度约为膜壳直径的 1/5,它们与膜壳腔连通。膜壳表面有微小颗粒。膜壳未见圆形开口。膜壳直径 15~20μm;突起长 5~6μm。

产地、时代 爱沙利亚;中奥陶世,卡拉道克期(Caradoc)。

(引自 Uutela and Tynni, 1991;图版 21,图 212)

指状多叉球藻　*Multiplicisphaeridium dactilum* Vidal,1988

1988 *Multiplicisphaeridium dactilum* Vidal,p. 8; pl. 2, figs. 1—7.

种征　膜壳为光滑球形,宽间距分布短的、坚实、光滑的锥形突起。突起远端两裂分叉,其内部与膜壳腔连通。膜壳未见脱囊结构。膜壳直径15~19μm,突起长 3~6μm,基部宽 2~3μm。

产地、时代　斯堪的纳维亚半岛;早寒武世。

（引自 Moczydłowska and Vidal, 1988;图版 2,图 1—2,5）

柔和多叉球藻　*Multiplicisphaeridium delicatum* Cramer and Díez, 1977

1977 *Multiplicisphaeridium delicatum* Cramer and Díez, p. 347; pl. 3, fig. 19.

种征　膜壳壁表面光滑,附有同形、远端分叉为掌状的突起(通常 12 枚或更多)。突起内部与膜壳腔直接连通。突起呈现规则二分叉或三分叉,从而形成第三或第四级花冠状小羽枝。突起主干细长,呈柔韧的柱形,一些突起的基部些微扩展。突起与膜壳壁直交。突起覆盖膜壳,没有明显拓扑倾向。膜壳未见开口。膜壳直径25~30μm。

产地、时代　摩洛哥;早奥陶世, 阿伦尼克期(Arenigian)。

（引自 Cramer and Díez, 1977;图版 3,图 19）

草耙多叉球藻　*Multiplicisphaeridium dikranon* Vecoli，1999

1999 *Multiplicisphaeridium dikranon* Vecoli，p. 47；pl. 10，figs. 4—6.

种征　膜壳球形，轮廓圆形，单层壁（厚约 1μm），表面光滑。突起近同形，中空并与膜壳腔自由连通。突起主干圆柱形，坚硬。突起基部与膜壳壁角度接触至稍弯曲。突起远端（占整个突起长的 30%~50%）显著分叉为 2~3 根中空、圆柱形的分枝；分枝不规则再分叉为 2~5 个一级小羽枝，并依次显示短的二级更小羽枝。膜壳未见脱囊结构。膜壳直径 17~25μm；突起数 8~14 枚，突起主干长 8~18μm，一级分枝长 5~10μm，一级小羽枝长 3~6μm，二级小羽枝长 1~3μm。

产地、时代　北非；中奥陶世，兰维尔期（Llanvirn）。

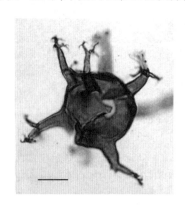 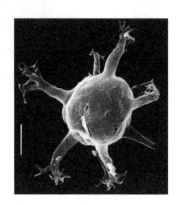

（引自 Vecoli，1999；图版 10，图 5,6a）

椭圆多叉球藻　*Multiplicisphaeridium ellipticum* Cramer and Díez，1977

1977 *Multiplicisphaeridium ellipticum* Cramer and Díez，p. 348；pl. 3，figs. 12—13.

种征　膜壳椭圆形至亚圆形，附有许多表面光滑、短、矮、同形的突起。突起主干基部为圆柱形，它们与膜壳壁直交，基部不扩展。突起中空，与膜壳腔直接连通。突起偶尔二分叉，或在突起主干的上半部偶尔有小突起；突起远端有如掌状的分枝，呈现许多小齿状的羽枝，它们在突起远端排列或覆盖整个突起末端。突起的分布没有拓扑倾向。突起间的膜壳表面有许多小褶皱，呈现为粗糙的雕饰。膜壳未见开口。膜壳直径 40~70μm 或 50~85μm；突起长约 6μm。

产地、时代　摩洛哥；早奥陶世，阿伦尼克期（Arenigian）。

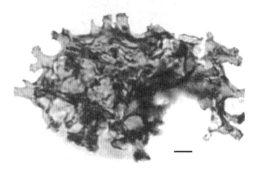

（引自 Cramer and Díez，1977；图版 3，图 12）

无常多叉球藻　*Multiplicisphaeridium inconstans* Cramer and Díez, 1977

1977 *Multiplicisphaeridium inconstans* Cramer and Díez, p. 347; pl. 4, figs. 5, 8.

　　种征　膜壳壁较坚实,厚约1μm,表面光滑,附有6~10枚(一般7枚)异形、不规则分叉的柱状突起。突起在膜壳的分布没有倾向性。突起从膜壳壁垂直升起,其基部不扩展。在突起上半部的不规则平面有分叉,第一级分枝分叉角约为120°,一般叉状分枝的分叉可达四级羽枝。突起(包括次级羽枝)中空,与膜壳腔直接连通。膜壳未见脱囊开口结构。膜壳直径25~40μm;突起长15~30μm。

　　产地、时代　摩洛哥;早奥陶世,阿伦尼克期(Arenigian)。

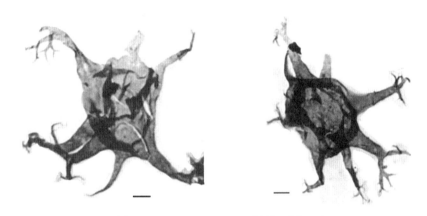

(引自 Cramer and Díez, 1977;图版4,图5,8)

精美多叉球藻　*Multiplicisphaeridium leptaleoderos* Loeblich and Wicander, 1976

1976 *Multiplicisphaeridium leptaleoderos* Loeblich and Wicander, p. 18; pl. 5, fig. 5.

　　种征　膜壳受挤压呈现亚圆形至椭圆形轮廓,最大直径达35μm,附有14枚(明显可见)单一形态的突起。突起基部宽达7μm,向突起远端渐尖削至二级的二分叉,末端尖出。膜壳和突起表面光滑。膜壳未见脱囊结构。

　　产地、时代　美国俄克拉荷马州;早泥盆世,吉丁期(Gedinnian)。

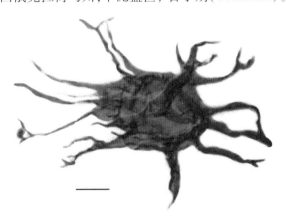

(引自 Loeblich and Wicander, 1976;图版5,图5)

似地衣多叉球藻　*Multiplicisphaeridium lichenoides* Uutela and Tynni, 1991

1991 *Multiplicisphaeridium lichenoides* Uutela and Tynni, p. 93；pl. XXI, fig. 214.

　　种征　膜壳球形至亚球形,中空,壁厚。膜壳密集分布短的突起,其中少数简单,但大多呈现二分叉,且末端有辐射纹。突起的长度约为膜壳直径的1/10。突起壁薄,与膜壳不连通。膜壳表面有颗粒;突起表面有棘刺。膜壳壁见有中裂缝的脱囊结构。膜壳直径40~60μm;突起长6~8μm,宽约2μm,彼此间距5~10μm。

　　产地、时代　爱沙利亚;中奥陶世,兰代洛—卡拉道克期(Llandeilo—Caradoc)。

(引自 Uutela and Tynni, 1991;图版21,图214)

利德多叉球藻　*Multiplicisphaeridium lindum* Cramer and Díez, 1976

1976 *Multiplicisphaeridium lindum* Cramer and Díez, p. 85；pl. 1, figs. 1—4,6,8；pl. 2, fig. 11.

　　种征　膜壳亚球形;膜壳壁厚度(约1μm)均一,外层光滑,未见内层和其他脱囊结构。膜壳附有柱状突起。突起基部圆,远端显示三级、四级分叉;二分叉或三分叉角度呈30°~60°。首次分叉见于突起上部1/3处,而多数集中在端部。除高位小羽枝外,突起中空,且与膜壳腔直接连通。膜壳直径15~22μm;突起长与膜壳直径相等或是其的1.5倍。

　　产地、时代　西班牙;早泥盆世,艾姆斯晚期(late Emsian)。

(引自 Cramer and Díez, 1976;图版1,图6)

长茎多叉球藻 *Multiplicisphaeridium longistipitatum* Cramer and Díez, 1977

1977 *Multiplicisphaeridium longistipitatum* Cramer and Díez, p. 348; pl. 1, fig. 12.

种征 膜壳球形,膜壳壁厚约 0.5μm,附有许多同形丝状突起(50 枚或更多)。突起除了扩展的基部外均为实心,相当柔韧,常弯曲。突起没有明显拓扑倾向,它们覆盖膜壳。在每枚突起远端有很短的齿状分枝。膜壳直径 33~38μm;突起长度等于或两倍于膜壳直径,突起基部直径 1~2μm 或 1~5μm。

产地、时代 摩洛哥;早奥陶世,阿伦尼克期(Arenigian)。

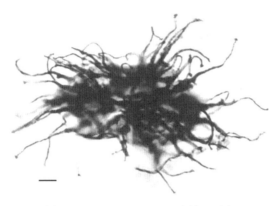

(引自 Cramer and Díez, 1977;图版 1,图 12)

小点多叉球藻 *Multiplicisphaeridium micropunctatum* Uutela and Tynni, 1991

1991 *Multiplicisphaeridium micropunctatum* Uutela and Tynni, p. 93; pl. XXI, fig. 215.

种征 膜壳为小的亚球形,附有许多短的突起(视域可见约 50 枚)。突起的远端呈掌形分叉,形成 3~5 个短而尖的羽枝。膜壳表面有规则分布的微小颗粒;突起表面光滑。膜壳壁见有中裂缝。膜壳直径 8~10μm;突起长约 1μm,彼此间距 1~2μm。

产地、时代 爱沙利亚;中—晚奥陶世,卡拉道克—阿什极尔期(Caradoc—Ashgill)。

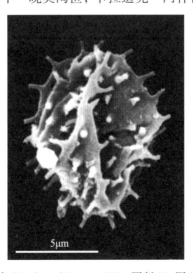

(引自 Uutela and Tynni, 1991;图版 21,图 215)

明格斯多叉球藻　*Multiplicisphaeridium mingusi* Le Hérissé，1989

1989 *Multiplicisphaeridium mingusi* Le Hérissé，p. 161；pl. 19，figs. 6—8，13.

种征　膜壳球形，膜壳壁坚实(厚 1μm)，附有 10~20 枚不同的突起。突起基部微扩展，远端简单或分叉；突起中空，与膜壳腔连通。在同一标本，突起长度变化，但都小于膜壳直径。膜壳表面有凹穴网；突起主干有平行的细小条纹。膜壳壁简单裂开的边缘显示凸缘的开口式样。膜壳直径 25~29μm；突起长 12~22μm（平均 14μm），基部宽 2~3μm。

产地、时代　瑞典哥特兰岛；早志留世，兰多维利期(Llandovery)。

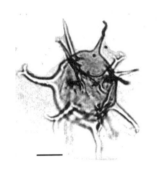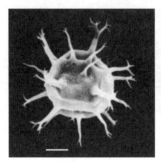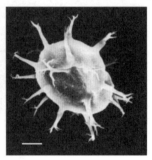

(引自 Le Hérissé，1989；图版 19，图 6—7，13)

蒙克多叉球藻　*Multiplicisphaeridium monki* Le Hérissé，1989

1989 *Multiplicisphaeridium monki* Le Hérissé，p. 162；pl. 19，figs. 9—11.

种征　膜壳球形，壁坚实(厚 1μm)，附有 10~18 枚不同的圆锥形突起。突起较短(平均长度为膜壳直径的 1/2~2/3)，它们都在其长度的一半或顶端进行二分叉，一些分枝显示二级、三级分叉。突起腔与膜壳腔连通，突起远端部分有充填物。膜壳表面覆有凹穴网；突起主干有纵纹。膜壳壁简单裂开边缘显示凸缘的开口式样。膜壳直径 28~38μm；突起长 14~19μm(平均 14~17μm)，基部宽约 3.5μm。

产地、时代　瑞典哥特兰岛；早志留世，蓝多维利期(Llandovery)。

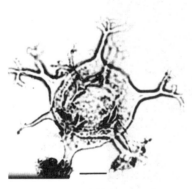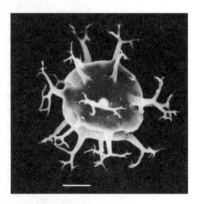

(引自 Le Hérissé，1989；图版 19，图 9—10)

小剑枝多叉球藻 *Multiplicisphaeridium multipugiunculatum* Cramer and Díez, 1977

1977 *Multiplicisphaeridium multipugiunculatum* Cramer and Díez, p. 348; pl. 3, figs. 14—16, 18.

种征 膜壳球形,附有许多短的同形突起(50 枚或更多)。突起截短与膜壳没有明显区别。突起远端呈现 6 个或更多掌状羽枝,它们与主干突起呈 120°交角,很少有羽枝可再次分叉。突起远端部分和羽枝基部通常填充次生壁物质;膜壳腔与突起腔直接连通。突起分布没有明显拓扑倾向。膜壳未见脱囊开口。膜壳直径 35~45μm。

产地、时代 摩洛哥;早奥陶世,阿伦尼克期(Arenigian)。

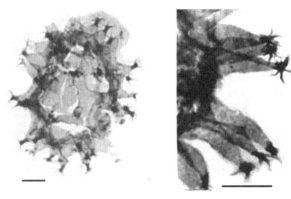

(引自 Cramer and Díez, 1977;图版 3,图 15—16)

丰富多叉球藻 *Multiplicisphaeridium opimum* Uutela and Tynni, 1991

1991 *Multiplicisphaeridium opimum* Uutela and Tynni, p. 94; pl. XXI, fig. 216.

种征 膜壳为中空球形,附有 7 枚坚实、中空、异形的突起,它们垂直于膜壳壁而凸显。另有一些简单小突起。长突起不规则分叉,呈现 4~6 个垂直伸展的指形分枝。突起的长度约为膜壳直径的一半,宽度是自身长度的一半。突起腔与膜壳腔自由连通。膜壳和突起基部表面有微小颗粒。膜壳壁未见圆形开口或中裂缝。膜壳直径 18~22μm;简单突起长 6~10μm,分叉突起长 10~12μm。

产地、时代 爱沙利亚;中奥陶世,卡拉道克期(Caradoc)。

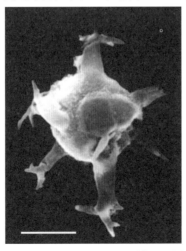

(引自 Uutela and Tynni, 1991;图版 21,图 216)

小棘多叉球藻　*Multiplicisphaeridium parvispinosum* Uutela and Tynni, 1991

1991 *Multiplicisphaeridium parvispinosum* Uutela and Tynni, p. 95; pl. XXI, fig. 218.

种征　膜壳球形,壁厚约 0.5 μm,密集附有短的突起。突起的平均长度是膜壳直径的 1/10,其远端显示微呈掌形的分叉。膜壳表面有不规则小疣饰;突起表面光滑。突起与膜壳不连通。膜壳壁见有中裂缝的脱囊结构。膜壳直径 25~38 μm;突起长 2~3 μm。

产地、时代　爱沙利亚;中奥陶世,兰维尔—卡拉道克期(Llanvirn—Caradoc)。

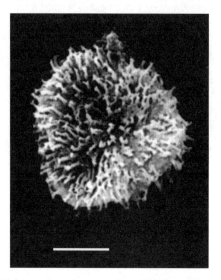

(引自 Uutela and Tynni, 1991;图版 21,图 218)

满枝多叉球藻　*Multiplicisphaeridium ramosum* Moczydłowska, 1998

1998 *Multiplicisphaeridium ramosum* Moczydłowska, p. 86; figs. 35D—F.

种征　膜壳轮廓圆形至椭圆形,壁光滑,附有数量较多(膜壳轮廓可见 12~16 枚)的长突起。突起圆柱形,基部较宽,远端尖削。突起呈现三级分叉,其末端二分为首次分枝,接着分叉为更小羽枝。突起中空,与膜壳腔连通。膜壳直径 11~20 μm;突起长 6~14 μm。

产地、时代　波兰上西里西亚;晚寒武世早期。

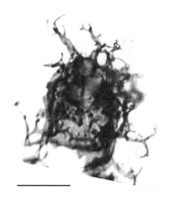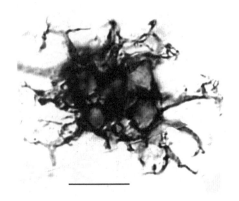

(引自 Moczydłowska,1998;图 35D,F)

小枝多叉球藻　*Multiplicisphaeridium ramusculosum* (Deflandre) Lister, 1970

1945 *Hystrichosphaeridium ramusculosum* Deflandre, p. 63；pl. 1, figs. 8—16.

1970 *Multiplicisphaeridium ramusculosum* (Deflandre) Lister, pp. 92—93；pl. 11, figs. 8, 11—14.

1981 *Multiplicisphaeridium ramusculosum* Playford and Dring, p. 48；pl. 12, figs. 9—10.

1990 *Oppilatala ramusculosum* Fensome *et al.*, p. 353.

种征　膜壳原本球形,轮廓圆形或亚圆形;膜壳壁薄(厚0.4~0.7μm),常有锥形的挤压褶皱,表面光滑至粗糙,在电子显微镜下显示散布的微颗粒。膜壳附有许多离散的突起(8~20枚),膜壳与突起界线分明。突起与膜壳壁接触面弯曲或偶尔微角度。突起长6~20μm,基部直径1~5μm,一般同形,但远端分叉导致些微异型。突起末端达4级二分叉,通常分叉起始于突起远端的3/4处,也有近基部,偶尔有不分叉的。突起壁与膜壳壁厚度相一致,其外表面光滑。突起内腔与膜壳腔自由相通。膜壳罕见膜壳壁简单线状裂开的脱囊结构。

产地、时代　北美,西欧,澳大利亚;志留纪。

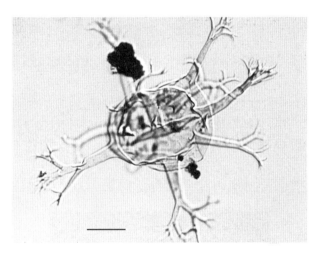

(引自 Playford and Dring, 1981;图版12,图9;G. Playford 赠送图像)

拉普拉多叉球藻　*Multiplicisphaeridium raplaense* Uutela and Tynni, 1991

1991 *Multiplicisphaeridium raplaense* Uutela and Tynni, p. 96；pl. XⅧ, fig. 235.

种征　膜壳为小的球形,中空,壁厚,密集附有许多短突起(视域内有约80枚)。突起长度是膜壳直径的1/10。突起内腔与膜壳腔自由连通。突起近端宽和弯曲,远端呈掌状分叉,形成5~6个小的分枝。膜壳和突起壁表面光滑。膜壳未见圆形开口或脱囊结构。膜壳直径10~16μm;突起长1~2μm。

产地、时代　爱沙利亚;中—晚奥陶世, 兰维尔—阿什极尔期(Llanvirn—Ashgill)。

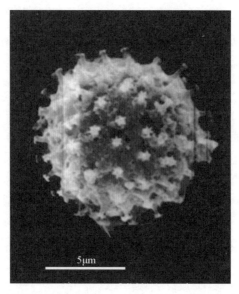

（引自 Uutela and Tynni，1991；图版 23，图 235）

条纹多叉球藻　*Multiplicisphaeridium striatum* Uutela and Tynni，1991

1991 *Multiplicisphaeridium striatum* Uutela and Tynni，p. 97；pl. XXIII，fig. 238.

种征　膜壳球形，附有 6 枚坚实的突起。在接近突起近端、中部或远端处，不规则生出分枝，呈现二分叉，有些突起形成坚实的二级小分枝。在扫描电子显微镜下，膜壳和突起壁的表面呈现颗粒条纹。膜壳直径 13～19μm，总体直径 30～50μm；突起长 11～17μm。

产地、时代　爱沙利亚；中奥陶世，卡拉道克期（Caradoc）。

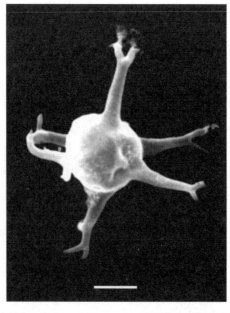

（引自 Uutela and Tynni，1991；图版 23，图 238）

干茎多叉球藻 *Multiplicisphaeridium trunculum* Wicander and Loeblich, 1977

1977 *Multiplicisphaeridium trunculum* Wicander and Loeblich, p. 148; pl. 6, fig. 7.

种征 膜壳轮廓圆形,壁厚 <0.5μm,表面光滑。膜壳附有 11~13 枚坚实、偶尔稍柔弱的突起。突起表面光滑,内腔与膜壳腔自由连通。突起至第一个分叉点(距离基部6~8μm 处)呈现圆柱形,往上出现二分叉或三分叉,以及二级或多次分叉,直至尖出的分枝末端。膜壳直径22~27μm;突起长 11~16μm,基部宽 3~4μm。该种具膜壳壁简单裂开的脱囊结构。

产地、时代 美国印第安纳州;晚泥盆世。

(引自 Wicander and Loeblich, 1977;图版6,图7)

浮夸多叉球藻 *Multiplicisphaeridium turgidum* Uutela and Tynni, 1991

1991 *Multiplicisphaeridium turgidum* Uutela and Tynni, p. 98; pl. XⅧ, fig. 240.

种征 膜壳多角形,附有数量不等(5~15 枚)的异形突起。一些突起是锥形,具有尖的末端,另一些是有二分叉的圆柱形。突起长度变化,但不超过膜壳直径。膜壳和突起壁表面有鲛粒和微小颗粒。突起腔与膜壳腔连通。膜壳直径 11~14μm;突起长 3~8μm,基部宽 2.5~3.0μm。

产地、时代 爱沙利亚;中奥陶世, 兰代洛—卡拉道克期(Llandeilo—Caradoc)。

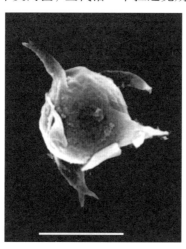

(引自 Uutela and Tynni, 1991;图版23,图240)

多样多叉球藻　*Multiplicisphaeridium varietatis* Moczydłowska，1998

1998 *Multiplicisphaeridium varietatis* Moczydłowska，p. 88；figs. 37A—D.

种征　膜壳轮廓圆形至椭圆形,附有较多(膜壳轮廓可见 15~18 枚)具有分叉末端的圆柱形突起。膜壳壁表面覆有颗粒,偶尔也见于突起壁表面。突起圆锥形基部向上伸长为圆柱形突起杆部,或者基部收缩或被堵塞。在同一标本可见以上两种突起基部状况。如果基部收缩,表现窄和不透光。突起中空,与膜壳腔连通,或者被塞分隔。突起远端呈现多样分叉,可达三级分叉的小羽枝而形成大的冠状物,小羽枝的顶端封闭,尖出。膜壳壁开口(圆口)大,具有由颗粒雕饰形成的小齿状轮廓。膜壳直径 35~50μm；突起长 9~21μm,基部宽约 3μm；小分枝的冠状伸展达 8~12μm。

产地、时代　波兰上西里西亚；晚寒武世。

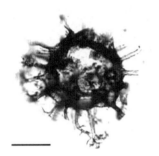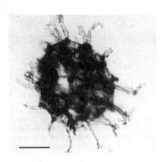

(引自 Moczydłowska,1998；图 37A,D)

异叉多叉球藻　*Multiplicisphaeridium varioramosum* Hashemi and Playford，1998

1998 *Multiplicisphaeridium varioramosum* Hashemi and Playford，p. 160；pl. 9，figs. 14—18.

种征　膜壳球形,轮廓圆形至亚圆形,很少近多角形。膜壳壁光滑,厚 0.5~0.6μm,此受制于挤压褶皱。膜壳近均匀分布 11~26 枚突起,突起直(坚实)至些许弯曲,它们中空,与膜壳腔自由连通。突起壁厚度与膜壳壁相同。突起与膜壳壁角度至微弯曲接触,从圆形至亚圆形的基部(直径 0.8~1.5μm,彼此间距 2~4μm)向远端尖削。近半数的突起末端显现不分叉的简单尖出,但部分突起有明显分枝(分枝长 2.5~8.0μm)；具有二分枝的突起可有二级或三级再次不等称的二分叉,最终末端尖出。膜壳未见脱囊结构。膜壳直径 12~17μm,总体直径 21~28μm。

产地、时代　伊朗中东部；晚泥盆世。

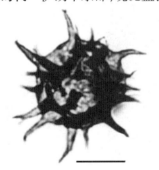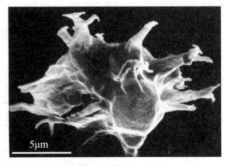

(引自 Hashemi and Playford，1998；图版 9,图 16—17)

疣面多叉球藻　*Multiplicisphaeridium verrucarum* Wicander，1974

1974 *Multiplicisphaeridium verrucarum* Wicander，p. 29；pl. 14，figs. 10—12.

种征　膜壳轮廓亚圆形,附有 12~17 枚中空突起。突起稍显圆柱形,远端呈现 4 次分叉,最终末端尖。膜壳和突起壁表面饰有微小颗粒。膜壳直径 18~22μm;突起长 7~9μm,基部宽 2.2μm。膜壳未见脱囊开口结构。

产地、时代　美国俄亥俄州;早石炭世。

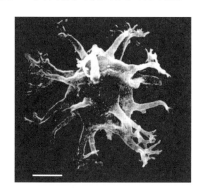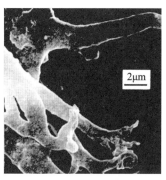

（引自 Wicander，1974;图版 14,图 10—11）

疣饰多叉球藻　*Multiplicisphaeridium verrucosum* Uutela and Tynni，1991

1991 *Multiplicisphaeridium verrucosum* Uutela and Tynni，p. 98；pl. XXIII，fig. 241.

种征　膜壳亚球形,附有 4~5 枚坚实突起。突起的远端有 2~6 个不规则分枝,少数分枝显示三级分叉;分叉通常源自突起的相同平面,羽枝末端呈现球根形。膜壳壁表面不规则分布直径 0.5~1μm 的球根瘤饰;突起表面有条纹和微小颗粒。膜壳直径 17~18μm;突起长 15~20μm。

产地、时代　爱沙利亚;中—晚奥陶世,卡拉道克—阿什极尔期(Caradoc—Ashgill)。

（引自 Uutela and Tynni，1991;图版 23,图 241）

壁腔藻属　*Muraticavea* Wicander，1974

模式种　*Muraticavea enteichia* Wicander，1974

属征　膜壳轮廓圆形至椭圆形。膜壳壁被褶皱的高脊形成的冠状网划分为多个区间。膜壳未见脱囊结构。

封闭壁腔藻　*Muraticavea enteichia* Wicander，1974

1974 *Muraticavea enteichia* Wicander，p. 14；pl. 15，figs. 1—3.

种征　膜壳轮廓圆形至椭圆形，直径 70~74μm。膜壳表面显示鸡冠状网，它们将每半个膜壳分成 6 个区域（包括中央 1 个五边形区域和侧边 5 个区域），这 6 个区域被膜壳壁褶皱形成的脊分隔。膜壳未见脱囊开口。

产地、时代　美国俄亥俄州；晚泥盆世。

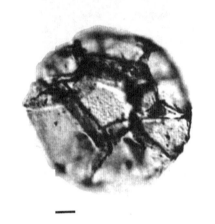 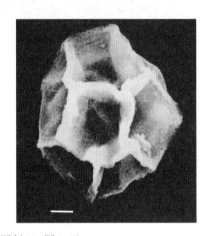

（引自 Wicander，1974；图版 15，图 1,3）

瑕疵球藻属　*Naevisphaeridium* Wicander，1974

模式种　*Naevisphaeridium plenilunium* Wicander，1974

属征　膜壳轮廓圆形，壳壁中等厚，表面覆有椭圆形凹坑。膜壳附有许多中空突起，它们与膜壳腔自由连通。突起圆柱形，它们的远端分裂形成 4 个小的刺状分枝。可见膜壳壁裂开的脱囊结构。

满月瑕疵球藻　*Naevisphaeridium plenilunium* Wicander，1974

1974 *Naevisphaeridium plenilunium* Wicander，p. 30；pl. 15，figs. 4—6.

种征　膜壳轮廓圆形，壁中等厚。膜壳表面均匀分布椭圆形凹坑雕饰，每个凹坑被薄而窄的脊所围绕。膜壳附有 18~20 枚光滑、中空的圆柱形突起，它们与膜壳腔自由连通。突起远端分叉为 4 个小的刺状分枝。可见膜壳壁裂开的脱囊方式。膜壳直径 29~35μm；突起长 8~9μm，宽 2.5~2.7μm。

产地、时代　美国俄亥俄州；晚泥盆世。

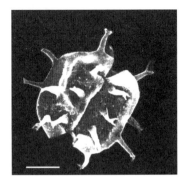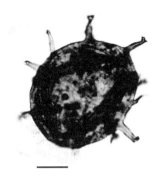

（引自 Wicander，1974；图版 15，图 4,6）

矮怪藻属　*Nanocyclopia* Loeblich and Wicander，1976

模式种　*Nanocyclopia aspratilis* Loeblich and Wicander，1976

属征　膜壳球形，具有须毛状边缘。膜壳壁厚，表面粗糙，或覆有点粒至颗粒。"突起"微小，它们呈毛发状或钝端小瘤。膜壳具有圆形至亚圆形的圆口及其口盖。口盖简单，或致密部分稍隆起，或被不很致密物的凸缘所围绕。

粗糙矮怪藻　*Nanocyclopia aspratilis* Loeblich and Wicander，1976

1976 *Nanocyclopia aspratilis* Loeblich and Wicander, p. 19；pl. 6，figs. 4—7.

种征　膜壳球形，直径 50~83μm，具有毛状边缘。膜壳壁厚 2~3μm，表面粗糙，显示小沟槽、点穴至颗粒。从膜壳边缘凸出小的瘤和毛发状突起物。膜壳壁具圆口的脱囊开口；口盖光滑，最大直径 18~22μm，亚圆形至椭圆形，由较厚的内部和微升起部分（最大直径 15~16μm）以及更薄（宽 2~4μm）的外缘构成。

产地、时代　美国俄克拉荷马州；早泥盆世，吉丁期（Gedinnian）。

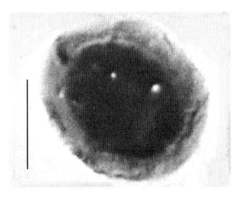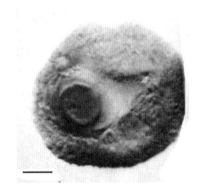

（引自 Loeblich and Wicander，1976；图版 6，图 4,7）

错综矮怪藻　*Nanocyclopia perplexa* Loeblich and Wicander，1976

1976 *Nanocyclopia perplexa* Loeblich and Wicander, p. 19；pl. 6，figs. 8—10.

种征　膜壳球形，直径 48~53μm；壁厚 1~2μm，表面粗糙，覆有小的凸起、不规则管道、细小褶皱和点穴。膜壳边缘通常齿状,且有长达 1μm 的钝端凸出物。膜壳壁具圆口的脱囊开口,且有一个简单、光滑的口盖,口盖最大直径 10~15μm。

产地、时代 美国俄克拉荷马州;早泥盆世,吉丁期(Gedinnian)。

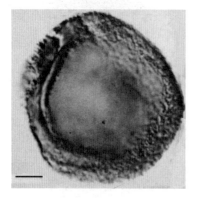

(引自 Loeblich and Wicander, 1976;图版 6,图 8—9)

舟形藻属 *Navifusa* Combaz, Lange, and Pansart, 1967

模式种 *Navifusa navis*(Eisenack)Combaz, Lange, and Pansart, 1967

属征 膜壳多少呈现拉伸的椭圆形或具有圆端的棍棒形。膜壳壁简单,表面光滑或有雕饰。

棒状舟形藻 *Navifusa bacillum*(Deunff), comb. Playford, 1977

1955 *Leiofusa bacillum* Deunff, p. 148; pl. 4, fig. 2.

1977 *Navifusa bacillum*(Deunff), comb. Playford, p. 29; pl. 12, figs. 1—9.

种征 膜壳圆柱形或棒状,端部宽圆形;单层壁,厚约 1~2μm。在光学显微镜下,膜壳表面有颗粒、粗糙至几乎光滑,而在扫描电子显微镜下显示颗粒至微小颗粒。颗粒基部宽达 0.8μm,高很少超过 0.5μm,彼此间距约 2μm;均衡对齐分布的颗粒在低倍显微镜下显示如同排列的条纹。膜壳未见脱囊结构。

产地、时代 加拿大安大略省南部、巴西、巴拉圭、北非、美国俄亥俄州;泥盆纪。

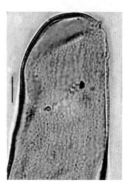

(引自 Playford, 1977;图版 12,图 1,8—9)

多露舟形藻　*Navifusa drosera* Wicander，1974

1974 *Navifusa drosera* Wicander，p. 30；pl. 15，figs. 7—9.

　　种征　膜壳为拉长的舟形，长 116~135μm，宽 27~35μm，显示宽圆形端部。膜壳壁厚约 1.2μm，表面覆有粗颗粒饰，无突起。膜壳未见脱囊开口结构。

　　产地、时代　美国俄亥俄州；早石炭世。

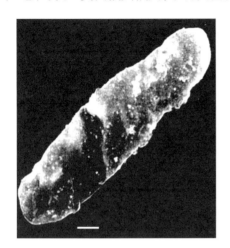 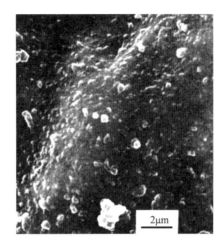

（引自 Wicander，1974；图版 15，图 7—8）

小船舟形藻　*Navifusa exillis* Playford，1981

1981 *Navifusa exillis* Playford，p. 49；pl. 12，figs. 12—16.

　　种征　膜壳舟形，伸展或蜷曲，端部宽圆形，长宽比值为 1.8:1~4:1；壁薄（约0.3~0.4μm），表面光滑或微粗糙。膜壳未见脱囊结构。

　　产地、时代　澳大利亚；晚泥盆世，（?）弗拉斯期（Frasnian?）。

（引自 Playford and Dring，1981；图版 12，图 16；G. Playford 赠送图像）

束缚藻属 *Nexosarium* Turner，1984

模式种 *Nexosarium parvum* Turner，1984

属征 膜壳球形至亚球形，中空，壁表面覆有颗粒，疣或网饰。膜壳附有少数辐射、中空、异形的突起，其近端有塞而与膜壳腔分隔。突起长度与膜壳直径近相等。一些突起具有简单尖出的末端，另一些突起显示二分叉至二级分叉，少数三分叉。膜壳具中裂的脱囊结构。

曼叟尔束缚藻 *Nexosarium mansouri* Le Hérissé，Molyneux，and Miller，2015

2015 *Nexosarium mansouri* Le Hérissé，Molyneux，and Miller，p. 51；pl. XIV，figs. 4—6.

种征 膜壳轮廓圆形，附有 12~18 枚细长、简单或多分叉的突起。突起近端在膜壳壁表面之上有短塞，与膜壳腔不连通；塞的远端呈现内凹。膜壳壁表面覆有颗粒至粒网状。膜壳直径 10~24μm；突起长 8~12μm，宽 1.5μm。

产地、时代 沙特阿拉伯；晚奥陶世，鲁丹最早期（earliest Rhuddanian）。

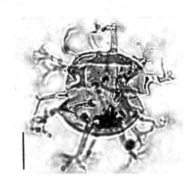

（引自 Le Hérissé *et al.*，2015；图版 14，图 4,6）

止肩藻属 *Oppilatala* Loeblich and Wicander，1976

模式种 *Oppilatala vulgaris* Loeblich and Wicander，1976

属征 膜壳轮廓圆形，附有数量不等的突起。膜壳壁双层，覆有变化多样的雕饰，外层形成突起。突起的远端有变化多样的多分叉，近端通常收缩，且被与膜壳壁相似物质短距离堵塞而与膜壳腔不连通。该种具膜壳壁简单裂开的脱囊结构。

格拉恩止肩藻 *Oppilatala grahni* Le Hérissé，1989

1989 *Oppilatala grahni* Le Hérissé，p. 172；pl. 23，figs. 1—4.

种征 膜壳球形，壁厚，附有 9~12 枚长的圆柱形、中空、异形（简单或分叉）突起。突起基部微收缩，且与膜壳壁接触之间有塞。膜壳表面覆有蠕虫状雕饰；突起下面局部有纵纹。可见膜壳壁简单裂缝的脱囊结构。膜壳直径 33~41μm；突起长 33~43μm，宽 3.5μm。

产地、时代 瑞典哥特兰岛；早志留世，兰多维利期（Llandovery）。

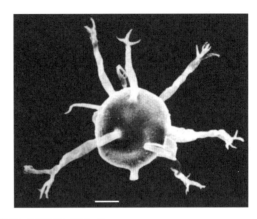

（引自 Le Hérissé，1989；图版23，图2,4）

吉弗止肩藻 *Oppilatala juvensis* Le Hérissé，1989

1989 *Oppilatala juvensis* Le Hérissé，p.176；pl.23，figs.8—9.

种征 膜壳球形，覆有颗粒，附有 25~40 枚短的突起。突起长大体为膜壳直径的 1/2。突起圆柱形，中空，末端简单或有一级的二分叉。膜壳壁简单裂开边缘显示凸缘的开口式样。膜壳直径 22~31μm；突起长 7.0~13.5μm，基部宽 1.0~2.5μm，彼此间距约6μm。

产地、时代 瑞典哥特兰岛；晚志留世，卢德洛期（Ludlow）。

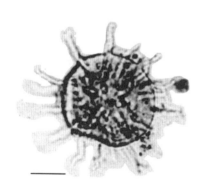
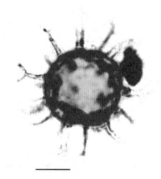

（引自 Le Hérissé，1989；图版23，图8—9）

独特止肩藻 *Oppilatala singularis* Le Hérissé，1989

1989 *Oppilatala singularis* Le Hérissé，p.178；pl.24，figs.1—9.

种征 膜壳球形，壁坚实，表面覆有小穴或微小颗粒，附有 12~16 枚不一样的突起。突起圆柱形，中空，末端简单尖出或分叉（二分叉至二级分叉）。突起基部有细的纵纹，它们在突起主干部分呈现锯齿般分布。突起基部有塞，其远端呈现"V"字形。突起与膜壳壁接触没有收缩。突起长度小于膜壳直径。膜壳壁具简单裂缝的脱囊结构，且沿裂缝有凸起。膜壳直径 26~40μm；突起长 16~37μm（平均28μm），基部宽 2~4μm。

产地、时代 瑞典哥特兰岛;早志留世, 兰多维利期(Llandovery)。

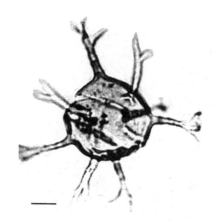
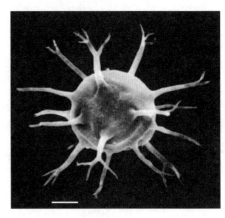

(引自 Le Hérissé, 1989;图版24,图1,3)

普通止肩藻 *Oppilatala vulgaris* Loeblich and Wicander, 1976

1976 *Oppilatala vulgaris* Loeblich and Wicander, p. 20; pl. 6, figs. 11—13.

种征 膜壳轮廓圆形,双层壁(厚约1μm),表面粗糙。膜壳附有4~9枚壁薄(厚度仅为膜壳壁厚的1/3)、柔细、透明的突起。突起与膜壳壁明显界别。在光学显微镜下突起壁光滑,而在电子显微镜下显示微小颗粒。突起远端二分叉或三分叉直到三级分叉尖出。突起基部微收缩,且被与膜壳壁成分相同的物质堵塞(塞长约4μm),突起从塞往上中空,并与膜壳腔不连通。膜壳直径18~24μm;突起长24~28μm,基部宽2~3μm。该种具膜壳壁简单裂开的脱囊结构。

产地、时代 美国俄克拉荷马州;早泥盆世, 吉丁期(Gedinnian)。

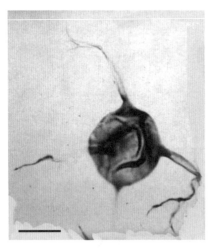
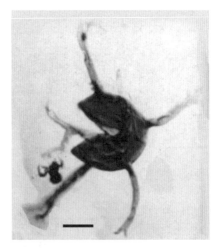

(引自 Loeblich and Wicander, 1976;图版6,图11,13)

直角球藻属　*Orthosphaeridium*（Eisenack，1968），emend. Kjellström，1971

　　模式种　*Orthosphaeridium rectangulare*（Eisenack，1963）Eisenack，1968

　　属征　单细胞有机壁微体化石，膜壳矩形。脱囊结构经常沿横向的缝线裂开，将膜壳分裂为几乎相等的两半。突起简单或分叉，其内腔与膜壳腔分隔。

宽突直角球藻　*Orthosphaeridium latispinosum* Uutela and Tynni，1991

1991 *Orthosphaeridium latispinosum* Uutela and Tynni, p. 103；pl. ⅩⅩⅥ, fig. 277.

　　种征　膜壳亚球形或微呈矩形，附有 4 枚坚实、短的突起。突起的近端收缩，其长度短于膜壳直径，显示尖出或微球根形末端。膜壳和突起壁表面覆有颗粒。膜壳被中裂一分为二。膜壳长 45~64μm，宽 31~40μm；突起长 30~38μm，最宽处 12μm。

　　产地、时代　爱沙利亚；中奥陶世，兰代洛期—卡拉道克期（Llandeilo—Caradoc）。

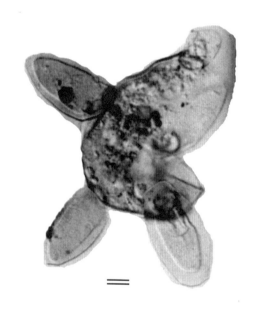

（引自 Uutela and Tynni，1991；图版 26，图 277）

矩形直角球藻　*Orthosphaeridium orthogonium* Le Hérissé，Molyneux，and Miller，2015

2015 *Orthosphaeridium orthogonium* Le Hérissé, Molyneux, and Miller, p. 51；pl. Ⅹ, figs. 1—2.

　　种征　膜壳膨胀，轮廓呈亚矩形。膜壳附有 10~12 枚突起，其中 4 枚突起位于膜壳中部的同平面，其余不同长度的突起出自膜壳面。突起亚圆柱形尖出，它们基部有固体塞，与膜壳腔不连通。膜壳壁光滑；突起壁光滑或覆有小颗粒。膜壳具近等半中裂的脱囊方式。膜壳长 67~75μm，宽 39~42μm；突起长 44~55μm。

　　产地、时代　沙特阿拉伯；晚奥陶世，鲁丹最早期（earliest Rhuddanian）。

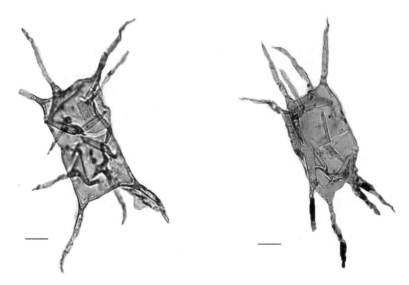

（引自 Le Hérissé *et al.* , 2015；图版 10，图 1—2）

分枝藻属 *Ozotobrachion* Loeblich and Drugg, 1968

模式种 *Ozotobrachion palidodigitatus*（Cramer），comb. Loeblich and Drugg, 1968

属征 膜壳轮廓三角形，很少卵形或亚四边形。在膜壳每个角部有延伸的突起，一般为 3 枚，少数情形仅有 2 枚或多达 4 枚。突起壁薄，二歧分叉或呈指状，其末端开放或封闭。突起近端与膜壳壁结合处有加厚的塞而封闭。膜壳壁上的脱囊开口可能显示为裂缝或是两突起间的遮蔽物。膜壳壁比突起壁厚，在光学显微镜下难以分辨两层壁。

叉状分枝藻 *Ozotobrachion furcillatus*（Deunff），comb. Playford, 1977

1955 *Veryhachium furcillatum* Deunff, p. 146；fig. 18.

1977 *Ozotobrachion furcillatus*（Deunff），comb. Playford, p. 31；pl. 13, figs. 1—9；pl. 14, figs. 13—16.

种征 膜壳轮廓通常为三角形，很少呈卵形、矩形或多角形；壁厚 0.5~1.2μm。在光学显微镜下，膜壳壁表面显现光滑，或有微小颗粒或鲛粒；在扫描电子显微镜下，膜壳壁表面少见光滑，一般显示粗糙、有微小颗粒或小网。多数膜壳附有 3 枚（偶尔有2、4、5或6枚）近同形的突起，其中 1 枚突起通常出自膜壳角部。突起中空，壁薄（厚 0.3μm 或更薄），透明，表面光滑或有稀疏微小鲛粒至颗粒，从其基部向远端渐尖削，通常达三级二分叉。分叉一般在端部，但也有始自基部至远端小于 1/3 处。突起有明显基塞（厚 0.7~1.5μm），与膜壳腔不连通。突起长 18~48μm（一般 35~40μm），基部宽 2~5μm。少见膜壳壁简单线状裂开的脱囊结构。

产地、时代 加拿大安大略省，美国俄克拉荷马州、佛罗里达州，西班牙，阿根廷，阿尔及利亚撒哈拉沙漠；晚志留世至泥盆纪。

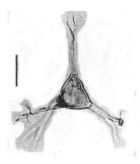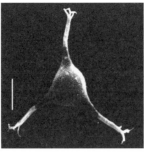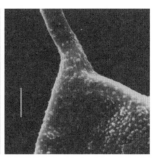

（引自 Playford，1977；图版 13，图 2，6，9）

衬垫分枝藻　*Ozotobrachion pulvinus* Loeblich and Wicander，1976

1976 *Ozotobrachion pulvinus* Loeblich and Wicander，p. 22；pl. 7，figs. 1—4.

种征　膜壳轮廓多样，如呈膨胀边的三角形，具有直边的亚四方形，或者五角形至亚圆形。膜壳直径 16~24μm，附有 3~8 枚中空突起（长达 28μm）。突起近端收缩，且被与膜壳壁类似沉淀物（厚达 1μm）堵塞，以至与膜壳腔不连通。突起近等宽（宽 4~6μm），其远端微外翻，且围绕有 4~5 个尖的、中空、柔细的小刺（长达 7μm），它们很少在离顶端不远出现二分叉。通常突起远端折叠、凹入，使柔细小刺朝向膜壳壁，而凹入的远端显现突起远端"开口"的假象，其实远端封闭如同近端的塞。膜壳壁厚小于 1μm，表面光滑；突起壁更薄，表面有微细条纹或皱纹，但很少有微细条纹穿过塞。膜壳未见脱囊结构。

产地、时代　美国俄克拉荷马州；早泥盆世，吉丁期（Gedinnian）。

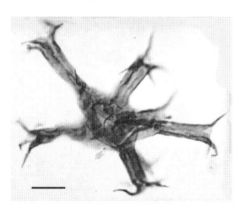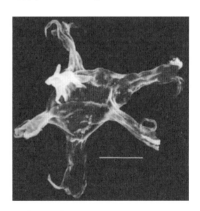

（引自 Loeblich and Wicander，1976；图版 7，图 1—2）

厚壁球藻属　*Pachysphaeridium*（Burmann，1970），emend. Ribecai and Tongiorgi，1999

模式种　*Pachysphaeridium robustum*（Eisenack，1963）Fensome，Williams，Barss，Freeman and Hill，1990

属征　膜壳球形或亚球形，轮廓圆形、规则或不规则多角形；壁厚或中等厚，均匀或不均匀分布略微异形的坚实突起。突起圆柱至锥形（很少呈半球形），它们中空，与膜壳腔自由连通。突起近基端与膜壳壁角度相接，略显弯曲；远端呈现圆至球根状或不规则头状花序形，部分突起远端具特征性的膨大，而与泡状扩大的内通道相一致。少数突起有简单二分叉。膜壳表面光滑、粗糙或覆有颗粒乃至皱纹；突起表面光滑或很少颗粒，突起壁从基部至远端常显示细的、有点模糊的、纵向排列的脊纹状纤维结构，它们彼此聚合或二分叉。多数显示为膜壳壁三方向裂开的脱囊结构，以至呈现三角形开口（在一些种可能是简单裂开）。

谢尔厚壁球藻　*Pachysphaeridium kjellstroemii* **Ribecai and Tongiorgi，1999**

1999 *Pachysphaeridium kjellstroemii* Ribecai and Tongiorgi，p. 127；pl. 2，figs. 2—6.

种征　膜壳球形，单层壁，壁中等厚。膜壳附有许多较短的突起，它们的长度不超过膜壳半径。突起中空，与膜壳腔自由连通。突起近锥形，微异形，大多不分叉，少数突起二分叉为两根粗短的分枝。突起与膜壳壁的接触面微弯曲，突起远端呈现圆形至球根状。膜壳表面光滑至细小颗粒；突起表面覆有细小颗粒，且有纵向肋纹。膜壳具三角形开口的脱囊结构，且有向外偏斜的唇。膜壳直径 53μm；最长突起长 14μm，宽 5.5μm；最短突起长 7μm，宽 3.5μm；突起数 66 枚。

产地、时代　瑞典；早—中奥陶世，阿伦尼格期—兰维尔期（Arenigian—Llanvirn）。

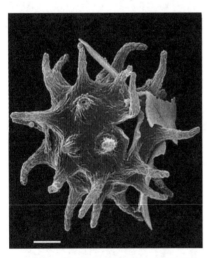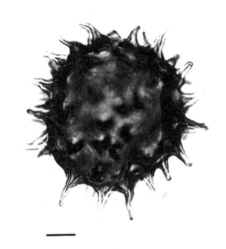

（引自 Ribecai and Tongiorgi，1999；图版 2，图 2,5）

天星厚壁球藻　*Pachysphaeridium sidereum* **Ribecai and Tongiorgi，1999**

1999 *Pachysphaeridium sidereum* Ribecai and Tongiorgi，p. 133；pl. 5，figs. 8—12.

种征　膜壳为多面体，大多壁薄，通常附有少数几乎同形、基部宽的简单突起。突起中空，与膜壳腔自由连通。突起近端与膜壳壁弯曲接触。突起主干呈锥形，其顶端形态多样，有圆形、微膨胀形或球根形。膜壳表面覆有细小颗粒或具皱；突起表面有相当强烈的雕饰，密集分布微波状和局部聚合的肋纹。膜壳具三角形开口的脱囊结构，且有向外偏斜的唇。膜壳直径 60.3μm，突起长 19.7~30.2μm，宽 9.3~15.1μm；突起数 14 枚。

产地、时代　瑞典；早奥陶世，阿伦尼格晚期（late Arenigian）。

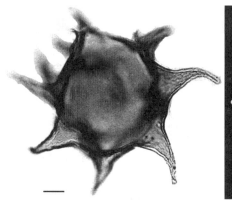
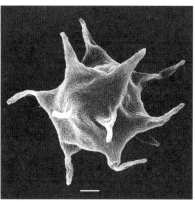

（引自 Ribecai and Tongiorgi，1999；图版 5，图 8，11）

虫突厚壁球藻 *Pachysphaeridium vermiculiferum* **Ribecai and Tongiorgi，1999**

1999 *Pachysphaeridium vermiculiferum* Ribecai and Tongiorgi，p. 136；pl. 6，figs. 12—14.

　　种征　膜壳球形，单层壁，壁中等厚，附有数量不等的、微异形、壁薄的短突起；突起中空，与膜壳腔自由连通。突起与膜壳壁直交接触。突起呈现亚圆柱形，其远端形态多样，常微膨胀。膜壳表面覆有细小颗粒，从突起基部扩展至膜壳表面辐射分布不规则波状、局部聚合的纵向肋纹。膜壳具三角形开口的脱囊结构，且有向外偏斜的唇。膜壳直径 80μm；突起长 7~16μm，宽 3.0~3.5μm；突起数 60 枚。

　　产地、时代　瑞典；早—中奥陶世。

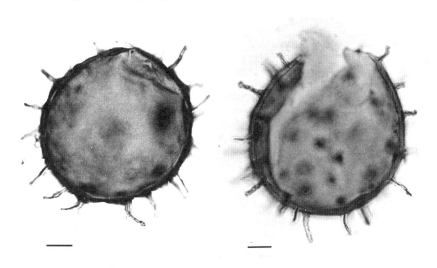

（引自 Ribecai and Tongiorgi，1999；图版 6，图 12，14）

眼角藻属　*Palacanthus* Wicander，1974

　　模式种　*Palacanthus acutus* Wicander，1974

　　属征　膜壳轮廓星形，附有许多宽基部的突起。突起皆从膜壳的相同面伸出，其末端尖削。膜壳和突起表面光滑。膜壳未见脱囊开口。

锐利眼角藻　*Palacanthus acutus* Wicander，1974

1974 *Palacanthus acutus* Wicander, p. 30；pl. 16, fig. 4.

种征　膜壳星形,总体直径 32μm,附有 10 枚宽基部的突起。突起皆在膜壳同平面分布。突起长 8.1μm,其末端尖。膜壳和突起壁表面光滑。膜壳未见脱囊开口结构。

产地、时代　美国俄亥俄州;晚泥盆世。

(引自 Wicander, 1974;图版 16,图 4)

勒达诺似眼角藻　*Palacanthus ledanoisii*（Deunff），comb. and emend. Playford，1977

1957 *Veryhachium ledanoisii* Deunff, p. 9；fig. 6.

1977 *Palacanthus ledanoisii*（Deunff）, comb. and emend. Playford, p. 32；pl. 14, figs. 1—10.

种征　膜壳轮廓星形;膜壳单层壁,厚 0.5~1.0μm。在膜壳同平面附有 3~8 枚(平均 4~5 枚)近对称分布的突起。突起基部宽(宽 6~11μm),且相互连接;它们中空,与中央腔自由连通。突起长达 20~45μm,末端尖削、钝而封闭。罕见一枚突起的末端出现辐射的微小二分叉或膜状分叉,其他突起皆同形。在光学显微镜下,膜壳表面光滑至粗糙,而在扫描电子显微镜下显示光滑至微小颗粒,或有不规则的微小斑穴。少数标本显示一条横穿膜壳近中央的宽而弯曲至几乎线形的裂开,此可能代表脱囊开口,或仅是意外的裂口。

产地、时代　加拿大安大略省、法国、突尼斯、比利时、巴拉圭;泥盆纪。

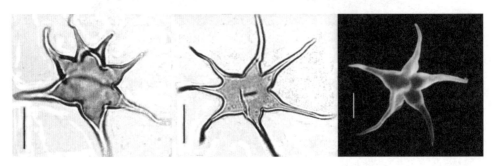

(引自 Playford, 1977;图版 14,图 1,5,10)

古口囊藻属　*Palaeostomocystis* **Deflandre 1937**

模式种　*Palaeostomocystis reticulata* Deflandre，1937

属征　膜壳球形或稍显椭球形，表面光滑或有雕饰。膜壳具有恒定的孔或宽的开口，有的孔可见颈状延伸。膜壳较小，一般 10~40μm。

圆形古口囊藻　*Palaeostomocystis orbiculata* **Verhoeven et al.，2014**

2014 *Palaeostomocystis orbiculata* Verhoeven *et al.*，p. 11；pl. 3，figs. 1—12.

种征　膜壳球形至亚球形，单层壁，具有增厚边缘的圆形开口。膜壳厚壁表面覆有颗粒和由低矮脊线形成的不规则网状结构物，其网眼大小变化。膜壳脱囊开口的口盖不受约束。中央体直径 34.5~43.1μm（平均 39.6μm）；圆口直径 17.6~22.4μm（平均 20.1μm）。

产地、时代　北海盆地南部和北大西洋区域；全新世。

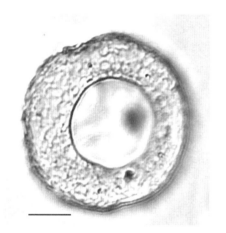 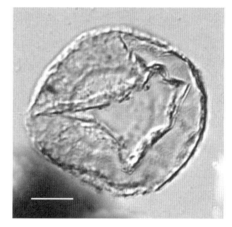

（引自 Verhoeven *et al.*，2014；图版 3，图 4,7）

蝶形藻属　*Papiliotypus* **Hashemi and Playford，1998**

模式种　*Papiliotypus pulvinus* Hashemi and Playford，1998

属征　膜壳整体呈哑铃形，膜壳轮廓大致为四边形，膜壳边直至中度外凸，偶尔些微内凹。膜壳壁单层，较薄，表面光滑或粗糙。膜壳的各个角部有短的侧面延伸，且微微尖削形成圆形封闭的远端。在膜壳相对应的狭窄端发育有离散分布、薄而透明、光滑或粗糙的肾形、凸缘状的结构物。脱囊结构未知。

衬垫蝶形藻　*Papiliotypus pulvinus* **Hashemi and Playford，1998**

1998 *Papiliotypus pulvinus* Hashemi and Playford，p. 162；pl. 9，figs. 7—12.

种征　膜壳轮廓为多种方形，膜壳边直至微凸或很少微凹；单层壁（厚 0.5~0.8μm），表面光滑至粗糙。膜壳的各个角部侧向伸展，形成中空、圆形、远端封闭的突出物，它们与膜壳腔自由连通。单个突出物长 2.5~5.0μm，基部宽 0.8~2.5μm。在膜壳对应两端发育两个肾形、凸缘状结构物。该结构物薄（厚 0.2~0.3μm），透明，表面光滑至粗糙；其长 14~22μm（一般超越膜壳宽度），宽 3~10μm。膜壳壁和凸缘具有与纵轴平行的、小的、纤弱挤压褶皱。膜壳未见脱囊结构。膜壳直径 14~19μm，总体直径 21~32μm。

产地、时代 伊朗中东部；晚泥盆世。

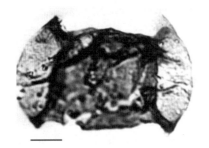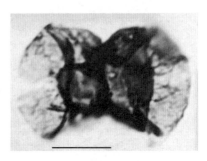

（引自 Hashemi and Playford，1998；图版 9，图 10—11）

圆疹藻属 *Papulogabata* Playford，1981

模式种 *Papulogabata annulata* Playford，1981

属征 膜壳盘状，可能原先是球形，中空，轮廓圆或亚圆形；单层壁，外围（"赤道区"）较厚，表面光滑或粗糙。在膜壳一边发育有一圆口形式的脱囊开口，具有简单口盖；在膜壳另一边的中心区域（"极区"）呈现光滑的穹状或盘形的膜壳壁加厚。

环饰圆疹藻 *Papulogabata annulata* Playford，1981

1981 *Papulogabata annulata* Playford，p. 50；pl. 13，figs. 1—6。

种征 膜壳近盘形，可能原本球形，轮廓圆形或亚圆形。膜壳表面光滑至粗糙。膜壳边缘完整或些许不规则；沿膜壳周边明显加厚，呈现为似"赤道环"（直径 1.3~2.0μm），向"极区"则减薄为 0.4μm。在膜壳一侧有一个圆形至亚圆形开口类型的脱囊结构，其直径 12~18μm，边缘光滑或呈圆齿状。偶尔见与相邻膜壳壁等厚，且与开口同样几何形状的口盖。在膜壳无开口的对应侧，位于极区发育颜色较深、盘形或低矮的圆形物，该圆形物边缘明显或稍显模糊。

产地、时代 澳大利亚；晚泥盆世，（？）弗拉斯期（？Frasnian）。

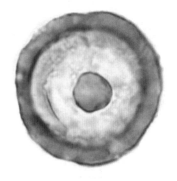

（引自 Playford and Dring，1981；图版 13，图 4,6；G. Playford 赠送图像）

裂片圆疹藻 *Papulogabata lobata* Hashemi and Playford，1998

1998 *Papulogabata lobata* Hashemi and Playford，p. 164；pl. 9，figs. 3—6.

种征 膜壳球形或盘形，轮廓圆形至亚圆形，周缘有多种多样叶状分裂。有8~22个叶状凸出，单个高1.5~2.5μm，基部宽1~4μm。膜壳壁厚0.6~0.9μm，表面光滑，偶尔粗糙。在膜壳一侧有一个圆形至亚圆形的开口（环形开口），其直径8~13μm；膜壳与环形开口的直径比值为1.3~1.8，未见口盖。在没有开口的膜壳一侧，显示呈圆形至亚圆形、肿块状、低的加厚区域，该区域位于中部，直径4~5μm，且颜色较深。膜壳边缘清楚或模糊。

产地、时代 伊朗中东部；晚泥盆世。

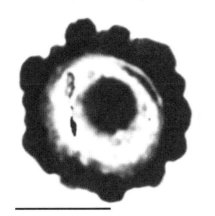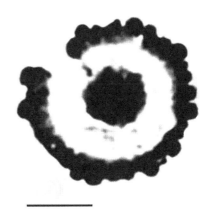

（引自 Hashemi and Playford，1998；图版9，图3,6）

楯囊藻属 *Peltacystia* Balme and Segroves，1966

模式种 *Peltacystia venosa* Balme and Segroves，1966

属征 不溶于酸的、功能未知的微体化石，壳体球形或扁的椭球形。沿着明显的赤道线，壳体倾向裂开为对称的两半壳，每个半壳被近极端的脊或环形突起结构划分出极端和赤道带。在极端与赤道之间，突起围绕半个壳体。另外，近极的脊或突起环可在极区出现，而壳体壁其他部分的表面光滑或有多样变化的雕饰。

脉纹楯囊藻（比较种） *Peltacystia* sp. cf. *P. venosa* Balme and Segroves，1966

1966 *Peltacystia venosa* Balme and Segraves，pp. 27—28；figs. 1a—b,2a—f,3f—k.

cf. 1977 *Circulisporites venosus*（Balme and Segroves）Anderson，p. 62；Appendix 9.3，p. 9；pl. 4，figs. 1—15.

cf. 2008 *Peltacystia venosa* Balme and Segroves，1966；Playford and Rigby，p. 42；pl. 8，fig. 19.

种征 膜壳轮廓呈圆形，壁薄，附有两圈低而明显分离的同心脊，外圈脊窄（宽＜0.5μm），具有波状顶饰，距膜壳边缘约2.0μm；内圈脊更为清晰（宽0.5~1.0μm），它界定极区直径最大达12μm。膜壳壁表面饰有微细条纹。

产地、时代 澳大利亚西部、贡瓦拉多地；二叠纪。

（引自 Playford and Rigby，2008；图版 8，图 19；G. Playford 赠送图像）

贯穿球藻属　*Percultisphaera* Lister，1970

模式种　*Percultisphaera stiphrospinata* Lister，1970

属征　膜壳亚球形至椭球形，中空，壁薄，附有两种类型装饰。次级小雕饰（大小 0.5~1.0μm）密集、均匀分布，近圆锥形至管形，远端具有头状或侧面扩展的端部；主要装饰为细长的实心刺，它们位于膜壳顶部或围绕赤道部位的近六角形开口。

粗野贯穿球藻　*Percultisphaera incompta* Richards and Mullins，2003

2003 *Percultisphaera incompta* Richards and Mullins，p. 589；pl. 4，fig. 6；pl. 6，figs. 9，11.

种征　膜壳球形至亚球形，壁薄。膜壳具有两种装饰：一种是实心尖锐、不同长度、与膜壳边平行的突起；另一种是具脊的网，脊围绕的网区内含有从中心区域辐射且相互连接的脊纹饰。膜壳具中央裂开的脱囊结构。膜壳直径 23~40μm。

产地、时代　英格兰；晚志留世。

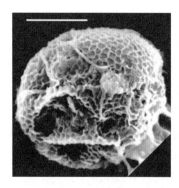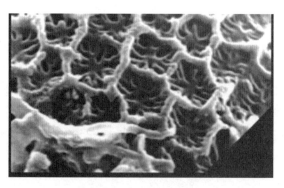

（引自 Richards and Mullins，2003；图版 6，图 9，11）

奇侧藻属　*Perissolagonella* Loeblich and Wicander，1976

模式种　*Perissolagonella amsdenii* Loeblich and Wicander，1976

属征　膜壳轮廓五角形至六角形，从膜壳角部和膜壳面各伸出一枚突起。突起易弯曲，中空，与膜壳腔自由连通。膜壳壁薄，表面光滑或覆有微小雕饰。可见膜壳壁圆口的脱囊结构。

阿姆斯登奇侧藻　*Perissolagonella amsdenii* Loeblich and Wicander，1976

1976 *Perissolagonella amsdenii* Loeblich and Wicander，p. 23；pl. 9，figs. 1—2.

　　种征　膜壳轮廓五角形；膜壳壁薄，厚约 0.5μm，表面光滑。同一平面有 5 枚突起，它们分别从膜壳的五个角部凸出，另从膜壳不同面近中部产出 1 枚突起。突起柔韧，中空，与膜壳腔自由连通。在膜壳一侧有小的外翻脱囊开口。膜壳直径 25~27μm，总体直径达 73μm。

　　产地、时代　美国俄克拉荷马州；早泥盆世，吉丁期（Gedinnian）。

（引自 Loeblich and Wicander，1976；图版9，图1）

翼突球藻属　*Peteinosphaeridium*（Staplin，Jansonius，and Pocock，1965），emend. Playford，Ribecai，and Tongiorgi，1995

　　模式种　*Peteinosphaeridium bergstroemii*（Staplin，Jansonius，and Pocock，1965），emend. Playford，Ribecai，and Tongiorgi，1995

　　属征　膜壳原本球形或亚球形，轮廓圆形至亚圆形；壳壁基本光滑或有很小的雕饰，壳壁可能双层，通常紧密压实。膜壳表面光滑，其边缘平滑或有如同小刺、小棒样的雕饰。膜壳表面离散分布显著拉长的突起，突起大体同形、实心。突起主干由 3~4 个薄的、纵向辐射的薄膜构成三叶或四叶状。突起远端呈现不分叉的薄膜，往上向端部成尖圆形或尖出，有时呈现刺状延伸；或者从突起主干远端出现三级或四级分叉，在此情形下，分枝由三叶状薄膜构成，其外薄膜是主干薄膜的延伸。分枝薄膜向远端呈圆尖形或尖出，有时延伸为拉长、柔软的刺。膜壳具有简单或带有唇边及口盖的圆口脱囊结构。

装束翼突球藻　*Peteinosphaeridium accinctulum* Wicander，Playford，and Robertson，1999

1999 *Peteinosphaeridium accinctulum* Wicander，Playford，and Robertson，p. 21；pl. 10，figs. 8—10；pl. 11，figs. 1—4；pl. 12，fig. 1.

　　种征　膜壳轮廓圆形至亚圆形，壁光滑，附有许多相同亚圆柱形、实心、较短的三叶膜突起。突起的远端三分叉。膜壳壁薄，在光学显微镜下显示光滑，而在扫描电子显微镜下显示微粗糙。膜壳壁具明显圆口的脱囊结构。

  描述 膜壳轮廓圆形至亚圆形,单层壁,厚 1~2μm,表面光滑。膜壳附有许多拉长(长 6~14μm)、柔软、实心、同形的突起。突起主干近圆柱形,远端稍尖。垂直、辐射的三薄层构成的三叶膜在光学显微镜下显示光滑,但在扫描电子显微镜下显现不规则分布尖或钝的颗粒,此在叶膜边缘格外明显。主干突起基部宽 0.6~2.0μm,近端微弯曲。突起相互间隔 3~12μm。突起末端三分叉,分叉的各叶膜显现直交的细小羽枝(长 1.5~4μm),主叶膜和分叉膜表面覆有小的稀疏颗粒。膜壳具有简单或带有不明显唇边圆口的脱囊结构,口盖少许加厚,但不明显。

  产地、时代 北美;晚奥陶世。

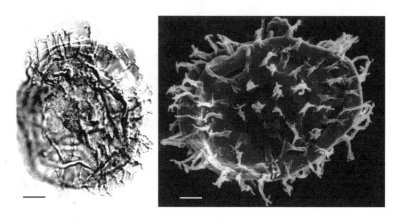

(引自 Wicander *et al*., 1999;图版 10,图 9;图版 11,图 3)

颗粒翼突球藻 *Peteinosphaeridium granulatum* Uutela and Tynni, 1991

1991 *Peteinosphaeridium granulatum* Uutela and Tynni, p. 104; pl. XXVI, fig. 279.

  种征 膜壳球形,附有许多短而宽、带角端的突起。突起明显中空,远端微弯曲,长度约为膜壳直径的 1/6。膜壳表面有明显颗粒;突起表面光滑。膜壳具有低矮环圈状的圆形开口。膜壳直径 34~50μm;突起长 6~12μm。

  产地、时代 爱沙利亚;中奥陶世,兰代洛期—卡拉道克期(Llandeilo—Caradoc)。

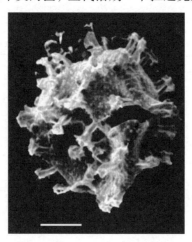

(引自 Uutela and Tynni, 1991;图版 26,图 279)

拉弗朗布瓦兹翼突球藻 *Peteinosphaeridium laframboisepointense* Delabroye et al., 2012

2012 *Peteinosphaeridium laframboisepointense* Delabroye et al., p. 53; pl. Ⅱ, figs. 10—11.

种征　膜壳球形,膜壳壁具皱或粗糙,附有均匀分布的突起。突起主干附有呈锯齿状的3~5叶膜。在突起末端有垂直于主干突起的3~5个分枝,它们与相邻分枝的羽膜连接形成大的、多种形状(三角形、四边形、五边形)而近乎平面的结构物。膜壳具有圆至亚圆形开口,且有稍稍加厚的口缘,显示光滑的口盖。

描述　膜壳球形,轮廓圆形至亚圆形,壳壁具有褶皱至或粗糙,附有较密集分布的突起。突起实心,多少同形,稍显外展、短宽的截钝远端。由3~5片很薄、纵向辐射展布的羽膜构成3列或5列主突起。羽膜从基部至最宽的末端均衡地膨胀,它们一般发育有3~5分枝,分枝垂直于突起主干;分枝长度略长于相对应的主干薄膜,它们的外羽膜代表一个主干膜层的延伸;几乎所有相邻分枝的羽膜结合形成大的、多种形状(三角形、四边形、五边形)而接近平面的结构物;羽膜的远端部分常生出小而简单或二分叉的尖出物;羽膜表面光滑,其边缘有2~5个侧面呈锯齿状的小棘刺;羽膜边缘也呈现锯齿状。膜壳具有圆至亚圆形开口,且有稍加厚的边缘,显示光滑的口盖。膜壳直径39~70μm;突起长5~11.5μm,基部宽4~12μm。

产地、时代　加拿大安迪科斯蒂岛;晚奥陶世,赫尔南期晚期(late Hirnantian)。

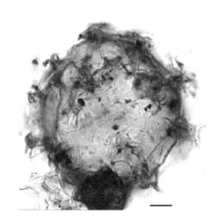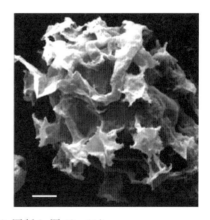

(引自 Delabroye et al., 2012;图版2,图10—11)

多刺翼突球藻 *Peteinosphaeridium senticosum* Vecoli, 1999

1999 *Peteinosphaeridium senticosum* Vecoli, p. 51; pl. 12, figs. 11—12.

种征　膜壳球形,轮廓圆形至亚圆形;双层壁(仅邻近圆口边缘分层明显),壁厚约1μm,表面光滑或覆有细小颗粒。突起实心、同形、矮胖,基部窄,远端外倾。突起主干由3列(很少4列)呈纵向辐射展布的薄膜组成,它们在突起基部宽约2μm,渐向远端宽达5μm,并有3~4个很短的分枝,它们皆与主干薄膜连接。这3列薄膜是主干片层的延展。相邻分枝的薄膜近端聚结,在突起远端形成三角形或四角形近平面的结构物。薄膜边缘交错,并带有明显加密、基宽和远端尖削的凸起物。膜壳具有圆形至亚圆形开口,其边缘略升高,未见口盖。膜壳直径45~58μm;突起长8~12μm,基部宽4~6μm;突起数35~45枚;圆口直径15~20μm。

产地、时代　北非；中奥陶世，兰维尔期（Llanvirn）。

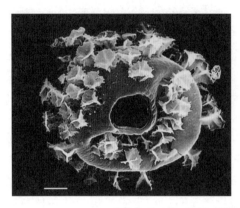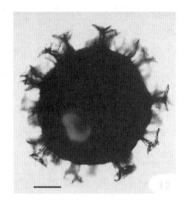

（引自 Vecoli，1999；图版12，图11—12）

朦胧翼突球藻　*Peteinosphaeridium septuosum* Wicander，Playford，and Robertson，1999

1999 *Peteinosphaeridium septuosum* Wicander，Playford，and Robertson，p. 21；pl. 11，figs. 5—9；pl. 12，figs. 2—3.

　　种征　膜壳轮廓圆形至亚圆形，壁薄，附有许多离散分布、简单拉长、精细、实心的突起。突起的末端简单（不分叉）、尖或钝，有不明显的三叶膜；在扫描电子显微镜下，叶膜表面显示微网雕饰。

　　描述　膜壳球形，轮廓呈圆形至亚圆形，单层壁（厚0.5~1.2μm），表面粗糙。膜壳附有许多纤细拉长的同形突起（呈窄的刺状或近圆柱形）。突起长3.5~11.0μm，基部间距1.5~11.0μm（更多在4~7μm），往上不规则弯曲或歪斜，其末端不分叉（尖或略显球形/头状）。突起主干很窄（0.4~1.9μm），基部稍宽，呈现简单尖出的远端。突起包含3列很薄的、纵向辐射分布的叶膜，叶膜表面显示微网雕饰（在其边缘格外明显）。膜壳壁具简单圆口的脱囊结构，未见口盖。

　　产地、时代　北美；晚奥陶世。

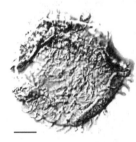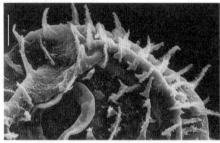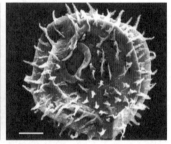

（引自 Wicander *et al.*，1999；图版11，图5—6，9）

近纺锤藻属　*Pheoclosterium* Tappan and Loeblich，1971

　　模式种　*Pheoclosterium fuscinulaegerum* Tappan and Loeblich Jr.，1971.

　　属征　中等大小囊胞，轮廓梭形至卵形。膜壳壁薄，表面光滑或覆有微小颗粒。突起末端变化,呈现宽圆至尖锐。尖锐末端通常见于单根简单、二分叉或多分叉突起。突起远端呈现三分叉、四分叉或叶状(很少是简单的端部)。突起与中央体连通。除膜壳壁裂开或开裂外,没有确定的脱囊开口。

指甲近纺锤藻 *Pheoclosterium clavatum* Uutela and Tynni, 1991

1991 *Pheoclosterium clavatum* Uutela and Tynni, p. 106; pl. XXVI, fig. 280.

种征 膜壳轮廓椭圆形,附有许多简单、同形、带有棍棒状远端的头形突起。突起平均长度是膜壳直径的1/10。突起在膜壳端部分布格外密集。突起与膜壳腔不连通。膜壳表面覆有微小颗粒。膜壳长 34~37μm,宽 20~21μm;突起长 2μm,彼此间距1.5~4.0μm。

产地、时代 爱沙利亚;中奥陶世,兰维尔期(Llanvirn)。

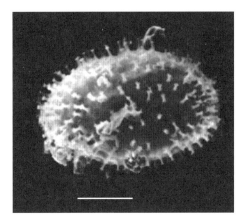

(引自 Uutela and Tynni, 1991;图版26,图280)

梨形藻属 *Pirea* Vavrdová, 1972

模式种 *Pirea dubia* Vavrdová, 1972

属征 膜壳梨形至瓶形,单层壁,表面光滑或覆有颗粒,或具有横向延伸的肋纹(细小条纹)。膜壳顶端棒形或头形,对应底端宽圆形。

多饰梨形藻 *Pirea ornatissima* Cramer and Díez, 1977

1977 *Pirea ornatissima* Cramer and Díez, p. 352; pl. 1, fig. 9.

种征 密集分布同样大小的小刺至小齿形实心雕饰分子,它们在膜壳壁的3/4部分几近等距离分布,没有显示任何特定样式。膜壳顶端壁光滑,但分布约12条纵向结构的折叠,它们的长度不一,高达约3μm。膜壳长 110~130μm。

产地、时代 摩洛哥;早奥陶世,阿伦尼克期(Arenigian)。

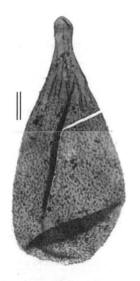

（引自 Cramer and Díez，1977；图版 1，图 9）

斑梭藻属 *Poikilofusa* Staplin，Jansonius and Pocock，1965

模式种 *Poikilofusa spinata* Staplin，Jansonius and Pocock，1965

属征 膜壳梭形，附有小刺或黎，未见开口（圆口）。膜壳壁较薄，但坚实。

纤毛斑梭藻 *Poikilofusa ciliaris* Vecoli，1999

1999 *Poikilofusa ciliaris* Vecoli，p. 53；pl. 13，figs. 1，9.

种征 膜壳梭形，单层壁，厚约 0.5μm，覆有离散分布的鲛粒。鲛粒彼此间距 1~2μm，基部直径 <0.5μm，高 1~2μm。平行膜壳边缘有纵向、近规则排列的鲛粒（间距 1~2μm），它们朝向膜壳端部边缘汇聚；偶尔鲛粒有由褶皱产生的低矮、不连续纵脊支撑。从膜壳两端延伸出两枚简单、短而中空的突起。突起壁与膜壳壁没有区别，只是突起壁上的雕饰较小。膜壳壁具纵向开裂的脱囊结构。膜壳长 91~150μm，宽 22~33μm；突起长 5~10μm，基部直径 3~4μm。

产地、时代 北非；中奥陶世，兰维尔期（Llanvirn）。

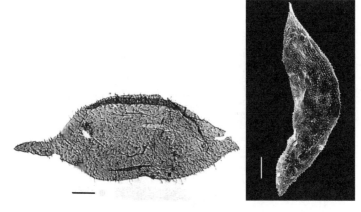

（引自 Vecoli，1999；图版 13，图 1，9a）

多钩藻属 *Polyancistrodorus* Loeblich and Tappan，1969

模式种 *Polyancistrodorus columbariferus* Loeblich Jr. and Tappan，1969

属征 膜壳球形至椭球形，附有数量不等的突起；壳壁表面粗糙、具鲛粒或光滑。突起近端坚实，远端通常四分叉，以至横断面呈正方形，且边缘呈现明显锯齿状和强角度的缘鳍。膜壳具有明显唇的圆口，口盖多少呈圆齿状，表面有细长纹。在相对圆口的底端稍偏位置，膜壳壁可能向外凸出呈现假圆口，它像加厚的按钮，其末端凹口，且有明显中央管道。

似苔藓多钩藻 *Polyancistrodorus bryoides* Uutela and Tynni，1991

1991 *Polyancistrodorus bryoides* Uutela and Tynni，p. 106；pl. ⅩⅩⅥ，figs. 281a—b.

种征 膜壳球形，附有许多短的三角形突起（视域内可见约 120 枚），致使膜壳边缘呈锯齿状。突起在膜壳壁不均匀分布，突起表面密集覆有细的鞭毛形小刺（长约 1μm）。膜壳显示没有口盖的圆形开口。膜壳直径 50~53μm；突起长 4~6μm，宽 2μm，彼此间距 5μm；圆口直径 14μm。

产地、时代 爱沙利亚；中奥陶世，兰维尔期—兰代洛期（Llanvirn—Llandeilo）。

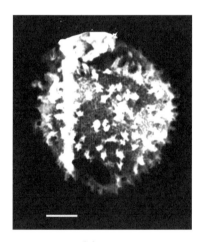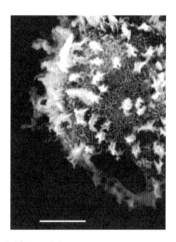

（引自 Uutela and Tynni，1991；图版 26，图 281a—b）

库兹多钩藻 *Polyancistrodorus kunzeanensis* Quintavalle and Playford，2008

2008 *Polyancistrodorus kunzeanensis* Quintavalle and Playford，p. 31；pl. 2，figs. 1，3—4.

种征 膜壳球形，轮廓圆形至亚圆形；壁薄（厚 0.5~1.0μm），单层，表面覆有鲛粒或颗粒。膜壳附有近规则分布（间距 3.5~9.0μm）许多细长、实心、近同形的突起。突起主干远侧渐均匀尖削；突起基部宽 1.0~3.5μm，与膜壳壁弯曲接触。突起远端三分叉，分枝长 1.5~4.5μm。突起有 3 列纵向辐射的薄膜构成的三叶膜，主干薄膜近粗糙。每个外薄膜代表一枚主薄层的伸展，在突起顶部内薄膜近端部分结合形成三角形近平面的结构，内薄膜边缘光滑。膜壳具有两个圆口的脱囊结构，圆口为圆形或亚圆形，具有简单或薄弱的唇缘，未见口盖。有的标本具发育很好的假圆口，且有明显的具唇口盖。膜壳直径 65~73μm；突起长 15~25μm，脊宽 3.0~6.5μm；突起数 35~70 枚；圆口直径 16~20μm，假圆口直径 12~15μm。

产地、时代 澳大利亚西部；中奥陶世。

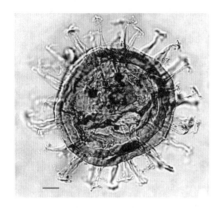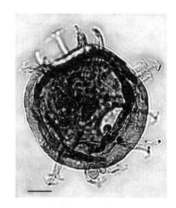

（引自 Quintavalle and Playford，2008；图版2，图1,3）

大刺多钩藻 *Polyancistrodorus magnispinosum* Uutela and Tynni，1991

1991 *Polyancistrodorus magnispinosum* Uutela and Tynni，p. 107；pl. XXⅥ，fig. 282a；pl. XXⅦ，fig. 282b.

种征 膜壳球形，中空，壁厚，附有许多实心的、侧面明显收缩的三角形突起。突起远端分叉为 3~5 个分枝；突起长是膜壳直径的 1/3~1/2。膜壳表面覆有鲛粒至微小颗粒；突起表面光滑。膜壳直径50~63μm；突起长 20~30μm，彼此间距 13~17μm；圆口直径20~24μm。

产地、时代 爱沙利亚；中奥陶世，兰维尔期—兰代洛期（Llanvirn—Llandeilo）。

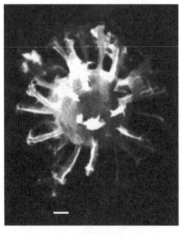

（引自 Uutela and Tynni，1991；图版26，图282a；图版27，图282b）

掌树多钩藻 *Polyancistrodorus palmatus* Uutela and Tynni，1991

1991 *Polyancistrodorus palmatus* Uutela and Tynni，p. 107；pl. XXⅦ，fig. 283.

种征 膜壳球形，附有许多短的、坚实的角形突起（视域内可见约60枚）。突起远端分叉形成4~6个分枝。膜壳具有小的圆口，没有领缘。膜壳和突起表面光滑。膜壳直径40~69μm；突起长 4~6μm，彼此间距 7~10μm；圆口直径6~8μm。

产地、时代 爱沙利亚;中奥陶世,卡拉道克期(Caradoc)。

(引自 Uutela and Tynni,1991;图版27,图283)

叶突多钩藻 *Polyancistrodorus phylloides* Uutela and Tynni,1991

1991 *Polyancistrodorus phylloides* Uutela and Tynni, p. 108;pl. XXVII, fig. 284.

种征 膜壳亚球形,中空,附有许多远端扩展为似花瓣呈三角形但不分叉的突起。突起长是膜壳直径的1/3~1/2,它们与膜壳壁角度接触。圆形开口有条纹加厚,其直径是膜壳直径的1/5~1/3。膜壳表面覆有颗粒;突起表面光滑或有少许颗粒,可呈现锯齿状。膜壳直径40~50μm;突起长12~20μm;圆口直径8~18μm。

产地、时代 爱沙利亚;中奥陶世,兰维尔期(Llanvirn)。

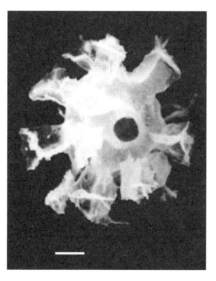

(引自 Uutela and Tynni,1991;图版27,图284)

多边藻属 *Polyedryxium*（Deunff, 1954），emend. Deunff, 1971

模式种 *Polyedryxium deflandrei* Deunff, 1961

属征 稍透光和柔软的微体浮游生物,依据化石化的不同程度呈现不同颜色。具多面膜壳,膜壳面一般由厚度不均匀的有机物层组成,它们经常向内弯曲,以至分隔出不同容量的室(内腔)。膜壳面的边缘可有或没有边膜。膜壳常有细小褶皱和中空开放的远端。膜壳角部延伸呈角状花形或指形,相通构成如同圆齿状扩张式样的膜壳腔。膜壳整体直径为 10~150μm。

盒子多边藻 *Polyedryxium arcum* Wicander and Loeblich, 1977

1977 *Polyedryxium arcum* Wicander and Loeblich, p. 141; pl. 4, figs. 1—4.

种征 膜壳轮廓矩形(长 43~50μm,宽 30~38μm),表面粗糙。膜壳具有 4 个升起的凸缘(长 15~20μm,高 3~5μm),从每个角向对应角伸展,并在近膜壳中部会聚,且围绕更小的矩形区(长 18~20μm ,宽 10~12μm)。膜壳未见脱囊结构。

产地、时代 美国印第安纳州;晚泥盆世。

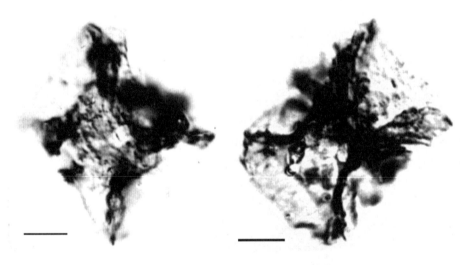

（引自 Wicander and Loeblich, 1977;图版 4,图 1,3）

肉泽多边藻 *Polyedryxium carnatum* Playford, 1977

1977 *Polyedryxium carnatum* Playford, p. 33; pl. 15, figs. 7—13.

种征 膜壳多面,轮廓多角形至亚圆形。在膜壳表面,由向上翘的膜壳壁形成的低矮脊划分出 11~22 个多角形凹区(每一凹区宽 20~35μm),脊很薄,近透明和有细小顶饰(高 2~5μm)。膜壳壁厚 1.5~3.0μm,有多角形网穴的细小网,网宽 1.5~5.0μm,它们被宽和高均约 0.5μm 的网脊分离。少数膜壳显示简单裂开的脱囊结构。

产地、时代 加拿大安大略省;早泥盆世。

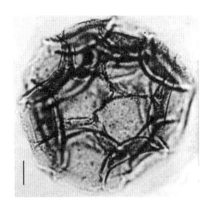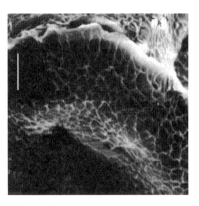

（引自 Playford，1977；图版 15，图 10，13）

恩布多边藻 *Polyedryxium embudum* Cramer，1964

1964 *Polyedryxium embudum* Cramer, pp. 318—319; text-fig. 32. 5.

1981 *Polyedryxium embudum* Cramer, 1964; Playford and Dring, p. 51; pl. 13, figs. 7—11.

种征 膜壳立方体形，呈现稍微凹或凸的面。膜壳壁单层，厚 0.5~1.2μm，表面略粗糙，在电子显微镜下显示微颗粒至细密褶皱。沿膜壳的 12 个边都发育很薄的膜状脊，它们是膜壳壁的凸缘状延伸；脊状膜的中心部分一般高 5~9μm，而在三边交汇处，高度成倍增加。膜壳未见脱囊结构。

产地、时代 北美，澳大利亚；早—中泥盆世。

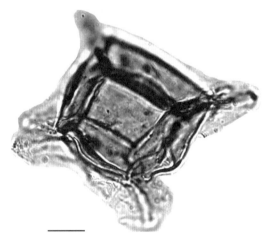

（引自 Playford and Dring，1981；图版 13，图 7；G. Playford 赠送图像）

微糙多边藻 *Polyedryxium fragosulum* Playford，1977

1977 *Polyedryxium fragosulum* Playford，p. 34；pl. 16, figs. 8—14.

种征 膜壳四面体，轮廓三角形或四角形；膜壳单层壁，厚 1.0~1.5μm，表面平坦或稍显凹凸。三角形轮廓以膜状脊为界，脊的连接处常（也不都是）延伸形成突起。膜状脊表面覆有不规则或均匀分布的颗粒至小疣饰，它们的基部宽达 2μm，高约 1.5μm，通常分离，但它们的基部经常有细窄的不规则小皱连接。脊壁呈典型薄膜状，透明，近光滑，高

8~12μm。膜状脊经常在脊与其他脊的连接处延伸超出膜壳边缘,成为明显的渐尖削的突起。突起同形,它们的长度(长可达60μm)与脊的明显不同而可相互区分;突起远端钝尖或圆球形,在三个延伸的脊间出现纵向的"脉"或肋纹的连接。脱囊结构位于毗邻平行的脊或者横穿膜壳面的裂缝。

产地、时代　加拿大安大略省;早泥盆世。

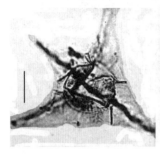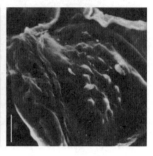

(引自 Playford, 1977;图版16,图8,12,14)

草坪球藻属　*Pratulasphaera* Wicander and Playford, 1985

模式种　*Pratulasphaera novacula* Wicander and Playford, 1985

属征　膜壳原本球形,轮廓圆形至亚圆形;单层壁,表面光滑或粗糙。膜壳均匀分布许多实心、同形、呈刀剑形的突起,其远端不分叉。膜壳赤道部位有裂开的脱囊结构,将膜壳分为近等的两半。

锐刃草坪球藻　*Pratulasphaera novacula* Wicander and Playford, 1985

1985 *Pratulasphaera novacula* Wicander and Playford, p. 115; pl. 5, figs. 8,11—13.

种征　膜壳轮廓圆形至亚圆形,壁厚1.1~2.5μm,表面光滑,附有多于50枚突起。突起在膜壳壁表面均匀分布,基部偶尔融合。突起同形、实心、光滑、半透明,呈叶片状(宽的基部),至远端尖出;突起柔韧,易于向内弯曲,呈现圆柱形;突起远端长破损或裂开,以至呈现为钝或看似二分叉的端部。可见膜壳伸展至赤道裂开的脱囊结构;膜壳直径35~43μm;突起长8.8~12.1μm,基部宽1.1~3.8μm,彼此间距5.5μm。

产地、时代　美国爱荷华州;晚泥盆世。

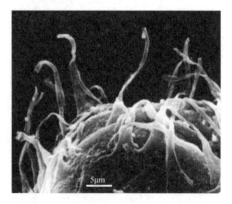

(引自 Wicander and Playford, 1985;图版5,图8,13)

始口藻属 *Priscogalea*（Deunff，1961），emend. Rasul，1974

模式种 *Priscogalea barbara* Deunff，1961

属征 膜壳轮廓圆形至亚圆形，具有大的圆形至多边形的开口。开口边缘通常有雕饰，有或无环圈，具有或没有口盖。口盖可连同开口保存，或落入膜壳腔内，或丢失。壳壁厚度多变化。突起排列不规则，类似波罗的海藻（*Baltisphaeridium*）式样。突起远端简单或分叉，偶尔中空。

小始口藻 *Priscogalea parva* Uutela and Tynni，1991

1991 *Priscogalea parva* Uutela and Tynni，p. 109；pl. XXVII，fig. 286.

种征 膜壳为小的亚球形，有一个带有口盖的、大的圆形开口，该圆口直径是膜壳直径的2/3。膜壳壁上附有锥形突起，突起远端尖出。不同大小的穴孔与圆口同心分布。膜壳和突起壁有鲛粒饰；圆口口盖有鲛粒、粗糙或有不规则皱。膜壳直径6~11μm；圆口直径4~5μm；小刺长0.4~1.0μm。

产地、时代 爱沙利亚；中—晚奥陶世，卡拉道克期—阿什极尔期（Caradoc—Ashgill）。

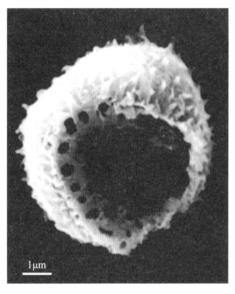

1μm

（引自 Uutela and Tynni，1991；图版27，图286）

翼环藻属 *Pterospermella* Eisenack，1972

模式种 *Pterospermella aureolata*（Cookson and Eisenack）Eisenack，1972

属征 圆形中央膜壳。近赤道有同心环边。膜壳边缘光滑或呈锯齿状。

困惑翼环藻 *Pterospermella atekmarta* Loeblich and Wicander，1976

1976 *Pterospermella atekmarta* Loeblich and Wicander，p. 29；pl. 10，figs. 1—4.

种征 膜壳轮廓圆形，直径18~49μm，有宽度为6~25μm的赤道凸缘围绕，以至总体直径44~92μm。赤道凸缘与膜壳接触处较厚,向外缘变薄,外围薄而精细,通常呈现锯齿状边缘。膜壳壁表面有微小沟槽和点穴,在光学显微镜下显现"假纤维状"式样。膜壳壁厚2μm,表面粗糙。膜壳未见确定的脱囊结构,在膜壳壁通常出现一条裂缝。

产地、时代 美国俄克拉荷马州;早泥盆世,吉丁期(Gedinnian)。

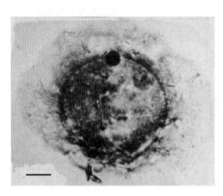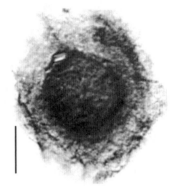

(引自 Loeblich and Wicander, 1976;图版10,图3—4)

大翼环藻 *Pterospermella capitana* Wicander, 1974

1974 *Pterospermella capitana* Wicander, p. 14; pl. 15, figs. 10—12.

种征 膜壳球形,直径43~62μm(平均44μm),有赤道凸缘环绕。膜壳壁厚,表面粗糙;赤道凸缘较厚,表面光滑,宽13~21μm。凸缘特征是有许多从膜壳延伸至凸缘边缘的皱,它们在显微镜下呈现支撑的"棒"。膜壳具裂开的脱囊结构。

产地、时代 美国俄亥俄州;晚泥盆世,早石炭世。

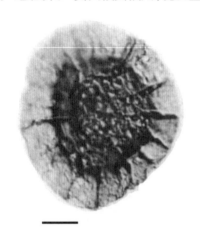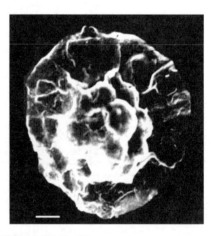

(引自 Wicander, 1974;图版15,图10,12)

头脑翼环藻 *Pterospermella cerebella* Loeblich and Wicander, 1976

1976 *Pterospermella cerebella* Loeblich and Wicander, p. 29; pl. 10, figs. 5—8.

种征 膜壳中部轮廓为圆形,直径22~30μm。膜壳壁厚约1μm,表面覆有低矮、端部圆的脊或宽约0.3μm的墙,它们围绕低洼的小区域形似带角的蜂窝状网,多角形网眼宽约2μm。另有横穿膜壳的脊不规则缠绕形成拉长的网眼,很少有汇聚的脊不围绕网眼。

脊或墙以及网眼都有低矮雕饰，形似脑纹。膜壳有薄的、半透明的赤道凸缘围绕，赤道凸缘宽8~13μm，致使总体直径达37~51μm。凸缘双层，覆有小颗粒的表面。在靠近膜壳周边，凸缘出现细小褶皱，且向外辐射；在近膜壳边，它们显现实心凸起状。向外的小褶皱可到达或不到达凸缘周边。膜壳未见开口或任何标示的脱囊结构。

产地、时代　美国俄克拉荷马州；早泥盆世，吉丁期（Gedinnian）。

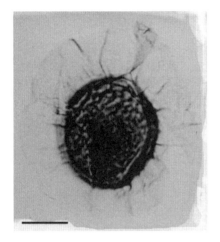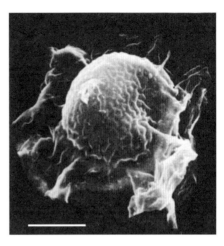

（引自 Loeblich and Wicander, 1976；图版10，图5—6）

双饰翼环藻　*Pterospermella dichlidosis* Loeblich and Wicander, 1976

1976 *Pterospermella dichlidosis* Loeblich and Wicander, p. 30；pl. 12, figs. 1—5.

种征　膜壳中部轮廓圆形，直径27~35μm；壁略厚于1μm。膜壳表面有5~7列重叠的同心脊环（宽1~3μm）。栅栏或桥形结构物垂直同心脊环与外围的脊环接触（但不超越）。从同心脊环向内的中心区域（直径10~13μm）在光学显微镜下显示似网形，而在电子显微镜下显示为被光束分隔为不同宽度的不规则弯曲的圆环。同心环以及内部显现的网区域在相对应膜壳面被复制。中部膜壳由薄的、半透明、光滑至小颗粒的赤道凸缘围绕，赤道凸缘宽10~13μm，以至总体直径达42~59μm。距离膜壳边缘约3μm处，出现小、实心的"突起"，它们向外延伸（约为凸缘宽度的1/3~1/2），很少到达凸缘的外缘。可见预先形成的、膜壳线形裂开的脱囊结构，以释放囊胞内含物。

产地、时代　美国俄克拉荷马州；早泥盆世，吉丁期（Gedinnian）。

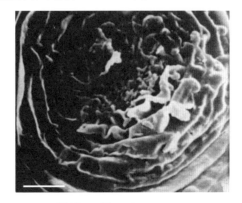

（引自 Loeblich and Wicander, 1976；图版12，图1,5）

宽边翼环藻 *Pterospermella latibalteus* Wicander，1974

1974 *Pterospermella latibalteus* Wicander，p. 14；pl. 16，fig. 1.

种征 膜壳球形，直径 19~22μm，围绕有赤道边环。膜壳壁厚，表面粗糙。赤道边环较厚，光滑，宽 18~26μm。边环显示数个看似棒状的褶皱。膜壳具裂开的脱囊开口。

产地、时代 美国俄亥俄州；晚泥盆世。

（引自 Wicander，1974；图版 16，图 1）

温柔翼环藻 *Pterospermella malaca* Loeblich and Wicander，1976

1976 *Pterospermella malaca* Loeblich and Wicander，p. 30；pl. 9，figs. 8—9.

种征 膜壳轮廓球形至亚球形，直径 18~21μm，有薄而半透明的赤道凸缘（宽度为 11~15μm）围绕，致使总体直径达 40~47μm。膜壳与凸缘界线分明，接近膜壳中部有褶皱。褶皱延伸并横穿凸缘直至边缘，致使膜壳边缘呈现圆齿状；褶皱宽度不一，宽约 1μm 的小褶皱如同中空突起横穿凸缘。膜壳壁薄，壁厚小于 0.5μm，易于变形和褶皱。膜壳和赤道凸缘的表面光滑。膜壳未见脱囊结构。

产地、时代 美国俄克拉荷马州；早泥盆世，吉丁期（Gedinnian）。

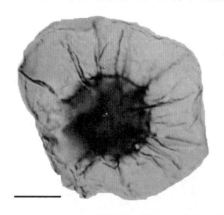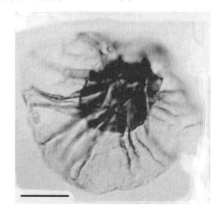

（引自 Loeblich and Wicander，1976；图版 9，图 8—9）

辐射翼环藻　*Pterospermella radiata* Wicander，1974

1974 *Pterospermella radiata* Wicander, p. 15; pl. 16, fig. 2.

　　种征　膜壳球形，直径 24~28μm，围绕有赤道凸缘。赤道凸缘透明，光滑，宽 5~7μm。膜壳壁中等厚，表面覆有颗粒。由于从膜壳向外有细的条纹凸出，致使凸缘呈现辐射样式。膜壳未见脱囊结构。

　　产地、时代　美国俄亥俄州；晚泥盆世。

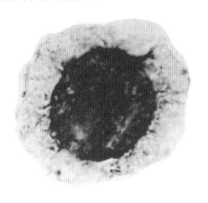

（引自 Wicander，1974；图版 16，图 2）

网饰翼环藻　*Pterospermella reticulate* Loeblich and Wicander，1976

1976 *Pterospermella reticulate* Loeblich and Wicander, p. 31; pl. 11, figs. 1—4.

　　种征　膜壳中部具圆形轮廓，直径 40~46μm。膜壳壁略厚于1μm，有蜂窝状网和宽达2μm 的多角形网眼；隔墙宽0.3μm，其高度不同，在其上部表面显示圆齿状雕饰。膜壳中部被宽达 16~20μm、薄的半透明赤道凸缘围绕，致使总体直径达83μm。凸缘有许多出自膜壳外边缘的小褶皱或加固物，使膜壳与赤道凸缘粗糙接触；凸缘上的小褶皱通常向外延伸（约为凸缘宽度的 2/3），很少达到边缘；小褶皱间的凸缘表面光滑，很少有涟漪。可见从近膜壳中部横穿整个膜壳的简单裂开的脱囊结构。

　　产地、时代　美国俄克拉荷马州；早泥盆世，吉丁期（Gedinnian）。

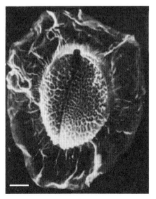

（引自 Loeblich and Wicander，1976；图版 11，图 2,4）

太阳翼环藻　*Pterospermella solis* Wicander，1974

1974 *Pterospermella solis* Wicander, p. 15; pl. 16, fig. 3.

种征　膜壳球形,直径 36~42μm,有赤道凸缘围绕。凸缘透明、光滑,呈现条纹式样,宽 16~24μm。膜壳壁中等厚,表面有颗粒。膜壳未见脱囊开口。

产地、时代　美国俄亥俄州;晚泥盆世。

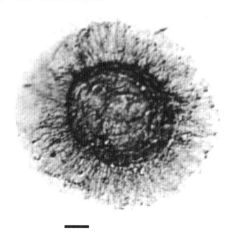

(引自 Wicander，1974;图版16,图3)

疣领翼环藻　*Pterospermella verrucaboia* Loeblich and Wicander，1976

1976 *Pterospermella verrucaboia* Loeblich and Wicander, p. 31; pl. 11, figs. 5—7.

种征　膜壳轮廓圆形,直径 20~25μm,有宽达 5~17μm 的赤道凸缘围绕,致使总体直径达 40~55μm。膜壳在生活期间可能为球形,后受挤压褶皱而在膜壳表面形成系列同心环。膜壳边缘与赤道凸缘明显区分,从距离膜壳外沿几微米处向外延伸至凸缘有小的加厚物或很小褶皱。赤道凸缘宽度变化,薄、半透明,表面覆有大量颗粒和小瘊。凸缘通常受挤压扭曲。膜壳壁厚 1μm,表面光滑。膜壳未见脱囊结构。

产地、时代　美国俄克拉荷马州;早泥盆世,吉丁期(Gedinnian)。

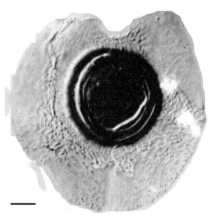

(引自 Loeblich and Wicander，1976;图版11,图5)

翼边球藻属 *Pterospermopsis* W. Wetzel，1952

模式种 *Pterospermopsis danica* W. Wetzel，1952

属征 膜壳球形,围绕赤道有薄膜状边缘。

玛丽斯翼边球藻 *Pterospermopsis marysae* Le Hérissé，1989

1989 *Pterospermopsis marysae* Le Hérissé，p. 79；pl. 5，figs. 1—5.

种征 轮廓圆形的小中央膜壳,有凹网状、透明、窄的薄膜围绕赤道;开口横穿中央膜壳中间部位,此是一条具有精细边缘的简单裂缝。膜壳总体直径25~36μm,中央膜壳直径15~20μm;位于赤道的膜状物宽5~7μm。

产地、时代 瑞典哥特兰岛;晚志留世,卢德洛期(Ludlow)。

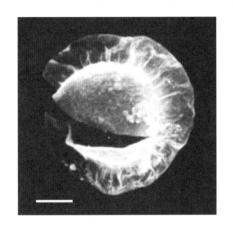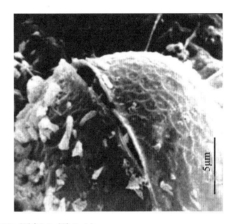

（引自 Le Hérissé，1989；图版5,图2,4）

翼刺藻属 *Ptilotoscolus* Loeblich and Wicander，1976

模式种 *Ptilotoscolus erymnus* Loeblich and Wicander，1976

属征 膜壳球形,附有壁薄、实心的突起。突起大小不一,且有透明的边缘,它们与膜壳腔不连通。相邻较大突起的宽边缘接合,将膜壳表面划分为多角形区域,而较小突起将大区域再划分为不规则多角形小区间。膜壳壁薄,双层,表面光滑。通常在中心位有一个小的、光滑隆起的"纽扣"状结构物。脱囊结构可能是沿预先裂开线的开口。

加固翼刺藻 *Ptilotoscolus erymnus* Loeblich and Wicander，1976

1976 *Ptilotoscolus erymnus* Loeblich and Wicander，p. 32；pl. 12，figs. 6—12.

种征 膜壳球形,直径15~22μm,附有许多薄而细、实心、不同长度的突起。突起长1~8μm,基部宽约0.5μm,向顶端微尖削。突起近端镶有宽达3μm的薄而透明的线条,这些线条向突起端部尖灭。突起似匕首状,与膜壳腔不连通;相邻突起近端线条的接合将膜壳表面划分为多角形区,区内有小的凸起散布。膜壳双层壁(厚约1μm),在光学显微镜下表面显示光滑,或饰有不同大小的凸起;在挤压膜壳壁的中部一般光滑,或有微隆起宽约2μm的"纽扣"或"衬垫"状物。膜壳未见脱囊结构。

产地、时代 美国俄克拉荷马州;早泥盆世,吉丁期(Gedinnian)。

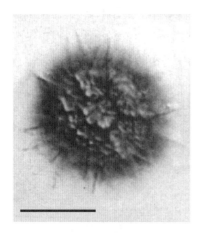 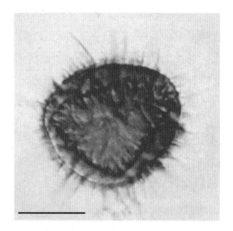

(引自 Loeblich and Wicander,1976;图版 12,图 8,12)

垫形球藻属 *Pulvinosphaeridium* Eisenack,1954

模式种 *Pulvinosphaeridium puluinellum* Eisenack,1954

属征 一种刺球疑源类,膜壳星形。附属物中部宽,两附属物间没有边界。

颗粒垫形球藻 *Pulvinosphaeridium granulatum* Uutela and Tynni,1991

1991 *Pulvinosphaeridium granulatum* Uutela and Tynni,p.110;pl. XXVII,fig. 289.

种征 膜壳多角、枕状,膜壳边内凹。整个膜壳覆有大小为 0.5~2.0μm 的小瘤饰。通常在膜壳角部附有 6~7 枚宽圆形突起,还有一些带钝端的突起。两种突起的区别在于后者的末端钝,推测它们可能代表了不同发育阶段的形态。膜壳总体直径 110~150μm。

产地、时代 爱沙利亚;晚奥陶世,阿什极尔期(Ashgill)。

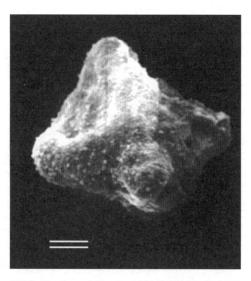

(引自 Uutela and Tynni,1991;图版 27,图 289)

丘疹球藻属　*Pustulisphaeridium* Wicander，1974

模式种　*Pustulisphaeridium levibrachium* Wicander，1974

属征　膜壳球形,壁薄,表面些微颗粒,附有许多光滑、中空的突起。突起与膜壳腔相通;中空突起后被次生沉淀物充填;突起简单,末端尖削。可见膜壳壁裂开的脱囊结构。

短滑丘疹球藻　*Pustulisphaeridium levibrachium* Wicander，1974

1974 *Pustulisphaeridium levibrachium* Wicander，p. 31；pl. 16，figs. 5—6.

种征　膜壳球形,壁薄,表面微弱颗粒,附有 16~20 枚中空、光滑的突起。除突起远端有次生沉积物外,其余部分与膜壳腔开放;突起简单,末端尖。膜壳直径 35~40μm;突起长 22~26μm,宽 2.2μm。可见膜壳壁裂开的脱囊结构。

产地、时代　美国俄亥俄州;晚泥盆世。

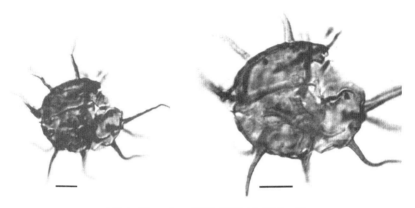

（引自 Wicander，1974；图版 16，图 5—6）

坑面藻属　*Puteoscortum* Wicander and Loeblich，1977

模式种　*Puteoscortum polyankistrum* Wicander and Loeblich，1977

属征　膜壳轮廓圆形至亚圆形,膜壳壁有蜂窝网状雕饰,附有许多表面光滑、中空的圆柱形突起。突起与膜壳腔自由相通,它们的远端多达六级分叉。该种具膜壳壁简单裂开的脱囊结构。

多钩坑面藻　*Puteoscortum polyankistrum* Wicander and Loeblich，1977

1977 *Puteoscortum polyankistrum* Wicander and Loeblich，p. 148；pl. 8，figs. 1—4.

种征　膜壳轮廓圆形至亚圆形,直径 30~40μm,壁厚 0.5μm,表面均匀分布直径 0.5~1.0μm 的小穴网。膜壳附有 20~23 枚直的、表面光滑的突起,它们与膜壳壁正交。突起基部明显宽而低矮,往上至第一分叉处为圆柱形,该段长 14~19μm,宽 2~3μm。至此突起分叉为 4 个(少数为 3 个)二级分枝(长 4~6μm,宽 1μm),并与主突起正交呈"十"字形。这些二级分枝再二次、三次分叉为小分枝(长 2μm,宽小于 1μm),它们与二级分枝呈 45°角。三级分枝再二分叉至四级羽枝。在一些标本可有五级乃至六级分叉的羽枝。突起从基部至三级分叉皆是中空,与膜壳腔连通;四级至六级分枝实心或中空。主突起壁厚约 0.4μm。可见膜壳壁简单裂开的脱囊结构。

产地、时代　美国印第安纳州;晚泥盆世。

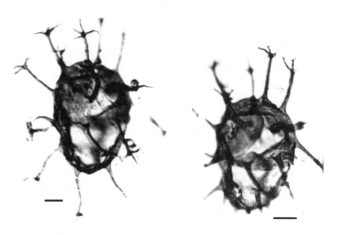

(引自 Wicander and Loeblich，1977;图版 8，图 1—2)

拉普拉藻属　*Raplasphaera* Uutela and Tynni，1991

模式种　*Raplasphaera undosa* Uutela and Tynni，1991

属征　膜壳为二等分的球形，一半膜壳是在赤道区构成短的多角形膜状物式样，漏斗形膜状物呈遮蔽物围绕膜壳;另一半膜壳没有装饰。

缝连拉普拉藻　*Raplasphaera consuta* Uutela and Tynni，1991

1991 *Raplasphaera consuta* Uutela and Tynni，p. 111; pl. XXVII，fig. 290.

种征　膜壳为小的球形，其赤道带有辐射状加厚的、薄的遮蔽物。此膜状遮蔽物与膜壳贴近，且附有小的纤维状物，而在加厚的遮蔽膜也出现纤维状物。膜壳表面光滑;遮蔽膜上不均匀分布小颗粒。膜壳直径 7.5~30.0μm;膜状物高 4~6μm。

产地、时代　爱沙利亚;中—晚奥陶世，卡拉道克—阿什极尔期(Caradoc—Ashgill)。

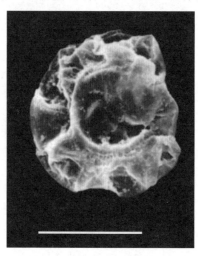

(引自 Uutela and Tynni，1991;图版 27，图 290)

起伏拉普拉藻　*Raplasphaera undosa* Uutela and Tynni，1991

1991 *Raplasphaera undosa* Uutela and Tynni，p. 111；pl. ⅩⅩⅧ，figs. 291a—b.

种征　小的中央膜壳,膜壳一边的赤道部位围绕有薄的边缘物,另一边有呈多角形向外开放的遮蔽漏斗。该遮蔽物由圆柱状物彼此附着构成,其中一部分在赤道区开放形成漏斗,其余部分在膜壳的另一边。在膜壳赤道区具有遮蔽物的一边,有一个小的圆形开口；在膜壳另一边的多角形底部有末端尖出的小瘤。膜壳表面光滑或有微小孔穴。遮蔽物上的颗粒呈缝线状排列,而遮蔽物的开放外边缘有小颗粒。膜壳直径7~8μm；膜状物高5μm。

产地、时代　爱沙利亚；中—晚奥陶世,兰维尔期—阿什极尔期(Llanvirn—Ashgill)。

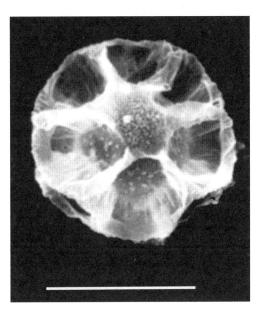

（引自 Uutela and Tynni，1991；图版28，图291a）

雷诺藻属　*Revinotesta* Vanguestaine，1974

模式种　*Revinotesta microspinosa* Vanguestaine，1974

属征　膜壳椭球形,中空,单层膜壁。膜壳一般较小,很少或没有雕饰,通常具有顶端开口,边缘不加厚。膜壳两端的一端呈现帽形缺失。

颗粒雷诺藻　*Revinotesta granulose* Uutela and Tynni，1991

1991 *Revinotesta granulose* Uutela and Tynni，p. 111；pl. ⅩⅩⅧ，fig. 292.

种征　膜壳椭球形,密集附有锥形突起。圆形开口宽约为膜壳直径的1/2。锥形突起呈线形排列。膜壳和突起表面有鲛粒。膜壳长6μm,宽5μm；圆口直径2μm。

产地、时代　爱沙利亚；中奥陶世,卡拉道克期(Caradoc)。

（引自 Uutela and Tynni，1991；图版 28，图 292）

小雷诺藻 *Revinotesta parva* Uutela and Tynni，1991

1991 *Revinotesta parva* Uutela and Tynni，p. 112；pl. XXVIII，fig. 293.

种征 膜壳椭球形，附有许多锥形、微鞭毛状突起（视域内可见约 80 枚）。圆形开口直径约为膜壳直径的 1/3，它被与膜壳上的相同突起围绕。膜壳和突起表面覆有微小颗粒。膜壳直径 6~9μm；突起长 1.0~1.5μm；圆口直径 2μm。

产地、时代 爱沙利亚；早—晚奥陶世，阿伦尼克期—阿什极尔期（Arenigian—Ashgill）。

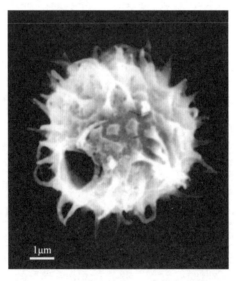

（引自 Uutela and Tynni，1991；图版 28，图 293）

狭口球藻属　*Riculasphaera* Loeblich and Drugg, 1968

模式种　*Riculasphaera fissa* Loeblich and Drugg, 1968

属征　双层壁膜壳,由球形内体的侧面附有两个袋状延伸体组成,侧面延伸体的末端一般开放如同"裙子"或褶皱,偶尔一些标本可形成封闭的囊。膜壳的中部裂开而形成两个半球,各自有裙状附属物。少数裂开的标本由单独半个球组成,并缺少通常的延伸体。

罗卜里奇狭口球藻　*Riculasphaera loeblichi* Cramer and Díez, 1976

1976 *Riculasphaera loeblichi* Cramer and Díez, p. 93; pl. 5, fig. 58.

种征　该种特点是复合极区可见裙边条纹,它与中央体交叉,此不同于模式种(*R. fissa*)的为直线的而呈现曲折的裙边。内体大小 30~45μm;裙边长约 25μm。

产地、时代　西班牙、突尼斯、利比亚;早泥盆世。

(引自 Cramer and Díez, 1976;图版 5,图 58)

皱球藻属　*Rugaletes* Foster, 1979

模式种　*Rugaletes playfordii* Foster, 1979

属征　无痕孢子,膜壳轮廓为圆形、亚圆形,很少呈亚三角形,边缘波状。膜壳壁明显单层,具有褶皱,偶尔有微弱雕饰散乱分布并具明显褶皱。褶皱偶尔紧密圈限,显示圆形至椭圆形区域。

萎缩皱球藻　*Rugaletes vietus* Playford, 1981

1981 *Rugaletes vietus* Playford, p. 52; pl. 13, figs. 14—16; pl. 14, figs. 1—4.

种征　膜壳轮廓圆形至亚圆形,边缘有不规则波状至近粗糙的褶边。膜壳壁薄(厚约 0.6μm),可见明显的皱凸。小皱光滑,宽和高均为 0.5~1.3μm,其末端二分叉或不规则(很少远端相连接),彼此间距为 0.4~4.5μm。膜壳很少见简单开裂的脱囊结构。

产地、时代　澳大利亚;晚泥盆世。

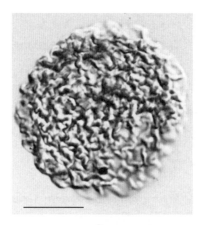

（引自 Playford and Dring，1981；图版 13，图 16；G. Playford 赠送图像）

折痕球藻属 *Rugasphaera* Martin，1988

模式种 *Rugasphaera terranovana* Martin，1988

属征 膜壳原先球形，轮廓圆形至椭圆形，均匀分布许多同形、中空突起，它们与膜壳腔连通。突起的基部多样融合和外延，其末端封闭带有短而细的凸出。膜壳和突起壁薄，单层，具有简化的凸起雕饰或没有。在透射光显微镜下清楚显示膜壳壁的一些褶皱与一些突起基部连接，以至产生多角形式样。

泰拉诺瓦折痕球藻 *Rugasphaera terranovana* Martin，1988

1988 *Rugasphaera terranovana* Martin *in* Martin and Dean，p. 39；pl. 17，figs. 1—11.

种征 膜壳球形，轮廓圆形至微椭圆形；膜壳壁单层，表面光滑或有微鲛粒，与突起壁等厚，通常向膜壳内褶皱。褶皱大多在突起基部呈现不规则、多角形网，网一般不连续（此在扫描电子显微镜下显现更加清楚）。在膜壳每边离散、均匀分布大量（约 100 枚）短而矮的、光滑的突起，其锥形主干多变化、膨胀。突起中空，与膜壳腔连通；突起近端多样弯曲，相邻 2~4 枚突起基部融合形成单一主干；突起远端同形，通常平坦、封闭，并有 4~6根简单尖出的刺；突起长度为膜壳直径的 1/7~1/20。少见有三个膜壳的群体。膜壳未见脱囊开口。膜壳直径 25~49μm（平均 33μm）；突起长和基部宽均为 1.2~4.0μm，远端刺长 2μm；突起间距 1~5μm。

产地、时代 纽芬兰东部；中寒武世。

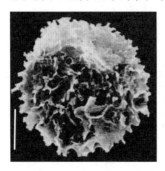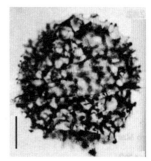

（引自 Martin *in* Martin and Dean，1988；图版 17，图 3—4，8）

赛洛普藻属　*Salopidium* Dorning，1981

模式种　*Salopidium granuliferum*（Downie，1959）Dorning，1981

属征　膜壳球形至亚球形，表面蜂巢状，附有几枚至数枚光滑的突起。突起远端尖削为简单末端。膜壳壁具直线裂开的脱囊结构，导致两相等的壳体。

俄里基赛洛普藻　*Salopidium aldridgei* Richards and Mullins，2003

2003 *Salopidium aldridgei* Richards and Mullins, p. 590；pl. 6, figs. 12—13.

种征　膜壳球形、亚球形或不规则形，表面光滑、网状或具有皱，规则分布短突起。突起基部扩展，远端削尖至简单尖出或微弱二分叉。膜壳未见脱囊结构。膜壳直径20~28μm；突起长2~5μm，宽1~5μm。

产地、时代　英格兰；晚志留世。

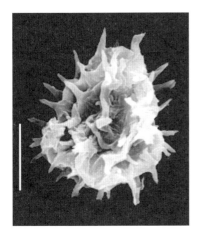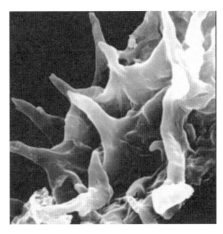

（引自 Richards and Mullins，2003；图版6，图12—13）

鞭状赛洛普藻　*Salopidium flagelliforme* Le Hérissé，1989

1989 *Salopidium flagelliforme* Le Hérissé, p. 187；pl. 24, figs. 16—17.

种征　膜壳球形，壁致密、微粗糙，附有40~50枚形态不一、规则分布的中空突起。突起圆锥形，末端尖削为鞭子状。膜壳表面具有不规则微小皱脊，它们在突起基部辐射分布。突起主干壁有离散分布的颗粒。突起长度小于膜壳直径。膜壳具简单裂缝的脱囊结构，裂缝边缘有细小凸缘。膜壳直径25~30μm；突起长17~25μm（鞭状毛长5~8μm），基部宽2.5~3.0μm。

产地、时代　瑞典哥特兰岛；早志留世，兰多维利期（Llandovery）。

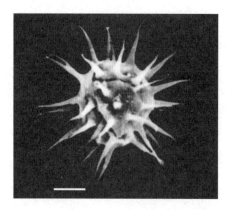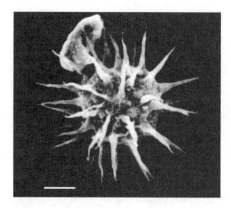

（引自 Le Hérissé，1989；图版 24，图 16—17）

裂开球藻属 *Schismatosphaeridium* **Staplin，Jansonius and Pocock，1965**

模式种 *Schismatosphaeridium perforatum* Staplin，Jansonius and Pocock，1965

属征 膜壳透镜状或椭球形或球形，在一边有条裂缝，对应端有圆口。膜壳壁坚实，表面光滑或有微小雕饰。膜壳没有突起，也没有通道。

颗粒裂开球藻 *Schismatosphaeridium granosum* **Uutela and Tynni，1991**

1991 *Schismatosphaeridium granosum* Uutela and Tynni，p. 114；pl. XXVIII，fig. 295.

种征 膜壳球形或亚球形，有一个简单圆口和线状裂缝。膜壳壁厚约 2.5μm，表面有微小颗粒。膜壳直径 40~80μm；圆口直径 10~27μm。

产地、时代 爱沙利亚；晚奥陶世—早志留世，阿什极尔期—兰多维利期（Ashgill—Llandovery）。

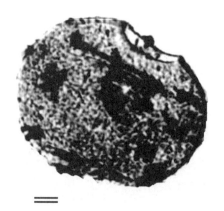

（引自 Uutela and Tynni，1991；图版 28，图 295）

水珠裂开球藻 *Schismatosphaeridium guttulaferum* **Le Hérissé，1989**

1989 *Schismatosphaeridium guttulaferum* Le Hérissé，p. 191；pl. 25，figs. 5，6.

种征 膜壳亚圆球形，直径 27~51μm，表面覆有颗粒。膜壳有一个大的假圆口，它被较窄的环形物围绕。膜壳一端具简单裂缝的脱囊结构。

产地、时代 瑞典哥特兰岛；中志留世，文洛克期（Wenlock）。

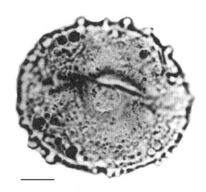

（引自 Le Hérissé，1989；图版25，图5—6）

日灼球藻属 *Solatisphaera* Wicander and Loeblich，1977

模式种 *Solatisphaera sapra* Wicander and Loeblich，1977

属征 膜壳球形，膜壳壁中等厚，表面蠕虫状点穴，附有许多简单、表面光滑、中空突起。突起从其基部向远端尖削。该种具膜壳壁简单裂开的脱囊结构。

腐烂日灼球藻 *Solatisphaera sapra* Wicander and Loeblich，1977

1977 *Solatisphaera sapra* Wicander and Loeblich，p. 149；pl. 7，figs. 8—9.

种征 膜壳球形，直径54μm；膜壳壁（壁厚1μm）表面呈虫迹形至点穴，有些褶皱。膜壳表面宽间距分布23枚坚实、表面光滑、壁薄的中空突起。突起长10~13μm，基部宽2μm，从基部尖削至远端尖出。该种具膜壳壁简单裂开的脱囊结构。

产地、时代 美国印第安纳州；晚泥盆世。

（引自 Wicander and Loeblich，1977；图版7，图8—9）

日射球藻属 *Solisphaeridium* Staplin，Jansonius and Pocock，1965

模式种 *Solisphaeridium stimuliferum*（Deflandre）Staplin，Jansonius and Pocock，1965

属征 膜壳球形,壁较坚实,附有几枚至许多硬刺。硬刺中空或实心,较长,向封闭远端尖削。由于壁物质的次生沉淀物,刺的内腔趋于缩小,但它们仍与膜壳腔自由连通。

似星日射球藻 *Solisphaeridium astrum* Wicander,1974

1974 *Solisphaeridium astrum* Wicander,p. 31;pl. 16,figs. 7—9.

种征 膜壳多角形,直径 24~25μm,边缘凹入,壁厚 0.5μm,表面光滑。膜壳附有 10~14枚光滑、简单的突起。突起与膜壳腔自由连通;突起坚硬,长 13~16μm,基部宽 2.2~3.3μm,末端尖。膜壳未见脱囊开口结构。

产地、时代 美国俄亥俄州;晚泥盆世。

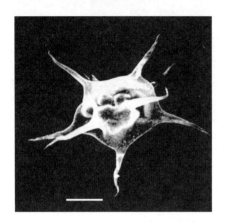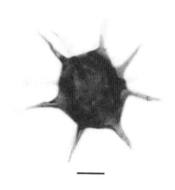

(引自 Wicander,1974;图版 16,图 7,9)

中国日射球藻 *Solisphaeridium chinese* Moczydłowska and Stockfors,2004

1986 *Baltisphaeridium hirsutoides hamatum*(Downie),comb. Downie and Sarjeant 1964;Yin,p. 335;pl. 87,fig. 7.

2004 *Solisphaeridium chinese* Moczydłowska and Stockfors,p. 64;pl. 14. figs. 1—2.

种征 膜壳原本球形,受挤压后呈圆形至亚圆形,附有数量不多、宽间隔分布的短突起。突起低矮刺状,基部宽,往上迅速尖削为末端尖的细茎。突起中空,至少近端部分向膜壳腔开放。膜壳壁厚、坚实,表面光滑或粗糙。膜壳未见脱囊结构。

产地、时代 中国吉林浑江,俄罗斯北极地区;寒武纪最晚期。

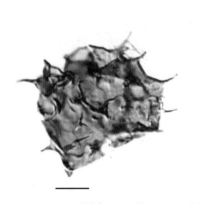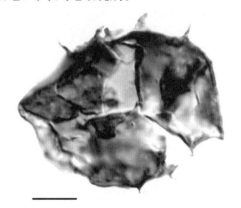

(引自 Moczydłowska and Stockfors,2004;图版 14,图 1—2)

棒饰日射球藻 *Solisphaeridium clavum* Wicander, 1974

1974 *Solisphaeridium clavum* Wicander, p. 31; pl. 16, figs. 10—12.

种征 膜壳球形,直径 17~23μm,壁厚 0.5μm,表面光滑。膜壳附有 10~12 枚中空、光滑、简单的突起,稍坚硬,它们与膜壳腔自由连通。突起长 13~16μm,基部宽 2.0μm,末端尖。可见膜壳壁裂开的脱囊结构。

产地、时代 美国俄亥俄州;晚泥盆世。

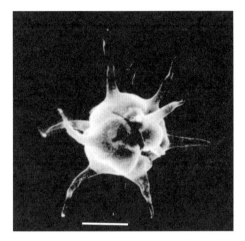
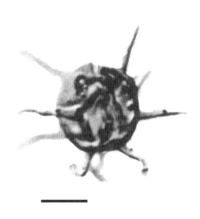

(引自 Wicander, 1974;图版 16,图 10,12)

柱突日射球藻 *Solisphaeridium cylindratum* Moczydłowska, 1998

1998 *Solisphaeridium cylindratum* Moczydłowska, p. 101; figs. 42A—D.

种征 膜壳轮廓圆形至椭圆形,附有较多(膜壳轮廓可见 16~20 枚)窄圆柱形突起。突起与膜壳壁连接处稍宽,但有些突起自始至终保留圆柱形。突起顶端圆球形。突起中空,与膜壳腔连通。膜壳直径 16~27μm;突起长 3~7μm。

产地、时代 波兰上西里西亚;中寒武世。

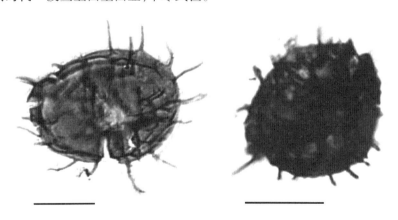

(引自 Moczydłowska,1998;图 42A,C)

精选日射球藻　*Solisphaeridium elegans* Moczydłowska, 1998

1998 *Solisphaeridium elegans* Moczydłowska, p. 101; figs. 42E—F.

种征　膜壳轮廓圆形至椭圆形,壁光滑,附有许多(膜壳轮廓可见 25~34 枚)长管状突起。突起中空,与膜壳腔连通;突起近端宽出,与膜壳壁过渡接触,它们向远端尖削,顶端尖或钝截。少见突起有二分叉末端。膜壳直径 18~25μm;突起长 7~11μm。

产地、时代　波兰上西里西亚;中寒武世。

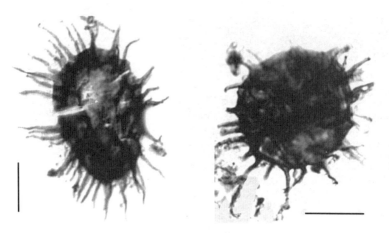

(引自 Moczydłowska,1998;图 42E—F)

囊饰日射球藻　*Solisphaeridium folliculum* Wicander, 1974

1974 *Solisphaeridium folliculum* Wicander, p. 32; pl. 17, figs. 1—2.

种征　膜壳椭圆形,总体长 22~29μm,壁厚 0.5~0.8μm,表面光滑。膜壳附有 25 枚中空、光滑、简单和坚硬的突起,它们与膜壳腔自由连通。突起长 14μm,基部宽 1.1~2.0μm,末端尖。膜壳未见脱囊开口结构。

产地、时代　美国俄亥俄州;晚泥盆世。

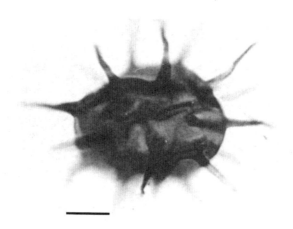

(引自 Wicander, 1974;图版 17,图 1)

硬刺日射球藻　*Solisphaeridium rigidispinosum* Wicander，1974

1974 *Solisphaeridium rigidispinosum* Wicander, p. 32；pl. 17，figs. 4—6.

种征　膜壳球形,直径 17~23μm,壁厚,表面光滑。膜壳附有 12~18 枚中空、光滑、简单的突起,稍坚硬,它们与膜壳腔自由连通。突起长 8~13μm,基部宽 1.5~2.0μm,末端尖。可见膜壳壁裂开的脱囊结构。

产地、时代　美国俄亥俄州;晚泥盆世。

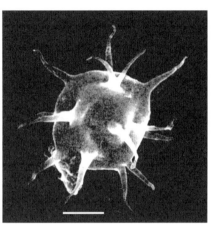

（引自 Wicander，1974；图版 17,图 4—5）

太阳日射球藻　*Solisphaeridium solare* Cramer and Díez，1977

1977 *Solisphaeridium solare* Cramer and Díez, p. 354；pl. 2，figs. 12—14，16.

种征　膜壳壁光滑,附有许多细长、尖锐的针状突起。约 40 枚突起全然实心、柔韧。一些突起有些微扩展的基部。突起的数量和长度变化,但它们的基本形状和实心状态不变。膜壳直径 25~35μm;突起长度约等同于膜壳直径。

产地、时代　摩洛哥;早奥陶世,阿伦尼克期（Arenigian）。

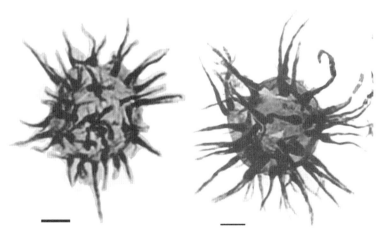

（引自 Cramer and Díez，1977；图版 2,图 13—14）

实刺日射球藻 *Solisphaeridium solidispinosum* Cramer and Díez，1977

1977 *Solisphaeridium solidispinosum* Cramer and Díez，p. 352；pl. 2，figs. 15，17—19.

种征 膜壳球形，壁薄，与许多尖出的锥形突起明显有别。突起数 30 枚或多于 50 枚，这些突起短而实心，相对膜壳壁稍显深色。突起短而柔韧，它们的数量和长度不定，但它们的基本形状和实心状态不变。膜壳直径 35~45μm；突起长度是膜壳直径的 15%~50%。

产地、时代 摩洛哥；早奥陶世，阿伦尼克期(Arenigian)。

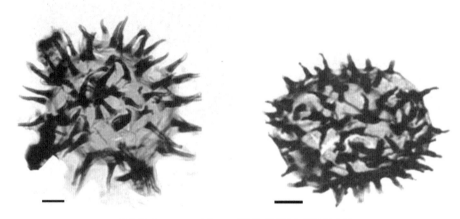

（引自 Cramer and Díez，1977；图版 2，图 15，18）

多孔藻属 *Somphophragma* Playford，1981

模式种 *Somphophragma miscellum* Playford，1981

属征 膜壳原先球形至椭球形，中空，轮廓圆形至椭圆形。膜壳壁单层，表面有小穴至小点穴，近规则分布许多实心、低矮的突起。突起异型，它们彼此隔离或混合；突起远侧边离散或会聚，末端简单或分叉。该种具膜壳壁简单裂开的脱囊结构。

无胞多孔藻 *Somphophragma miscellum* Playford，1981

1981 *Somphophragma miscellum* Playford，p. 58；pl. 15，figs. 4—9.

种征 膜壳原本球形，轮廓圆形至亚圆形或椭圆形。膜壳壁厚 0.7~1.1μm，常由于 1~2 条大的褶皱挤压而变形，表面有小穴至小点穴。膜壳附有许多实心、微小、形态各异的突起，如锥形、棒形和棍棒形。突起的末端尖或钝，偶尔分叉；在同标本的突起彼此分离或连接，连接的突起有时显现短而弯曲的脊状结构，以至构成不完整的网形式样。单个突起基部宽达 1μm(通常 0.7μm 或更小)，高 1.4μm，彼此间距 2μm。该种具膜壳壁简单裂开的脱囊结构。

产地、时代 澳大利亚；晚泥盆世。

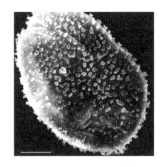
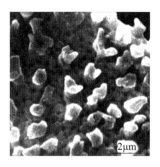

（引自 Playford and Dring，1981；图版15，图6—8）

假莫耶藻属 *Spurimoyeria* Wicander and Loeblich，1977

模式种 *Spurimoyeria falcilaculata* Wicander and Loeblich，1977

属征 膜壳轮廓圆形，穿越膜壳按一个方向覆有低矮、微弯曲、宽间距平行的墙脊(muri)。近膜壳边缘有少数墙脊连接呈现"U"字形，与相对应的另一个半球形膜壳表面的墙脊成正交，以至从赤道看来出现由一系列正方形构成的网状表面假象；墙脊末端通常凸出超出膜壳边缘。膜壳壁表面粗糙。膜壳未见脱囊结构。

多变假莫耶藻 *Spurimoyeria falcilaculata* Wicander and Loeblich，1977

1977 *Spurimoyeria falcilaculata* Wicander and Loeblich，p. 151；pl. 7，figs. 3—5.

种征 膜壳轮廓圆形，直径22μm，壁厚1.0~1.5μm。膜壳表面有低矮、线状、稍弯曲、光滑的脊，彼此间距4~5μm。脊在膜壳边缘微分叉，并凸出稍超越膜壳边缘，少见脊与相邻脊呈现"U"形连接。在对应膜壳的脊也是线状，与前者约呈90°角，以至在光学平面呈现一系列边长约4μm的方形网的假象。膜壳壁表面粗糙。膜壳未见脱囊开口结构。

产地、时代 美国印第安纳州；晚泥盆世。

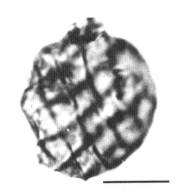

（引自 Wicander and Loeblich，1977；图版7，图3—4）

伊朗假莫耶藻 *Spurimoyeria iranica* Hashemi and Playford，1998

1998 *Spurimoyeria iranica* Hashemi and Playford，p. 167；pl. 10，figs. 1—6.

种征 膜壳球形，轮廓圆形至亚圆形，少见有小的、与膜壳边缘平行的弓形挤压褶皱。膜壳壁光滑，厚0.5~0.8μm。膜壳表面横贯有窄的膜状、近直而密集连接的黎墙，它们稍许伸出膜壳边缘。黎墙光滑,高 0.3~0.5μm,宽 0.2~0.3μm,彼此间距 1.0~1.6μm。在低倍光学显微镜下,可见膜壳一边的黎墙与对应面黎墙呈直角,以至出现假的网状式样。膜壳未见脱囊结构。膜壳直径 10~18μm。

产地、时代 伊朗中东部;晚泥盆世。

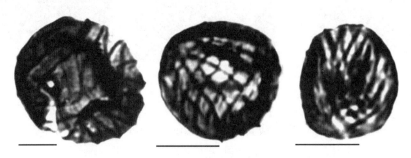

(引自 Hashemi and Playford, 1998;图版 10,图 1—2,5)

星斑藻属 *Stelliferidium* Deunff, Górka and Rauscher, 1974

模式种 *Stelliferidium striatulum*(Vavrdová)Deunff, Górka and Rauscher, 1974

属征 膜壳亚半球形,有一个大的圆形至多边形极面开口,其直径等于或大于膜壳半径。开口可能被口盖封闭,口盖轮廓等同于开口,偶尔呈锯齿形。口盖表面光滑或有网饰。膜壳壁单层或双层,附有形态变异的突起,而壳体总有分歧的冠状雕饰排列呈星形式样,在膜壳表面显示星形轮廓划定的多边形网眼。可能存在膜状遮蔽物。

奇异星斑藻? *Stelliferidium*? *anomalum* Milia, Ribecai and Tongiorgi, 1989

1989 *Stelliferidium*? *anomalum* Milia, Ribecai and Tongiorgi, p. 21; pl. 11, fig. 15; pl. 12, figs. 1—7.

种征 膜壳球形或半球形,均匀分布约 30 枚突起。突起微锥形,中空但与膜壳腔不连通,它们分布成行而界定多角形区的式样。在突起长度的 1/2~2/3 处大多有三分叉(少数二分叉)导致的坚实分枝,分枝再次分裂为 2~3 个小分枝,且进一步分叉 1~2 次。膜壳壁厚,有不规则小皱,由此形成从突起基部向外辐射的坚固、星形肋纹,它们与相邻突起的肋纹连接,且不规则延展至突起主干。膜壳具有凸领边缘的端部开口,边缘分布有短的突起;口盖壁薄,其上有一簇突起。膜壳直径 24~36μm;大的突起长 8~12μm,而端部开口边缘突起长 5~7μm;开口宽 15~23μm。

产地、时代 瑞典;晚寒武世。

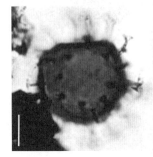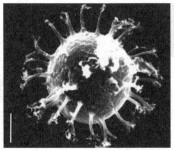

(引自 Milia *et al.*, 1989;图版 12,图 2,4—5)

坚实星斑藻　*Stelliferidium robustum* Moczydłowska，1998

1998 *Stelliferidium robustum* Moczydłowska，p. 106；figs. 45A—B，D.

种征　膜壳轮廓圆形；膜壳壁薄，单层。膜壳表面均匀分布许多坚实突起。突起为宽圆柱形，基部微锥形，远端部分分裂或分叉形成二、三级的小分枝，小分枝的冠状物相对较小。在向突起中间圆柱形部分过渡的近端，有很致密的不透明物(塞?)。偶尔突起基部渐尖削至突起中间部分。突起中空，但不能确定是否通过其基部加厚的不透明部分连接膜壳腔或是有塞。从突起基部辐射展布规则条纹，而膜壳中部表面出现颗粒纹饰。膜壳开口圆形，大到几乎等同膜壳直径。膜壳直径 36~47μm；突起长 7~11μm。

产地、时代　波兰上西里西亚；晚寒武世。

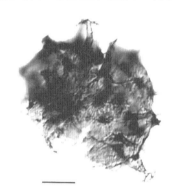 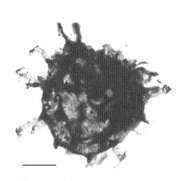

（引自 Moczydłowska，1998；图 45A—B）

星形藻属　*Stellinium* Jardiné，Combaz，Magloire，Peniguel，and Vachey，1972

模式种　*Stellinium octoaster*（Staplin）Jardiné，Combaz，Magloire，Peniguel and Vachey，1972

属征　中央壳体为多边形，中空，轮廓星形，具有 8~12 个中空、角形、远端尖的膨胀体延伸。膨胀体长度不同，它们至少出现在膜壳的两个面。每一个三角形轮廓的附属物与三个邻近的附属物相关联，它们的交汇处略显放射状的冠凸。

修饰星形藻　*Stellinium comptum* Wicander and Loeblich，1977

1977 *Stellinium comptum* Wicander and Loeblich，p. 151；pl. 9，figs. 1—6.

种征　膜壳轮廓方形，直或微弯曲，膜壳壁微粗糙或有颗粒。膜壳附有 5~6 枚中空、一般坚硬的突起。其中有 4 枚突起出自膜壳角部，另有 2 枚突起出自膜壳对应端中部。这 6 枚突起皆与膜壳腔自由连通。突起显现尖削，末端实心。突起表面饰有颗粒，且有一条中央低脊从顶端下延至突起基部，并在膜壳中部融合。膜壳边长 25~31μm，膜壳总体长 60~71μm；突起长 12~17μm，基部宽 4~5μm。膜壳未见脱囊开口结构。

产地、时代　美国印第安纳州；晚泥盆世。

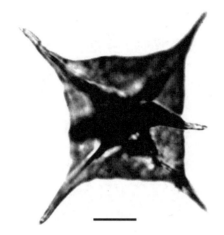

（引自 Wicander and Loeblich，1977；图版 9，图 6）

冠突星形藻　*Stellinium cristatum* Wicander，1974

1974 *Stellinium cristatum* Wicander，p. 32；pl. 17，fig. 3.

种征　膜壳轮廓五边形，壁薄，表面覆有颗粒。膜壳附有 5 枚宽基部的突起，其末端尖；突起中空，与膜壳腔自由连通；突起皆出自同平面，其表面覆有颗粒。每枚突起有中低的脊，且在膜壳中部融合。膜壳直径 27~30μm；突起长 18~24μm，基部宽 5.4μm。膜壳未见脱囊开口结构。

产地、时代　美国俄亥俄州；早石炭世。

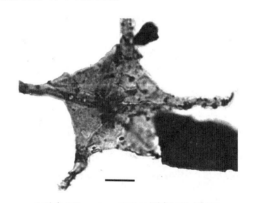

（引自 Wicander，1974；图版 17，图 3）

膨胀星形藻　*Stellinium inflatum* Wicander，1974

1974 *Stellinium inflatum* Wicander，p. 33；pl. 17，figs. 7—8.

种征　膜壳亚圆形，壁薄，表面覆有颗粒。膜壳附有 5~8 枚宽基部的突起，其末端尖。突起中空，与膜壳腔自由连通。位于突起中部的脊在接近膜壳中部相接和融合。膜壳直径 27~30μm；突起长 24~27μm，基部宽 5.4~8.1μm。膜壳未见脱囊开口结构。

产地、时代　美国俄亥俄州；晚泥盆世。

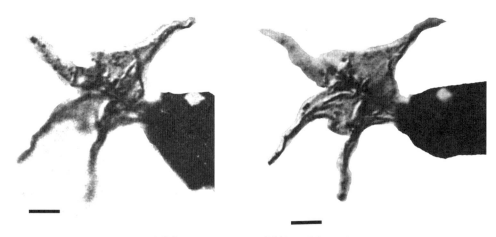

（引自 Wicander，1974；图版 17，图 7—8）

小多角星形藻　*Stellinium micropolygonale*（Stockmans and Willière）Playford，1977

1960 *Micrhystridium micropolygonale* Stockmans and Willière，p. 4；pl. 1，fig. 12.

1977 *Stellinium micropolygonale*（Stockmans and Willière）Playford，p. 36；pl. 18，figs. 7—9.

1990 *Veryhachium micropolygonale* Fensome *et al.* ，p. 461.

种征　膜壳轮廓为星状的多边形，通常附有 8 枚（有时 10 枚或 12 枚）宽基部、同形、中空、锥形突起，这些突起导致膜壳尖出。突起与膜壳腔自由相通。突起均匀、对称分布，长 11~16μm，显现钝至尖的远端；每个突起具有低窄（宽 0.7μm 或更窄）的中部纵向脊，并与相邻突起的脊在基部汇聚。膜壳和突起壁薄，在电子显微镜下显现颗粒、微小颗粒或凸起，而在光学显微镜下呈现粗糙。

产地、时代　北美，西欧；晚志留世至晚泥盆世。

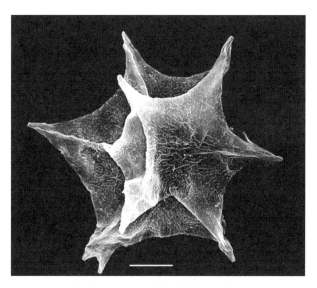

（引自 Playford，1977；图版 18，图 8）

八角星形藻 *Stellinium octoaster* (Staplin) Jarniné, Combaz, Magloire, Peniguel and Vachey, 1972

1961 *Veryhachium octoaster* Staplin, pl. 49, fig. 3.

1972 *Stellinium octoaster* (Staplin) Jarniné et al. , pp. 298—299.

1976 *Stellinium octoaster* Playford, p. 50; pl. 12, fig. 17.

种征　膜壳多边形,轮廓呈星形,壁薄,覆有细而稠密的颗粒或粗糙。在膜壳的两个或更多平面附有8枚宽基部的、规则尖削的突起,它们致使膜壳呈星形。突起内腔与膜壳腔相通。各条突起显现中部纵向脊(宽约0.5μm或更窄),并在膜壳中心点与其他突起脊汇聚。突起末端尖或钝。可见沿突起脊裂开的脱囊结构。

产地、时代　西欧,北非;泥盆纪。

(引自 Playford, 1976; G. Playford 赠送图像)

凸出星形藻 *Stellinium protuberum* Wicander and Loeblich, 1977

1977 *Stellinium protuberum* Wicander and Loeblich, p. 152; pl. 9, figs. 11—14.

种征　膜壳轮廓多面体形,直径20~26μm,边直或微凹,壁薄,表面饰有颗粒。膜壳附有8枚中空的突起(长仅2μm)。膜壳整体式样如同两个叠加的盒子,其中一个旋转45°,以至其角部从另一个边的中部突出。有条脊从膜壳中部横穿至突起顶端。膜壳未见脱囊开口结构。

产地、时代　美国印第安纳州;晚泥盆世。

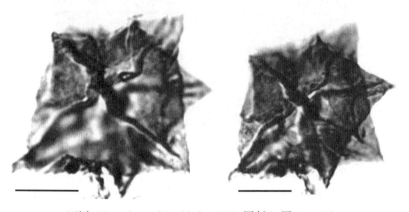

(引自 Wicander and Loeblich, 1977;图版9,图11—12)

柱突藻属　*Stelomorpha*（Yin，1994），emend. Uutela and Sarjeant，2000

模式种　*Stelomorpha erchunensis*（Fang，1986），emend. Yin，1994

属征　膜壳球形至亚球形，单层壁，表面光滑至颗粒。在一端有一枚比其他突起明显硕大的突起，其近端封闭，远端开放，具有显著锯齿状至钝刺状的端缘。膜壳壁附有不同数量同形或异形突起，它们形态多变，但都较窄细，一般短于端部突起。多数小突起简单，呈漏斗形外展，末端尖削或锐圆形。在一些标本中，少数突起可能实心，这些突起的远端具有二分叉的分枝，表面覆有尖刺、钝刺或其他雕饰。在与膜壳端突起相对应端，常发育有圆口。

杯形柱突藻　*Stelomorpha calyx* Quintavalle and Playford，2008

2008 *Stelomorpha calyx* Quintavalle and Playford, p. 31；pl. 2, figs. 2,6—7.

种征　膜壳球形，轮廓圆形至亚圆形，附有少量圆锥形、明显的齿状凸。齿状凸中空，远端开放，末端膨胀，与膜壳腔不连通。膜壳单层壁（厚 0.5~1.0μm），表面光滑或粗糙。膜壳表面附有许多离散、均匀分布的同形突起，它们直或不规则弯曲，没有顶部膨胀，看似中空，但与膜壳腔不连通；突起末端漏斗形，大多不规则分叉；分枝简单，末端尖或钝，或者交替二分叉为很短的小枝；突起主干亚圆柱形至稍许圆锥形，横断面圆形；突起近端呈角度与膜壳壁接触至略弯曲；突起壁薄，厚度<0.5μm，表面光滑。简单球根突起高 1.5~3.0μm，有时接近末端显现膨胀。膜壳可见圆口的脱囊结构。膜壳直径 30~42μm；突起长 4~11μm，基部宽 1.0~1.8μm；突起顶端长 4.5~9.0μm，宽 10~14μm；圆口直径 8~11μm；突起数 80~120 枚。

产地、时代　西澳大利亚；早—中奥陶世。

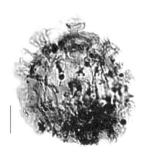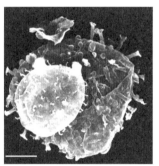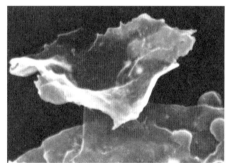

（引自 Quintavalle and Playford，2008；图版 2，图 2,6—7）

斑纹藻属　*Stictosoma* Wicander，Playford and Robertson，1999

模式种　*Stictosoma gemmate* Wicander，Playford and Robertson，1999

属征　膜壳原本球形，轮廓圆形或亚圆形，单层壁，表面基本光滑，覆有数量较多实心的、呈浅凹或丘疹样的微小凸起，具有特征的中心端部凹陷或起伏。该种具膜壳壁简单裂开的脱囊结构。

芽胞斑纹藻 *Stictosoma gemmate* Wicander, Playford and Robertson, 1999

1999 *Stictosoma gemmate* Wicander, Playford and Robertson, p. 24; pl. 13, figs. 2—7.

种征 膜壳轮廓圆至亚圆形,壁薄,附有规则分布、小而实心、光滑的突起。突起彼此间距3~4μm,呈现短矮颗粒至圆锥形体,它们随基底起伏有所变形。膜壳具简单线状裂开的脱囊结构。

描述 膜壳球形,轮廓呈圆形至亚圆形,通常被弓形褶皱扭曲。膜壳壁厚0.5~1.1μm。膜壳附有小而离散、实心、光滑的颗粒至圆锥形突起,它们一般显示远端连接边缘的波浪状起伏,基部圆形至亚圆形,直径0.8~1.8μm,彼此间距2~6μm(通常2~4μm)。膜壳具单线状裂开的脱囊结构。

产地、时代 北美;晚奥陶世。

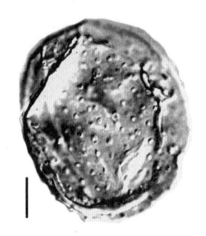

(引自 Wicander *et al.*, 1999;图版13,图2)

纹斑藻属 *Striatostellula* Sarjeant and Stancliffe, 1994

模式种 *Striatostellula confecta* (Martin) Sarjeant and Stancliffe, 1994

属征 膜壳多边形,壳边凹或凸,从角部伸出4~10枚附属物,它们是完整膜壳的一部分。附属物中空,楔形至尖角形,表面有小刺,没有分枝或其他远端延伸,其内腔与膜壳腔自由连通。膜壳壁单层,在两个或更多面分布小刺,它们等长或不等长。膜壳覆有条纹至肋纹,条纹可能由连续的线、低矮脊、密集的小瘤或颗粒组成;膜壳表面的条纹或脊从小刺基部呈扇状辐射,其路径可能因表面弯曲而有所变化;这些条纹或脊可能融合或分开,它们的端部可能从膜壳一边或其他边交替延伸。

散布纹斑藻 *Striatostellula sparsa* Hashemi and Playford, 1998

1998 *Striatostellula sparsa* Hashemi and Playford, p. 170; pl. 11, figs. 8—12.

种征 膜壳为多面体,轮廓三角形或五角形,膜壳边近直至凹入;壁厚0.7~0.8μm,表面光滑、粗糙,或有小颗粒和微弱细纹。从膜壳角部伸出4~5枚坚实、共面的突起;突起中空、同形,与膜壳腔自由连通;突起近端些许弯曲,从基部渐尖削,至突起基部往上1/3处突然变薄至宽2.5~5.0μm,其末端简单尖出或显现钝截。在垂直于其他的膜壳面有延伸出 1~2 枚简单突起。所有突起均匀分布。突起壁厚度同膜壳壁,不同的是突起表面具有大量低窄、纵向密集的脊,并伴有稀疏的颗粒或锥形粒。膜壳未见脱囊结构。膜壳直径 19~24μm;突起长 16~24μm。

产地、时代　伊朗中东部;晚泥盆世。

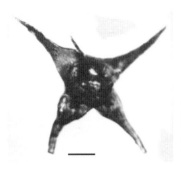

（引自 Hashemi and Playford, 1998;图版 11,图 9—10,12）

连球藻属　*Synsphaeridium* Eisenack , 1965

模式种　*Synsphaeridium gotlandicum* Eisenack , 1965

属征　壳体中空,有机质壁,多个膜壳聚集;一般成群出现,膜壳壁抗酸、碱。

链接连球藻　*Synsphaeridium catenarium* Playford , 1981

1981 *Synsphaeridium catenarium* Playford *in* Playford and Dring , p. 61; pl. 16, figs. 1—5.

种征　具 2~10 个球形体或膜壳呈单列组成的孢粉结构。单个膜壳平均直径 12μm。膜壳原本近球形,轮廓亚圆形,壁厚 0.3~0.5μm,表面光滑至微粗糙,通常显示不规则的挤压褶皱。膜壳与相邻膜壳的重叠过量是可变的,一般为 1.5~5.0μm。尽管膜壳常显现不规则开裂,但未见确定的脱囊结构。

产地、时代　澳大利亚;晚泥盆世。

（引自 Playford and Dring, 1981; G. Playford 赠送图像）

条带球藻属　*Taeniosphaeridium* Uutela and Tynni , 1991

模式种　*Taeniosphaeridium parvum* Uutela and Tynni , 1991

属征　膜壳为小的球形,具有低矮横梁形、可能实心的脊纹,它们彼此不规则定向分布。膜壳未见圆口。

小条带球藻　*Taeniosphaeridium parvum* Uutela and Tynni，1991

1991 *Taeniosphaeridium parvum* Uutela and Tynni, p. 115；pl. ⅩⅩⅧ, fig. 296.

种征　膜壳为小的球形,表面分布有低矮的脊,它们各自不规则走向,但相互间距近等。脊的长度是其宽度的 3~4 倍,是其高的 2 倍;脊可能实心,它们与膜壳壁角度接触。膜壳表面覆有微小颗粒。膜壳未见圆形开口。膜壳直径 8μm;脊长 0.5μm,脊高 0.3μm,相互间距 1μm。

产地、时代　爱沙利亚;中奥陶世,兰维尔期(Llanvirn)。

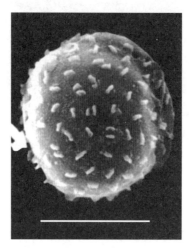

(引自 Uutela and Tynni，1991;图版 28,图 296)

塔斯马尼藻属　*Tasmanites*（Newton，1875）Eisenack,1958

模式种　*Tasmanites spunctatus* Newton，1875

属征　膜壳球形,中空。膜壳壁较厚而坚实,由淡黄色至暗棕红色有机物质构成,常呈挤压的扁平形保存,且有褶皱。膜壳壁具有或多或少数量的孔,它们很少穿透整个壁,常从外边或里边而在厚壁中结束。膜壳有圆口,但不常存在;壁孔在同种标本并非都是清楚可辨的,但在同一种的大多数标本出现;壁薄的年幼标本缺少圆口,它们与光面球藻(*Leiosphaeridia*)难以区分。

乍得塔斯马尼藻　*Tasmanites tzadiaensis* Le Hérissé，Paris and Steemans，2013

2013 *Tasmanites tzadiaensis* Le Hérissé,Paris and Steemans, p. 498；figs. 9A—B, F.

种征　膜壳球形,壁厚,表面规则分布特征的盘形或低矮疣状雕饰,有窄的通道在表面留下小空穴的斑痕。膜壳未见开口。膜壳直径 100μm 或大于 145μm,壁厚 2~3μm;盘形饰的直径 6.5~11.0μm。

产地、时代　非洲乍得北部;赫南特阶(Hirnantian)晚期至鲁丹阶(Rhuddanian)早期。

（引自 Le Hérissé *et al.*，2013；图 9A）

遮盖藻属　*Tectitheca* Burmann，1968

模式种　*Tectitheca ualida* Burmann，1968.

属征　中央壳体呈五边形轮廓，它分化为上部圆锥形，下部圆柱形，并沿纵轴被挤压或延伸。在中央壳体的不同部分规则分布逐渐尖削、不分叉、一般长的突起；突起内腔与壳体腔自由连通。突起被挤压或拉长的中央壳体的圆锥形上部分化为单一的顶突起，它可用来作为长轴定向。在中央壳体的圆锥形至圆柱形的过渡带有 4 枚突起，突起数量受限于它们规则排列的约束。中央壳体圆柱形部分可以由于额外突起的插入而有变化。相比于主要突起，额外插入突起显示交替变化式样。

锥帽遮盖藻　*Tectitheca cucullucium* Cramer and Díez，1977

1977 *Tectitheca cucullucium* Cramer and Díez，p. 354；pl. 4，fig. 12.

种征　膜壳为拉长角锥形，具有较窄的基部。在膜壳底部有 4~6 枚主突起，而在主突起间或膜壳的下半部有更小的突起。膜壳壁趋向突起顶端，二者没有明显区别。膜壳长约 100μm。

产地、时代　摩洛哥；早奥陶世，阿伦尼克期（Arenigian）。

（引自 Cramer and Díez，1977；图版 4，图 12）

季莫菲也夫藻属　*Timofeevia* Vanguestaine，1978

模式种　*Timofeevia lancariae*（Cramer and Díez，1972）Vanguestaine，1978.

属征　膜壳多边形，中空，由多角形面构成；由于面数的变化，壳体外形呈现多边形或圆形。膜壳壁薄，明显单层。在膜壳面交汇处加厚，并有凸出的脊状膜，脊状膜通常向内弯曲。膜壳附有简单突起，有些突起分叉显现分枝。突起中空，与膜壳腔连通。突起在多角形面分布，或局限于交汇处。膜壳壁光滑，或有小坑洼、微小褶皱和颗粒。膜壳开裂结构显然是不同数量多角形面的丢失。

自由季莫菲也夫藻　*Timofeevia enodis* Uutela and Tynni，1991

1991 *Timofeevia enodis* Uutela and Tynni，p. 116；pl. XXVII，fig. 297.

种征　膜壳亚球形至亚多角形，附有多角形体（视域内可见约 10 个多角形体）。角形体的壁形成缝合脊线。多角形体的角部有光滑、异形、简单或二分叉的突起。突起中空，基部宽。膜壳表面有颗粒。膜壳直径 11~15μm；突起长 2~6μm；多角形体直径 2~10μm。

产地、时代　爱沙利亚；中奥陶世，兰维尔期—兰代洛期（Llanvirn—Llandeilo）。

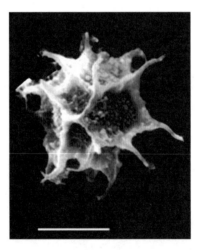

（引自 Uutela and Tynni，1991；图版 28，图 297）

结瘤季莫菲也夫藻　*Timofeevia nodosa* Uutela and Tynni，1991

1991 *Timofeevia nodosa* Uutela and Tynni，p. 117；pl. XXVII，fig. 298.

种征　膜壳球形，附有多角形体（视域内可见约 25 个多角形体），其角部有同形、简单的突起。突起中空，宽基部，且显示棘刺形远端。角形体形成平滑的缝合脊线，它们的大小和形状不一。膜壳直径 13~14μm；突起长 1. 5~2. 0μm。

产地、时代　爱沙利亚；中奥陶世，兰维尔期（Llanvirn）。

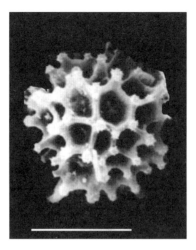

（引自 Uutela and Tynni，1991；图版 28，图 298）

转盘藻属 *Tornacia*（Stockmans and Willière）ex Wicander，1974

模式种 *Tornacia sarjeanti*（Stockmans and Willière）ex Wicander，1974

属征 膜壳球形，轮廓圆形，壁厚，表面光滑。膜壳附有许多光滑、透明和中空的突起，其末端尖或钝，它们与膜壳腔不连通。受挤压的标本显示突起围绕膜壳外围。膜壳未见脱囊开口。

萨京特转盘藻 *Tornacia sarjeanti* Stockmans and Willière ex Wicander，1974

1965 *Tornacia sarjeanti* Stockmans and Willière，p. 474；fig. 6.

1976 *Tornacia sarjeanti* Playford，p. 50；pl. 12，figs. 10—12.

种征 膜壳轮廓圆形至亚圆形，壳壁厚约 1 μm，表面光滑至微小鲛粒或粗糙。受挤压标本的轮廓可见 7~11 枚中空、锥形突起，从突起宽的基部（直径 3~6 μm）向钝的末端尖削。突起长 3~6 μm。膜壳壁有挤压形成的弓形次生褶皱，偶见膜壳近中心有微弱褶皱。

产地、时代 比利时、澳大利亚；晚泥盆至早石炭世。

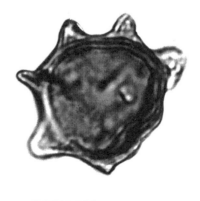

（引自 Playford，1976；图版 12，图 10；G. Playford 赠送图像）

中柱转盘藻 *Tornacia stela* Wicander，1974

1974 *Tornacia stela* Wicander，p. 33；pl. 18，figs. 1—2.

种征 膜壳轮廓圆形，直径 21~24μm，壁厚，表面光滑。膜壳附有 9~10 枚光滑、透明、中空的突起，它们与膜壳不连通。当膜壳被挤压，突起围绕膜壳边缘。突起长 5.4~6.6μm，近基部增宽至 2.7μm，往上尖削呈圆钝的末端。膜壳未见脱囊开口结构。

产地、时代 美国俄亥俄州；晚泥盆世。

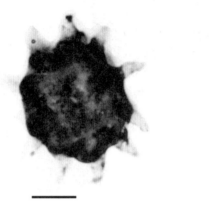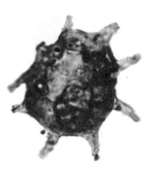

（引自 Wicander，1974；图版 18，图 1—2）

被囊球藻属 *Tunisphaeridium* Deunff and Evitt，1968

模式种 *Tunisphaeridium concentricum* Deunffand and Evitt，1968.

属征 膜壳球形至椭球形，轮廓梨形。球形中央膜壳附有许多棒状、实心的突起。突起远端有透明薄膜相互连接，并有微弱至明显的细丝构成的网络加固。这些网络结构从突起顶端外延、辐射，或者细丝仅是薄膜的痕迹。膜壳未见圆口。

双辫被囊球藻 *Tunisphaeridium bicaudatum* Le Hérissé，Molyneux and Miller，2015

2015 *Tunisphaeridium bicaudatum* Le Hérissé，Molyneux and Miller，p. 53；pl. Ⅶ，figs. 1—2，4.

种征 膜壳轮廓亚圆形，壁薄，表面光滑。膜壳附有许多杆状实心突起。突起的远端扩展或呈现头状花序样，且有薄的丝体或薄的透明膜状物连接。在膜壳对应极部突起较长，有时它们被包裹在薄的透明膜中。膜壳极部显示较长突起群是该种的特征。膜壳直径 18~32μm；突起长 4.5~11.5μm；极部突起长 18~54μm。

产地、时代 沙特阿拉伯；晚奥陶世。

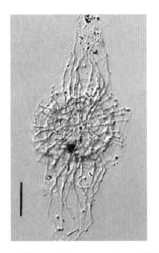

（引自 Le Hérissé *et al.* , 2015；图版 7，图 2，4）

短刺被囊球藻　*Tunisphaeridium brevispinosum* Uutela and Tynni, 1991

1991 *Tunisphaeridium brevispinosum* Uutela and Tynni，p. 117；pl. XXIX，fig. 299.

种征　球形膜壳附有许多短圆柱形突起。突起长度是膜壳直径的 1/25。突起间有纤维物连接；突起在膜壳规则分布，其远端开放。膜壳和突起壁表面光滑。膜壳见有中裂缝。膜壳直径 15μm；突起长 0.6μm，彼此间距 1μm。

产地、时代　爱沙利亚；中—晚奥陶世，卡拉道克期—阿什极尔期（Caradoc—Ashgill）。

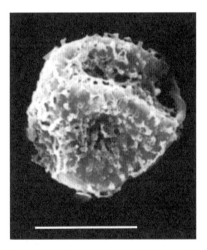

（引自 Uutela and Tynni，1991；图版 29，图 299）

软垂被囊球藻　*Tunisphaeridium flaccidum* Playford, 1981

1981 *Tunisphaeridium flaccidum* Playford *in* Playford and Dring，p. 62；pl. 16，fig. 14；pl. 17，figs. 1—8.

种征　膜壳原是近球形，轮廓圆形至椭圆形，单层壁薄（厚度 < 0.5μm）。在光学和电子显微镜下，除了挤压生成不连续同心褶皱，膜壳表面光滑。膜壳附有许多（在膜壳一侧有 100~140 枚）细长、棒形同形突起，它们与膜壳壁以角度接触，近基面稍显弯曲。在保存好的标本，突起末端有复杂的细小衍生物作为支撑物，它们相互连接呈现薄而透明

的包被膜,且与膜壳轮廓近重叠。大多数突起实心、光滑,且与膜壳壁明显区分。突起向远端稍稍尖削,基部不连接,近规则分布。突起长6~12μm,基部直径0.3~0.8μm,彼此间隔1.3~7.0μm。

产地、时代 澳大利亚;晚泥盆世。

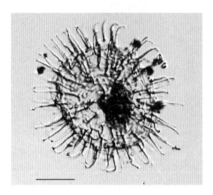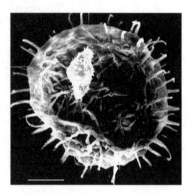

(引自 Playford and Dring, 1981;图版17,图6—7)

棘刺被囊球藻 *Tunisphaeridium spinosissimum* Uutela and Tynni, 1991

1991 *Tunisphaeridium spinosissimum* Uutela and Tynni, p. 118; pl. XXIX, fig. 300.

种征 膜壳球形,密集附有小的圆柱形、末端分叉的突起,突起长是膜壳直径的1/10。突起分枝的鞭状末端彼此黏附,其中二分叉突起大多有二级分叉,也有一些简单或仅限于二分叉的突起;突起主干与其分枝长度相当。膜壳表面有鲛粒;突起表面光滑。膜壳可见中裂缝。膜壳直径19~21μm;突起长2~3μm,其分叉长2~3μm。

产地、时代 爱沙利亚;中—晚奥陶世,卡拉道克期—阿什极尔期(Caradoc—Ashgill)。

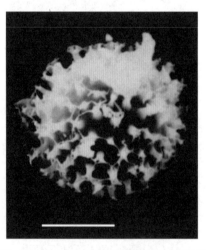

(引自 Uutela and Tynni, 1991;图版29,图300)

丑形球藻属 *Turpisphaera* Vecoli, Beck and Strother, 2015

模式种 *Turpisphaera heteromorpha* Vecoli, Beck and Strother, 2015

属征 膜壳球形至亚球形,膜壳壁不清楚;表面覆有致密和不规则的颗粒,它们与突起不易区别。突起明显异形、实心、长度和厚度不同、坚实或细长,呈毛发状。膜壳未见脱囊结构。

异突丑形球藻　*Turpisphaera heteromorpha* Vecoli, Beck and Strother, 2015

2015 *Turpisphaera heteromorpha* Vecoli, Beck and Strother, p. 11; figs. 4. 8—4. 9.

种征　膜壳球形,膜壳壁透明,无明显雕饰,附有较长僵硬的毛发状突起。突起呈锥形至弯曲延伸,其间有不规则芽和短皱变异的疣,它们没有覆盖全部膜壳表面。膜壳未见脱囊结构。膜壳直径 19~22μm;突起长 2~12μm。

产地、时代　北美;中奥陶世,大坪期(Dapingian)。

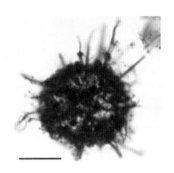

(引自 Vecoli *et al.*, 2015;图 4. 8—4. 9)

膨胀体藻属　*Tyligmasoma* Playford, 1977

模式种　*Tyligmasoma alargadum* (Cramer), comb. Playford, 1977

属征　膜壳轮廓三角形,膜壳壁由两层膜紧压构成。膜壳顶角部分较薄,且伸展形成显著的中空亚圆柱形或刺形突起。在同一标本的突起几乎相等长度,其末端封闭。膜壳和突起壁表面光滑或有微小雕饰。内层壁横过突起基部,致使突起内腔与膜壳腔分隔。膜壳没有明显的脱囊结构。

似翼膨胀体藻　*Tyligmasoma alargadum* (Cramer), comb. Playford, 1977

1964 *Triangulina alargada* Cremer, pp. 334—335; pl. 6, figs. 1,4.

1977 *Tyligmasoma alargadum* (Cramer), comb. Playford, p. 38; pl. 19, figs. 1—6.

种征　膜壳轮廓三角形,边近直,角部宽圆形;膜壳壁两层,层间紧压,两壁层几乎是均匀的。只在膜壳的三个角顶部,外层与较厚、通常呈暗色的内层分开,而形成鲜明的尖削刺形或亚圆柱形突起。三枚突起同形、透明、中空,并有封闭呈现圆形或尖出的顶端。突起近端的内层壁封闭,与膜壳内腔不连通,而外层壁光滑至不规则覆有微小颗粒;内层壁厚约 1. 0~1. 5μm,外层壁是内层壁厚度的一半,约 <0. 5μm,以至通常表现不规则挤压褶皱。突起长 20~60μm,基部宽 10~23μm。膜壳未见脱囊结构。

产地、时代　加拿大安大略省、西班牙、巴西、北非;早泥盆世。

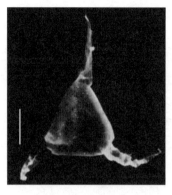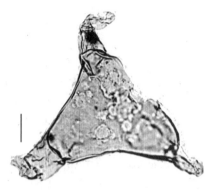

（引自 Playford，1977；图版 19，图 1,6）

伞形球藻属 *Umbellasphaeridium* Jardině *et al.* , 1972

模式种 *Umbellasphaeridium saharicum* Jardině *et al.* , 1972

属征 中央壳体球形或亚球形,壳壁结构简单,稍厚和坚实。完整圆柱形突起的末端多少呈帐篷或漏斗状;突起长度多变化,并与突起的宽、窄成比例。壳体直径 25~50μm;突起长 6~50μm。

韦坎德伞形球藻？ *Umbellasphaeridium*? *wicanderi* Richards and Mullins, 2003

2003 *Umbellasphaeridium*? *wicanderi* Richards and Mullins，p. 591；pl. 4，fig. 7.

种征 膜壳球形,表面光滑,单层壁,附有许多(半边膜壳约 100 枚)圆形轮廓突起。突起中空,有加厚的顶部;突起两边平行,但远端呈漏斗状或有星形凸出;突起内部与膜壳腔不连通。膜壳未知脱囊结构。膜壳直径 20~30μm;突起长 2μm,宽 1.2~1.5μm。

产地、时代 英格兰;晚志留世。

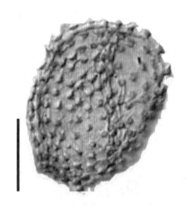

（引自 Richards and Mullins，2003；图版 4,图 7）

钩刺球藻属 *Uncinisphaera* Wicander, 1974

模式种 *Uncinisphaera lappa* Wicander，1974

属征 膜壳球形,壁薄,表面有颗粒雕饰,附有许多突起。突起内腔与膜壳腔自由相通,表面覆有鲛刺雕饰,易弯曲,其末端尖出。可见膜壳壁裂开的脱囊结构。

小棒钩刺球藻 *Uncinisphaera fusticula* Vecoli, 1999

1999 *Uncinisphaera fusticula* Vecoli, p. 59; pl. 15, figs. 5, 10; pl. 16, fig. 2.

种征 膜壳球形,偶尔折叠改变为不规则多边形;轮廓圆形至亚多角形;单层壁,厚约 1μm。整个膜壳表面覆有明显颗粒(宽和高皆为 0.5μm),附有许多同形、圆柱形、简单尖出末端的突起。突起中空,与膜壳腔自由连通。整个突起表面覆有棒状雕饰(基部直径 0.5μm,高达 0.5μm,间距 1~2μm)。突起近端显现角度至弯曲。近突起基部,有棒形雕饰(宽 0.5μm,高 1.0~1.5μm)。膜壳未见脱囊开口。膜壳直径 40~55μm;突起长12~25μm,基部宽 3~6μm;突起数 25~35 枚。

产地、时代 北非;中奥陶世,兰维尔期(Llanvirn)。

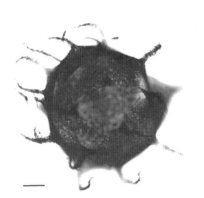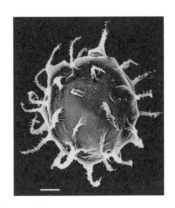

(引自 Vecoli, 1999;图版 15,图 5, 10)

幽灵钩刺球藻 *Uncinisphaera imaguncula* Wicander and Playford, 1985

1985 *Uncinisphaera imaguncula* Wicander and Playford, p. 116; pl. 6, figs. 7A—9.

种征 膜壳轮廓圆形至亚圆形,壁厚 0.5~0.8μm,表面光滑,附有 16~21 枚中空、同形、微柔韧、带棘刺的简单突起。突起与膜壳腔自由连通。突起近端弯曲,向远端尖出。该种具膜壳壁简单裂开的脱囊结构。膜壳直径 14~16μm;突起长 5.5~8.8μm,基部宽1.1~2.8μm。

产地、时代 美国爱荷华州;晚泥盆世。

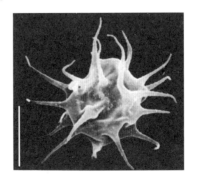

(引自 Wicander and Playford, 1985;图版 6,图 7A, 8)

芒刺钩刺球藻 *Uncinisphaera lappa* Wicander，1974

1974 *Uncinisphaera lappa* Wicander, p. 34；pl. 18, figs. 4—6.

种征 膜壳球形，壁薄，表面覆有颗粒，附有 26~30 枚简单、弯曲、末端尖出的刺状突起。突起与膜壳腔自由连通。膜壳直径 22~30μm；突起长 10~13μm，基部宽 2.2μm。可见膜壳壁裂开的脱囊结构。

产地、时代 美国俄亥俄州；晚泥盆世。

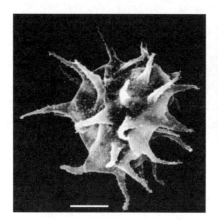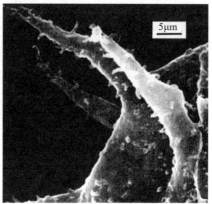

（引自 Wicander，1974；图版 18，图 4—5）

尤内尔藻属 *Unellium* Rauscher，1969

模式种 *Unellium piriforme* Rauscher, 1969

属征 膜壳为小的球形，表面光滑。膜壳附有许多简单突起，突起的大小和数量多变。膜壳的一端或两端延伸形成 1~2 枚简单、长的突起，这些突起的基部一般比其他突起更宽。

膨胀尤内尔藻 *Unellium ampullium* Wicander，1974

1974 *Unellium ampullium* Wicander, p. 34；pl. 18, figs. 7—9.

种征 膜壳梨形，直径 18~21μm，壁薄，表面光滑。膜壳附有两种突起：一种是很宽的主突起，基部宽 2.7μm，中空而与膜壳腔连通；另一种是简单、光滑的小突起，长 8~10μm，基部宽 1.4μm，其末端尖出，它们同样与膜壳腔自由连通。可见膜壳壁裂开的脱囊结构。

产地、时代 美国俄亥俄州；晚泥盆世。

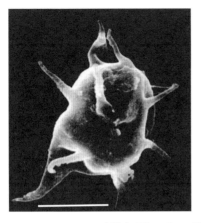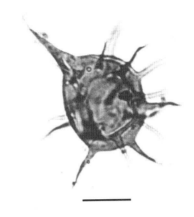

（引自 Wicander，1974；图版 18，图 7，9）

喇叭尤内尔藻　*Unellium cornutum* **Wicander and Loeblich，1977**

1977 *Unellium cornutum* Wicander and Loeblich, p. 153；pl. 8，figs. 5—12.

　　种征　膜壳轮廓近椭圆形，直径可达 30μm（平均 25μm），壁厚 0.5~1.0μm，表面光滑。膜壳附有两种突起。其中 2 枚主突起（长 13~18μm，基部宽 3~5μm）处在近极端，并非精准 180°相对应，但一般都在膜壳同一边出现，且显现偏向一方的式样；主突起一般坚实，稍显弯曲，基部宽，其与膜壳腔自由连通；一些突起至末端皆中空，也有的突起内部加厚至末端成为实心；主突起基部表面有颗粒，而远端光滑。另外的 20~30 枚小突起（长 8~14μm（平均长 10μm），基部宽 2μm）则显现简单，稍显弯曲，并在膜壳表面均匀分布，且与膜壳腔连通；它们与主突起一样，从近基部至近远端变为实心；少数突起表面光滑。在 2 枚主突起之间呈现膜壳壁简单裂开的脱囊结构。

　　产地、时代　美国印第安纳州；晚泥盆世。

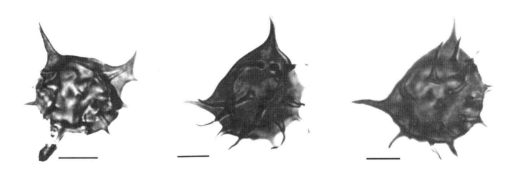

（引自 Wicander and Loeblich，1977；图版 8，图 5，10，12）

延展尤内尔藻　*Unellium elongatum* **Wicander，1974**

1974 *Unellium elongatum* Wicander, p. 35；pl. 18，figs. 10—12.

　　种征　膜壳稍显纺锤形，直径 29~35μm，壁厚 1.1~1.5μm，表面光滑，附有两种光滑突起。其中 2 枚主突起（长 23~25μm）相对应，致使膜壳呈纺锤形；主突起基部宽（宽 4.4~5.5μm），易弯曲，其末端封闭尖出；主突起一般实心，如果中空则是狭窄的开放。另附有11~16枚小突起(长15~23μm,基部宽2.2μm),简单,末端尖出,实心或中空,但一般中空。可见膜壳壁裂开的脱囊结构。

产地、时代 美国俄亥俄州;晚泥盆世,早石炭世。

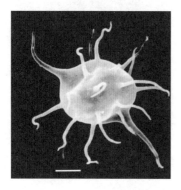

(引自 Wicander,1974;图版18,图10,12)

瘫软尤内尔藻 *Unellium oscitans* Wicander,1974

1974 *Unellium oscitans* Wicander,p.35;pl.19,figs.1—3.

种征 膜壳稍显纺锤形,直径28~35μm,壁薄,表面光滑,附有两种突起。其中2枚主突起(长27~33μm,宽3.7~4.4μm)相对应,光滑、简单、易弯曲,基部宽,远端尖出,中空且与膜壳腔自由连通。另附有14~16枚小突起(长20~33μm(平均长22μm),宽1.7~2.2μm),光滑、简单、易弯曲,远端尖出,同样中空且与膜壳腔连通。可见膜壳壁裂开的脱囊结构。

产地、时代 美国俄亥俄州;晚泥盆世。

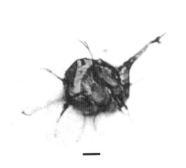

(引自 Wicander,1974;图版19,图1,3)

梨形尤内尔藻 *Unellium piriforme* Rauscher,1969

1969 *Unellium piriforme* Rauscher,pp.35—36;figs.1—6.

1981 *Unellium piriforme* Playford and Dring,p.66;pl.18,figs.1—4.

种征 膜壳轮廓呈典型的梨形,偶尔亚圆形或椭圆形,壁光滑(厚约0.4μm),少数粗糙。突起中空,近脊状,它们与膜壳壁等厚,且与膜壳腔连通;突起离散呈刺形,基部圆,向远端规则尖削为简单末端。其中1枚主突起(长5~9μm)明显区别于其他突起,它的基部直径 2.5~3μm,显示弯曲的近基接触面。其他 15~21 枚小突起(长 3~6μm)的近基部接触面角形至微弯曲,基部直径 0.8~2.0μm。膜壳未见脱囊结构。

产地、时代 北美,西欧,澳大利亚;中—晚泥盆世。

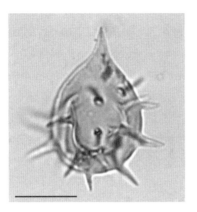

(引自 Playford and Dring,1981;图版 18,图 4;G. Playford 赠送图像)

虫围藻属 *Vermimarginata* Vecoli, Beck and Strother, 2015

模式种 *Vermimarginata barbata* Vecoli, Beck, and Strother, 2015

属征 膜壳球形,有圆口,附有大量很薄的、弯曲、实心的突起。突起远端形成离散、模糊的网状结构物。

宽缘虫围藻 *Vermimarginata barbata* Vecoli, Beck, and Strother, 2015

2015 *Vermimarginata barbata* Vecoli, Beck, and Strother, p. 17; figs. 5.8—5.9.

种征 膜壳球形,单层壁薄、透明,有大小约为膜壳直径 1/3 的圆口。膜壳被很薄的、柔软的线丝汇聚呈网状的结构物包裹,膜壳边缘呈现或多或少规则的凸缘。内体直径 35~42μm,外包被宽 8.5~18μm;圆口直径 10~15μm。

产地、时代 北美;中奥陶世,大坪期(Dapingian)。

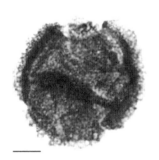 

(引自 Vecoli *et al.*,2015;图 5.8—5.9)

稀刺藻属 *Veryhachium* (Deunff, 1954), emend. Sarjeant and Stancliffe, 1994

模式种 *Veryhachium trisulcum* (Deunff) Deunff, 1959

属征　膜壳垫子形,轮廓三边形至四边形,膜壳边凹或凸,壁薄单层。刺状突起从角部伸出,其基部与膜壳壁光滑融合,两者没有明显界线。这些刺突在同平面分布,而在膜壳表面仅有单根小刺突。刺突中空,内腔与膜壳腔连通;刺突楔形至尖锐,它们相同或近似大小,其远端封闭,简单尖出。膜壳和刺突表面光滑至颗粒,没有疣、条纹或次生细刺。膜壳可见外翻(epityche)的脱囊结构,而在四边形膜壳可能是线形裂缝。

多箱稀刺藻　*Veryhachium arcarium* Wicander and Loeblich, 1977

1977 *Veryhachium arcarium* Wicander and Loeblich, p. 154; pl. 10, figs. 1—2.

种征　膜壳轮廓方形,边微凹或直和少许凸出;壁厚 0.5μm,光学显微镜下表面光滑。从膜壳的每个角部在同平面延伸 4 枚中空突起。突起微弯曲或直立,向远端渐尖削至尖出顶端;其近端开放,与膜壳腔自由连通。另有 1~3 枚中空、微弯曲突起垂直于膜壳面,并与膜壳腔自由连通。通常突起出自膜壳边的中部。突起表面光滑。在膜壳同平面两突起间可见裂开的脱囊结构。膜壳长 13~20μm;突起长 14~18μm,基部宽 2~3μm。

产地、时代　美国印第安纳州;晚泥盆世。

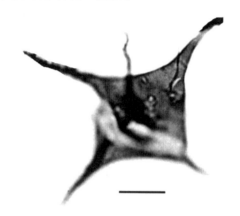

(引自 Wicander and Loeblich, 1977;图版 10,图 2)

科莱曼稀刺藻　*Veryhachium colemanii* Playford, 1981

1981 *Veryhachium colemanii* Playford, p. 68; pl. 19, figs. 1—9.

种征　膜壳轮廓三角形,边直、微凹或微凸,近等长。三角尖端延伸为中空突起。近膜壳中部通常有 1 枚附加突起,其形态与膜壳角部的 3 枚突起相似。在少数标本,从膜壳相对面有 2 枚附加突起,少数标本没有附加突起。突起长 14~34μm(平均约 24μm),向远端渐削减,其末端钝,一般简单不分叉,但也有 1~2 枚突起近远端出现等长或不等长的二分枝。突起坚硬或易弯曲,中空并与膜壳腔相通。在同一标本,壳壁和突起壁厚度相同(厚 0.4~0.7μm)。在光学或电子显微镜下,纹饰多种多样。膜壳壁覆有密集的颗粒或微小颗粒,而突起壁覆有相对稀疏的棘刺(基宽和高可达 1.3μm);具有或没有分散分布的脊粒或纵向条纹(在电子显微镜观察下,条纹低、窄,呈不连续的脊)。很少标本显现膜壳简单裂开的脱囊结构。

产地、时代　澳大利亚;晚泥盆世。

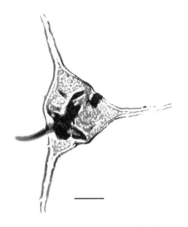

（引自 Playford and Dring，1981；图版 19，图 4）

嫩枝稀刺藻　*Veryhachium cymosum* **Wicander and Loeblich，1977**

1977 *Veryhachium cymosum* Wicander and Loeblich，p. 155；pl. 10，figs. 5—10.

种征　膜壳轮廓三角形，边微膨胀或凸出，有时一边直或凹入，一般三边等长；有些标本呈现为等腰三角形，边长 14~19μm（平均 18μm）。膜壳壁厚 0.5~1.0μm。从膜壳同平面角部延伸 3 枚中空突起，它们与膜壳腔自由连通。突起一般直或微弯曲，顶端封闭尖出。3 枚主突起长 12~23μm（平均 16μm），基部宽 2~3μm。另外，垂直于膜壳平面附有 1~5 枚小的中空突起，它们又呈现为两个序列：一般处在膜壳中部有 1 枚大的突起，长 9~16μm（平均 12μm），基部宽 2~3μm，弯曲，与膜壳腔自由连通；另外附有 1~4 枚同样垂直于膜壳面的突起，它们较小，长 4~6μm，基部宽 1~2μm，中空、弯曲，同样与膜壳腔自由连通。小突起几乎出自膜壳的同一个平面。膜壳和突起表面光滑至微粗糙。膜壳未见脱囊结构。

产地、时代　美国印第安纳州；晚泥盆世。

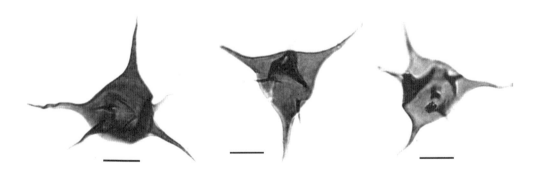

（引自 Wicander and Loeblich，1977；图版 10，图 6—7,9）

短小稀刺藻　*Veryhachium improcerum* **Wicander and Loeblich，1977**

1977 *Veryhachium improcerum* Wicander and Loeblich，p. 156；pl. 10，fig. 3.

种征　膜壳轮廓三角形，三边等长（长 19~20μm），轻微外凸；壁薄（厚 <0.5μm），在光学显微镜下表面显现光滑至微粗糙。膜壳三个角部有 3 枚钝的、有点柔韧的球瘤形凸

出（长约3μm,基部宽2.5μm）。球瘤中空,且与膜壳腔自由连通,其远端钝圆。从球瘤基部至远端不均匀分布褶皱形成的同心环形结构。膜壳未见脱囊结构。

产地、时代 美国印第安纳州;晚泥盆世。

（引自 Wicander and Loeblich, 1977;图版10,图3）

变化稀刺藻 *Veryhachium mutabile* Milia, Ribecai and Tongiorgi, 1989

1989 *Veryhachium mutabile* Milia, Ribecai and Tongiorgi, p. 22; pl. 14, figs. 1—4.

种征 膜壳轮廓圆形至三角形,附有数量不等、长短不一的突起。突起微锥形,远端尖出。膜壳壁光滑;突起表面饰有颗粒。膜壳直径34~61μm;短突起长16~30μm,长突起长35~71μm。

产地、时代 瑞典;晚寒武世。

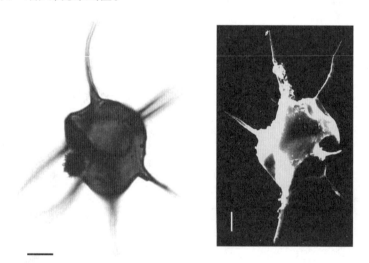

（引自 Milia *et al.*, 1989;图版14,图2,4）

始刺状稀刺藻 *Veryhachium oligospinoides* Uutela and Tynni, 1991

1991 *Veryhachium oligospinoides* Uutela and Tynni, p. 121; pl. XXIX, fig. 304.

种征 膜壳多角形,附有6~7枚突起。突起短于膜壳直角边,其远端有暗棕色加厚。

膜壳表面光滑、具鲛粒或微小颗粒；突起表面有微小颗粒。膜壳边长 50~80μm，总体直径 110~200μm；突起长 25~50μm。

产地、时代 爱沙利亚；中—晚奥陶世，卡拉道克期—阿什极尔期（Caradoc—Ashgill）。

（引自 Uutela and Tynni，1991；图版 29，图 304）

褶皱稀刺藻 *Veryhachium pannuceum* Wicander and Loeblich，1977

1977 *Veryhachium pannuceum* Wicander and Loeblich，p. 156；pl. 10，fig. 4.

种征 膜壳轮廓三角形，三边等长（长 18μm），边直或微凹；壁薄（厚<0.5μm），在光学显微镜下表面显示相当粗糙。在膜壳角部延伸出 3 枚中空、柔韧的突起（长 17μm，基部宽 1μm）。突起中空，且与膜壳腔自由连通；突起基部皆显现些微收缩，从基部至圆钝的远端有轻微的尖削。膜壳表面有与膜壳边缘相平行的褶皱脊，褶脊在接近或少许超越突起收缩处结束。膜壳未见脱囊结构。

产地、时代 美国印第安纳州；晚泥盆世。

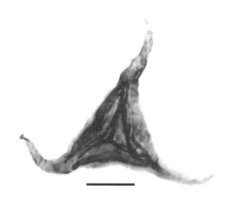

（引自 Wicander and Loeblich，1977；图版 10，图 4）

点穴稀刺藻 *Veryhachium punctatum* Uutela and Tynni，1991

1991 *Veryhachium punctatum* Uutela and Tynni，p. 122；pl. XXIX，fig. 305.

种征 膜壳微呈角形，附有 4~5 枚几乎与膜壳直径同样长度的锥形突起，突起远端尖出。膜壳直径 10~20μm；突起长 10~20μm。

产地、时代 爱沙利亚；中奥陶世，卡拉道克期（Caradoc）。

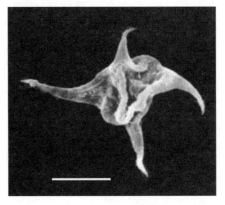

（引自 Uutela and Tynni, 1991；图版 29, 图 305）

辐射稀刺藻 *Veryhachium radiosum* Playford, 1977

1977 *Veryhachium radiosum* Playford, p. 39；pl. 19, figs. 11—13.

种征 膜壳轮廓为典型的三角形或四角形，附有 3~4 枚（少数有 5~6 枚）中空、渐尖削的同形突起。突起延伸自膜壳角部，呈现稍钝或隆起的末端。突起长 20~40μm，其内腔与膜壳腔无障碍连通。膜壳壁厚 0.5~1.0μm，在光学显微镜下表面显示粗糙，而在扫描电子显微镜下显示微小皱至微小颗粒。少数标本在两突起间显示简单裂缝的脱囊结构。

产地、时代 加拿大安大略省；早泥盆世。

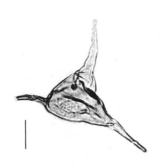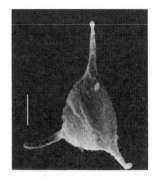

（引自 Playford, 1977；图版 19, 图 11—13）

多露稀刺藻 *Veryhachium roscidum* Wicander, 1974

1974 *Veryhachium roscidum* Wicander, p. 35；pl. 19, figs. 4—7.

种征 膜壳轮廓三角形，膜壳边微膨胀，三边等长。膜壳壁厚 0.4~0.5μm。在同一平面分布 3 枚中空突起，它们与膜壳腔自由连通。突起远端封闭，末端尖出。少数标本在与主突起垂直面有第 4 枚附加突起。在光学显微镜下，膜壳和突起表面光滑，而在电子显微镜下显示小颗粒。突起间可见膜壳壁裂开的脱囊结构，并显示小的外缘。膜壳边长 17~29μm（平均 19μm）；突起长 8~26μm（平均 18μm），基部宽 2.2μm。

产地、时代 美国俄亥俄州；晚泥盆世至早石炭世。

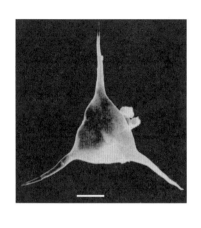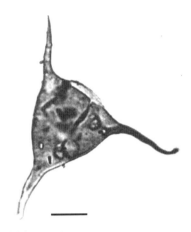

（引自 Wicander，1974；图版 19，图 4，6）

多毛藻属 *Villosacapsula* Loeblich and Tappan，1976

模式种 *Villosacapsula setosapellicula*（Loeblich，1970）Loeblich and Tappan，1976

属征 膜壳轮廓三角形，在膜壳同一平面的每个角部有一枚中空突起，很少有从膜壳面生出一枚或多枚易弯曲的突起。突起内腔与膜壳腔自由连通。膜壳壁薄。膜壳和突起的表面皆有短小分散的小刺。可见膜壳壁外翻的脱囊结构。

装饰多毛藻 *Villosacapsula decolata* Uutela and Tynni，1991

1991 *Villosacapsula decolata* Uutela and Tynni，p. 124；pl. XXIX，fig. 306.

种征 膜壳中空，三角形，三边微凸出。在每个角部有中空突起，它们与膜壳腔自由连通。突起简单，表面有微小颗粒，长度与膜壳边长度几乎相等，其远端尖出。膜壳壁饰有小刺和小瘤，它们没有任何固定的式样。膜壳边长 14~20μm；突起长 13~19μm。

产地、时代 爱沙利亚；中—晚奥陶世，卡拉道克期—阿什极尔期（Caradoc—Ashgill）。

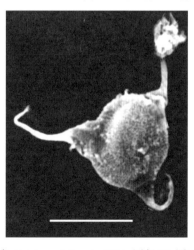

（引自 Uutela and Tynni，1991；图版 29，图 306）

维斯比球藻属 *Visbysphaera*（Lister，1970），emend. Kiryanov，1978

模式种 *Visbysphaera dilatispinosa*（Downie，1963），emend. Lister，1970

属征 膜壳球形至亚球形；双层壁，较厚。膜壳附有许多表面平滑或轻微雕饰的突起，它们形态异形，外层薄。突起长度小于膜壳半径。突起中空，与膜壳腔不连通。突起一般膨大，在其整个长度（梨形纹饰）的中部多刺，顶端呈圆形棒状；突起远端简单或分叉，在同一平面排列的短刺有时会融合，在同一平面上的短刺冠部有时融合。突起排列没有择优取向。表面脊纹或慕黎呈圈形排列，以至划分多边形平滑区域。可见膜壳内圆口的脱囊结构，即简单裂缝通向外层。

关联维斯比球藻 *Visbysphaera connexa* Le Hérissé，1989

1989 *Visbysphaera connexa* Le Hérissé, p. 203; pl. 27, figs. 7—11.

种征 膜壳亚圆球形，壁薄，表面光滑，附有许多短的突起。突起末端简单或多分叉；突起分枝末端的丝状物与相邻突起类似物连接，形成远端的细网；突起中空，与膜壳腔不连通。膜壳表面显示细条纹。膜壳未见脱囊结构。膜壳直径39~60μm；突起长3.5~14.5μm，宽1.0~3.5μm。

产地、时代 瑞典哥特兰岛；早—中志留世，兰多维利期—文洛克期（Llandovery—Wenlock）。

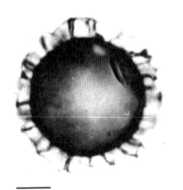 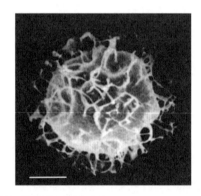

（引自 Le Hérissé，1989；图版27，图8,11）

沃格兰藻属 *Vogtlandia* Burmann，1970

模式种 *Vogtlandia ramificata* Burmann，1970

属征 三角形或多面形中央壳体，与之相应附有三面、四面或多辐射的突起。中央壳体逐渐过渡为突起，突起基部呈宽圆锥形。突起有宽或细的主干，显示复杂的分枝；突起中空，与中央壳体腔自由连通；突起长度与中央壳体直径的比值多变化。突起分叉式样呈现为最高位成对的小分枝以两个倒钩形等同分布。突起分枝始自2~4个一级分枝，而每个分枝可有二至三级的小分枝，以至分枝形成致密树状的冠；一级分枝相对短，高位的小分枝与一级分枝大小大体相当。

简单沃格兰藻　*Vogtlandia simplex* **Moczydłowska，1998**

1998 *Vogtlandia simplex* Moczydłowska，p.110；fig. 36D.

　　种征　膜壳球形至多面形,附有较多(膜壳轮廓可见12~14枚)长的突起。突起远端有从同点出现分叉,其末端分叉为3~4根近垂直于突起的分枝,单根或几根分枝可见二级的小分枝。突起管状,向远端尖削;突起中空,且与膜壳腔自由连通。膜壳直径9~18μm;突起长9~13μm。

　　产地、时代　波兰上西里西亚;晚寒武世早期。

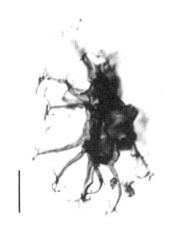

（引自 Moczydłowska，1998；图 36D）

火神球藻属　*Vulcanisphaera*（**Deunff，1961**），**emend. Rasul，1976**

　　模式种　*Vulcanisphaera africana* Deunff，1961

　　属征　膜壳轮廓圆形至椭圆形,或有变形,附有圆锥形突起。突起中空,相互隔离。突起具有扁平或杯状的顶部,以及2~5枚次生突起,后者出现自主突起顶部边缘,像一簇分枝。这些次生突起较细长或易弯曲,末端二分叉或由多根丝状线体构成网。突起可能实心,直或弯曲,短或长。膜壳壁光滑或有小点饰。

柔毛火神球藻　*Vulcanisphaera lanugo* **Martin，1988**

1988 *Vulcanisphaera lanugo* Martin，p.42；pl. 18，figs. 7,9—12,14—17.

　　种征　膜壳球形,轮廓微多角形,表面光滑至微小鲛粒,单层壁。膜壳附有很低矮的实心突起,它们被短的、不连续的窄脊相连,将膜壳划分为10~20个五角形或六角形区域。每枚突起由软弱、易碎、连接的丝状物构成更薄的2~3簇状远端。单一突起很少直接出自膜壳壁内的多角形区域或脊上。膜壳壁易于沿多角形区域的边界破裂,但未见规则开口。膜壳直径14~35μm(平均27μm),多角区大小5~11μm,脊高0.3~1.0μm;突起长和基部宽均约1μm,间距1~6μm;弯曲丝状物最长达12μm,一般4~8μm。

　　产地、时代　纽芬兰东部;中寒武世。

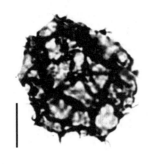
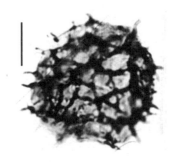
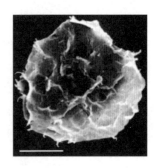

（引自 Martin and Dean，1988；图版 18，图 12，15，17）

小火神球藻　*Vulcanisphaera minor* Uutela and Tynni，1991

1991 *Vulcanisphaera minor* Uutela and Tynni，p. 124；pl. XXIX，fig. 307.

　　种征　膜壳亚球形，附有许多（视域内可见约 40~60 枚）短的突起。突起的远端分叉，通常形成两个短的分枝，间或在同一平面也有 4~5 个分枝。突起在膜壳不规则分布，它们的表面覆有鲛粒或微小颗粒。膜壳直径 10~12μm；突起长 0.6~1.0μm，彼此间距 1.5~2.0μm。

　　产地、时代　爱沙利亚；中奥陶世，兰维尔期—卡拉道克期（Llanvirn—Caradoc）。

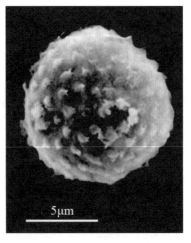

5μm

（引自 Uutela and Tynni，1991；图版 29，图 307）

玉儿吐司藻属　*Yurtusia* Dong et al.，2009

　　模式种　*Yurtusia uniformis* Dong et al.，2009
　　属征　呈现小膜壳和外包被的疑源类，附有均匀间隔分布的坚硬突起。

同形玉儿吐司藻　*Yurtusia uniformis* Dong et al.，2009

2009 *Yurtusia uniformis* Dong et al.，p. 34；figs. 3. 5—3. 16.

　　种征　膜壳球形，直径约 10μm，附有实心、坚硬的突起。突起等长（长约 1μm），在膜壳壁均匀分布（每圆周有 30~50 枚突起），其外有包被围绕。

　　描述　三维保存的标本，很多标本被压缩而变形。膜壳附有的突起长度格外一致，约为膜壳直径的10%~15%，高约0.4μm。突起在膜壳壁和外包被间垂直定向分布。大的膜壳直径为5.2~14.9μm（平均8.7μm），小的膜壳直径为2.9~14.8μm（平均6.4μm）；突起长0.7~1.6μm（平均1.1μm）。

产地、时代 中国塔里木板块阿克苏地区；早寒武世，梅树村期（Meishucunian）。

（引自 Dong *et al.*，2009；图3.5，3.10）

（二）新元古代疑源类和藻类

被囊球藻属 *Appendisphaera*（**Moczydłowska，Vidal，and Rudavskaya，1993**），
emend. Moczydłowska，2005

模式种 *Appendisphaera* grandis（Moczydłowska，Vidal，and Rudavskaya，1993），emend. Moczydłowska，2005

属征 抗酸有机质壁微体化石，膜壳原本球形，轮廓为中等至大的圆形或椭圆形。膜壳壁均匀分布较长的突起；突起简单，同形，呈现修长圆柱形或直的纤毛，其基部稍宽出；突起末端尖削呈圆形或钝；突起中空，尽管其断面直径很窄细，仍与膜壳腔自由连通。膜壳如有脱囊结构，为圆形开口。

半圆被囊球藻？ *Appendisphaera*? *hemisphaerica* Liu *et al.*，2014

2014 *Appendisphaera*? *hemisphaerica* Liu *et al.*，p. 17；figs. 5.6，13.1—13.7，14.1—14.7，15.1—15.7.

种征 膜壳中等大小，膜壳壁薄，单层。膜壳附有许多密集分布而规则间隔、相同长度的突起。突起中空，与膜壳腔自由相通。突起具有膨胀的锥形或半球形基部和长的细丝状远端，其基部彼此紧密、规则相拥。

产地、时代 湖北宜昌地区；埃迪卡拉纪，陡山沱期。

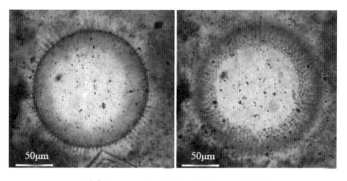

（引自 Liu *et al.*，2014；图13.1—13.2）

长刺被囊球藻　*Appendisphaera longispina* Liu *et al.* , 2014

2014 *Appendisphaera longispina* Liu *et al.* , p. 21; figs. 5. 7, 17. 1—17. 6, 18. 1—18. 6.

种征　膜壳为大的球形,膜壳壁薄,单层。膜壳均匀分布许多等长、中空的突起。突起内腔与膜壳腔相通,其基部相连接。突起呈现两种形态,它们具有圆锥形帐篷状而有点收缩的基部,自此往上延伸至细丝状的尖端。

产地、时代　湖北宜昌地区;埃迪卡拉纪,陡山沱期。

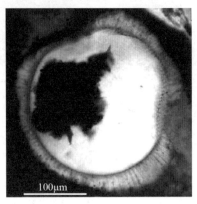

100μm

(引自 Liu *et al.* , 2014;图 18. 3)

古椭圆藻属　*Archaeoellipsoides*（Horodyski and Donaldso, 1980）, emend. Sergeev, Knoll and Grotzinger, 1995

模式种　*Archaeoellipsoides grandis* Horodyski and Donaldso, 1980

属征　为单个或聚集群体。膜壳为单层或双层的椭球形体,其端部平圆或稍显压扁且彼此相连呈短链,无二分裂证据。椭球体中空或含有疹状或非定形暗色物的线丝状体,或呈毛发状残留物;椭球体表面光滑或有肋纹。膜壳长 20～150μm,宽 2~40μm。

棒形古椭圆藻　*Archaeoellipsoides bactroformis* Sergeev, Knoll and Grotzinger, 1995

1995 *Archaeoellipsoides bactroformis* Sergeev *et al.* , p. 32; fig. 10. 1, 10. 3, 10. 9—10. 10, 10. 16.

种征　本种标本的长和高的比值可区别于该属其他种。单根或合群,壁单层或双层,呈现大的棒状,常弯曲,具有圆球形端部的中空椭球体。椭球体长 50~150μm,宽 5. 0~14. 5μm,长与宽比值为 3~25。膜壳壁中等厚或覆有粗颗粒,壁厚小于 0. 5μm 或大于 1μm;外包被有细小颗粒,厚度小于 0. 5μm。

产地、时代　西伯利亚北部;中元古代,Billyakh 群。

（引自 Sergeev *et al.*，1995；图 10.9—10.10，10.16）

肋纹古椭圆藻　*Archaeoellipsoides costatus* Sergeev，Knoll and Grotzinger，1995

1995 *Archaeoellipsoides costatus* Sergeev et al.，p.30；figs.13.11.

种征　本种以具有显著垂直于长轴的规则间隔的肋状物为特征。粗糙的椭球体，壁单层，具有垂直于长轴、规则间隔的肋状物，椭球体中空或含有单个拉长的暗色体。椭球体长 37μm，宽 12μm，长宽比为 3∶1。肋状物暗色，横断面为半球形，高约 1.5μm，长 1.0μm，彼此间距约 2μm。内体长 29μm，宽 7μm，具有粗糙至颗粒同质的壁。

产地、时代　西伯利亚北部；中元古代，Billyakh 群。

（引自 Sergeev *et al.*，1995；图 13.11）

头球藻属　*Cerebrosphaera* Butterfield，1994

模式种　*Cerebrosphaera buickii* Butterfield，1994

属征　膜壳球形，具有规则明显的褶皱壁；褶皱弯曲，彼此相互交织或少数近平行，但从不交叉；壁厚约 1.5μm，无弹性，常不透明。有时存在薄壁的外包被。

别克头球藻　*Cerebrosphaera buickii* Butterfield，1994

1994 *Cerebrosphaera buickii* Butterfield，p.30；figs.12A—H.

种征　膜壳直径 100~1000μm。

描述 球形碳质微体化石,直径 100~960μm,具有明显规则褶皱的膜壳壁。褶皱纹弯曲,相互交织,彼此很少近平行。壁光滑,厚约 1.5μm,常不透明,比较坚硬,易破裂。没有二次褶皱,壁薄,间或有光面球形式样的包被鞘。

产地、时代 挪威斯匹茨卑根;新元古代。

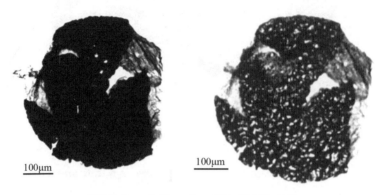

（引自 Butterfield *et al.*, 1994;图 12D—E）

网球藻属 *Dictyosphaera* Xing and Liu, 1973

模式种 *Dictyosphaera macroreticulata* Xing and Liu, 1973.

属征 膜壳轮廓圆形、不规则圆形或宽椭圆形,直径 10μm 至数十微米;膜壳壁单层,或厚或薄,或坚实或柔弱。膜壳表面光滑或粗糙,具有网状纹饰,网孔直径 0.5~6.0μm,网脊极细。

隐饰网球藻 *Dictyosphaera tacita* Tang, Pang, Yuan, Wan and Xiao, 2015

2014 *Dictyosphaera* sp., Xiao *et al.*, p. 217, figs. 6A—B, I, J.

2015 *Dictyosphaera tacita* Tang, Pang, Yuan, Wan and Xiao, p. 305; fig. 10.

种征 膜壳球形至亚球形。膜壳壁单层,其直径 101~119μm;膜壳壁内面具有互相连接的六角形脊线(脊线宽小于 1μm),而外表面明显光滑。膜壳壁内面装饰有连接的等边六角形网(宽 0.5~0.9μm),脊线宽约 0.3~0.5μm,厚 0.07~0.10μm,高 0.15~0.20μm。

产地、时代 安徽栏杆;新元古代,沟后组。

（引自 Tang *et al.*, 2015;图 10）

网面藻属 *Dictyotidium*（Eisenack），emend. **Staplin，1961**

模式种 *Dictyotidium dictyotum* Eisenack，1938

属征 膜壳球形，表面呈网状，网脊低而明显，网眼为多角形。有些种具有两种明显小网；从网脊伸出小而尖的小刺，网眼底部可有乳突物。

碳球网面藻 *Dictyotidium fullerene* **Butterfield，1994**

1994 *Dictyotidium fullerene* Butterfield，p. 36；figs. 14A—D.

种征 具有粗壮的网状结构物，多角形网眼（区）宽 1.5~4μm。在多角形交叉处有短的实心突起，它们在网状结构物之上支撑薄的膜状物。总体直径 30~60μm。

描述 球形碳质微体化石，直径 30~60μm，表面有轮廓分明的粗壮多角形网，网眼宽 1.5~4μm。从多角形网交叉处延伸出短的实心刺，它们在网状物之上支撑薄膜状物，网状物常破损而出现分离的碎片。

产地、时代 挪威斯匹茨卑根；新元古代。

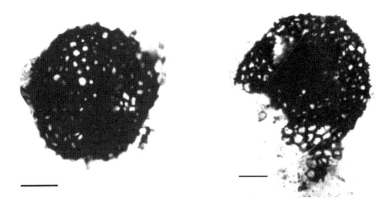

（引自 Butterfield *et al.*，1994；图 14A，D）

指形丝藻属 *Digitus* **Pjatiletov，1980**

模式种 *Digitus fulvus* Pjatiletov，1980

属征 壳体拉长，外壁坚实而致密，无褶皱，表面光滑或有稀疏雕饰。壳体两端为正圆形。

糊廓指形丝藻 *Digitus adumbratus* **Butterfield，1994**

1994 *Digitus adumbratus* Butterfield，p. 73；figs. 7H—I.

种征 壳体长 250~500μm，宽约 35μm，表面覆有鲛粒。

描述 整体呈棒状丝体，其端部为圆球形，尖削，其长约为丝体长度的 1/10。表面覆有鲛粒或无明显雕饰。丝体长 293~468μm，宽 34~40μm。

产地、时代 挪威斯匹茨卑根；新元古代。

50μm

（引自 Butterfield *et al.*，1994；图 7H—I）

原始瘤突球藻属　*Eotylotopalla* Yin L.，1987

模式种　*Eotylotopalla delicata* Yin L.，1987.

属征　中央壳体圆形至亚圆形。膜壳壁薄，单层，中等透光，表面光滑。突起中空，其远端钝圆形，不显现凹口或二分叉。单个标本或聚集出现。

硕大原始瘤突球藻？　*Eotylotopalla*? *grandis* Tang，Pang，Xiao，Yuan，Ou and Wan，2013

2013 *Eotylotopalla*? *grandis* Tang，Pang，Xiao，Yuan，Ou and Wan，p. 166；figs. 12D—F.

种征　膜壳大的球形，单层壁，附有约 12 枚规则分布、稀疏、半球状的突起。突起的末端圆形，且增厚。突起中空，且与膜壳腔自由相通。膜壳直径约 400μm；突起长 20~45μm，基部宽 100~120μm。

产地、时代　安徽淮南地区；新元古代，刘老碑组。

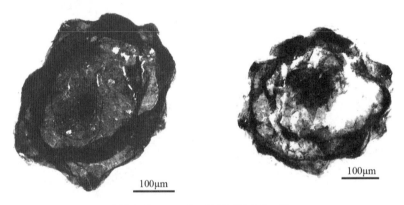

100μm　　　　100μm

（引自 Tang *et al.*，2013；图 12E—F）

刺猬球藻属　*Ericiasphaera* Vidal，1990，emend. Grey，2005

模式种　*Ericiasphaera spjeldnaesii* Vidal，1990.

属征　膜壳为大的球形，均匀分布简单实心的圆锥形突起。突起密集排列，但它们的基部分离；基部通常圆锥形，往上尖削为刺或纤毛状远端部分。

密突刺猬球藻 *Ericiasphaera densispina* Liu *et al.*，2014

2014 *Ericiasphaera densispina* Liu *et al.*，p. 73；figs. 33. 1—33. 2.

种征 膜壳为大的球形，密集分布许多突起。突起短、直、实心不弯曲，它们长度相同，且渐向远端尖削。

产地、时代 湖北宜昌地区；埃迪卡拉纪，陡山沱期。

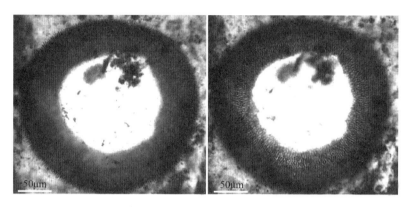

（引自 Liu *et al.*，2014；图 33. 1—33. 2）

似蕨丝藻属 *Filiconstrictosus* Schopf and Bracic，1971

模式种 *Filiconstrictosus majusculus* Schopf and Bracic，1971

属征 多细胞藻丝体，单列，不分枝。藻丝体长与宽比值为 1/2~3/4。表面一般粗糙或有不规则颗粒。通常在隔膜处强烈收缩，向顶端显现些微至中等尖削，没有衣鞘。隔膜清楚或不清楚，隔膜位置与藻丝体收缩位置一致。单根藻丝体直至易弯曲。藻丝体的中间细胞呈圆盘形，一般是筒形，通常暗棕色至几乎不透光；末端细胞圆形、圆锥形、钝圆形或凸圆形。

头状似蕨丝藻 *Filiconstrictosus cephalon* Sergeev，Knoll and Grotzinger，1995

1995 *Filiconstrictosus cephalon* Sergeev *et al.*，p. 28；fig. 15. 4.

种征 本种藻丝体以具有子弹状的中间细胞为特征，在隔膜处稍收缩，两端是小的圆球形端细胞。

描述 独根单列，不分叉，呈现短而两侧对称的藻丝体（长 83μm），在隔膜处收缩，由 15 个中间细胞和 2 个端细胞构成。位于藻丝体两端的 2 个末端细胞明显区分于中间细胞；它们近球形，直径 5μm。中间细胞呈子弹状或亚圆锥形，长 1.5~5.0μm，宽 10~20μm，宽与长比值为 3.5~4.5。未见横隔膜，两相邻细胞间隔 0.5μm。

产地、时代 西伯利亚北部；中元古代，Billyakh 群。

（引自 Sergeev *et al.*，1995；图 15. 4）

芽球藻属 *Germinosphaera* Mikhailova，1986，emend. Butterfield，1994

模式种 *Germinosphaera bispinova* Mikhainova，1986

属征 膜壳球形，附有 1~6 枚开放管状、偶尔分叉的突起。突起与膜壳腔自由连通。许多突起一般仅限于在单一的"赤道"面。在膜壳另有不规则分布的突起。

詹考斯卡斯芽球藻 *Germinosphaera jankauskasii* Butterfield，1994

1994 *Germinosphaera jankauskasii* Butterfield，p. 38；fig. 16A—C.

种征 膜壳壁覆有鲛粒，直径 45~90μm，杂乱分布宽 5~10μm 的突起。

描述 膜壳球形、碳质，直径 46~86μm，表面覆有鲛粒，附有 2~7 枚稍呈头状花絮状、中空的突起。突起宽 5~10μm，长达 32μm；突起远端外凸，内腔无障碍地与膜壳腔相通；突起在膜壳杂乱分布，不限于单一平面。

产地、时代 挪威斯匹茨卑根；新元古代。

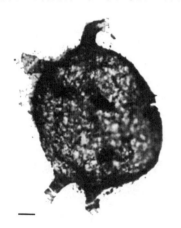

（引自 Butterfield *et al.*，1994；图 16A—B）

诺尔球藻属 *Knollisphaeridium* Willman and Moczydłowska，2008

模式种 *Knollisphaeridium maximum*（Yin L.，1987）Willman and Moczydłowska，2008

硕大诺尔球藻　*Knollisphaeridium maximum*（Yin L．，1987）Willman and Moczydłowska，2008

1992 *Echinosphaeridium maximum*（Yin L．，1987）Knoll，p. 765；pl. 5，figs. 5—6.

2008 *Knollisphaeridium maximum*（Yin L．，1987）Willman and Moczydłowska，p. 523；figs. 5E—F.

2014 *Knollisphaeridium maximum*（Yin L．，1987）Willman and Moczydłowska；Liu *et al.*，p. 83；figs. 44. 4，46. 1—46. 12，47. 1—47. 7.

　　种征　膜壳为大的球形（直径200~550μm），密集、均匀分布大量棘刺状至尖锐锥形的短突起。突起的基部分离，向突起远端尖削；突起中空，与膜壳腔自由相通；突起长5.5~17.5μm（平均10μm），基部宽2.5μm。

　　产地、时代　湖北宜昌地区；埃迪卡拉纪，陡山沱期。

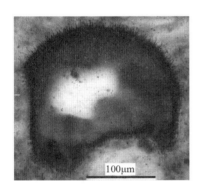 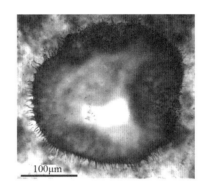

（引自 Liu *et al.*，2014；图47. 1，47. 3）

门格球藻属　*Mengeosphaera* Xiao，Zhou，Liu，Wang，and Yuan，2014

　　模式种　*Mengeosphaera chadianensis*（Chen and Liu，1986）Xiao，Zhou，Liu，Wang，and Yuan，2014

　　属征　膜壳为小或大的球形，附有许多紧密排列、均匀分布的突起。突起较长，窄细，多是同形的二形突起；突起被一拐点明显分为两部分，其基部扩展为圆锥形或穹隆状，常膨大，然后迅速尖削至尖锥形端部；突起中空，且与膜壳腔自由连通。膜壳表面可有多角形雕饰。

精细门格球藻　*Mengeosphaera bellula* Liu，Xiao，Yin，C．，Chen，Zhou and Li，2014

2014 *Mengeosphaera bellula* Liu，Xiao，Yin，C．，Chen，Zhou and Li，p. 90；figs. 51. 2，52. 1—52. 7，53. 1—53. 13.

　　种征　膜壳为小的球形，密集规则分布许多两形突起。突起中空，且与膜壳腔自由相通；突起基部膨大呈锥形，基底宽与突起的长度相当，远端延伸为长的尖锥形刺，向末端渐尖削。

　　产地、时代　湖北宜昌地区；埃迪卡拉纪，陡山沱期。

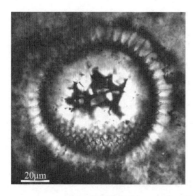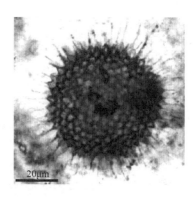

（引自 Liu *et al*. , 2014；图 52. 1, 53. 2）

小门格球藻 *Mengeosphaera minima* Liu，Xiao，Yin，C. ，Chen，Zhou and Li，2014

2014 *Mengeosphaera minima* Liu，Xiao，Yin，C. ，Chen，Zhou and Li，p. 101；figs. 51. 8，63. 1—63. 6.

种征 膜壳为小的球形，附有较多规则排列的两形突起。突起由钝锥形基部扩展和细的远端刺组成；突起基部扩展表现为些微膨大或呈直线斜坡样。

产地、时代 湖北宜昌地区；埃迪卡拉纪，陡山沱期。

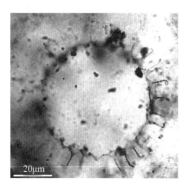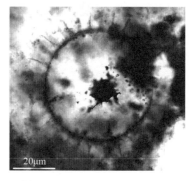

（引自 Liu *et al*. , 2014；图 63. 1, 63. 5）

开口球藻属 *Osculosphaera* Butterfield，1994

模式种 *Osculosphaera hyalina* Butterfield，1994

属征 膜壳球形，壁光滑而透明，具有单个带边缘的圆形开口，其直径是膜壳直径的 1/4~1/2。

透明开口球藻 *Osculosphaera hyalina* Butterfield，1994

1994 *Osculosphaera hyalina* Butterfield，p. 43；figs. 15F—J.

种征 具有透明的壁，膜壳直径 35~150μm。

描述 膜壳球形，直径 35~131μm，壁光滑且透明。膜壳有一个明显的圆形开口，其直径约为膜壳直径的 30%~45%。围绕圆形开口的壁向外凸出形成短的"口领"，其很少向内卷。单一标本的膜壳内有 3 个直径约 13μm 的球形体。

产地、时代 挪威斯匹茨卑根；新元古代。

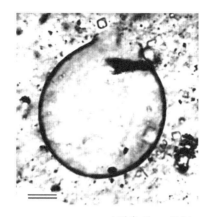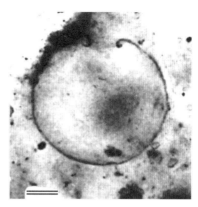

（引自 Butterfield *et al.* , 1994；图 15F,I）

古空星藻属　*Palaeastrum* Butterfield, 1994

模式种　*Paraeastrum dyptocranum* Butterfield, 1994

属征　球形至亚球形细胞的群体,群体呈单层排列。细胞间明显具有连接盘,连接盘具有加固的边缘。

泳帽古空星藻　*Paraeastrum dyptocranum* Butterfield, 1994

1994 *Paraeastrum dyptocranum* Butterfield, p. 18；figs. 5A—C.

种征　单层群体,细胞直径 10~25μm。

描述　细胞球形至椭球形,直径 12~20μm,它们由较厚壁的盘形附着体彼此连接。附着盘形体具有粗强加固的边缘,它们的直径 4~11μm。每个细胞带有 3~6 个(一般 4 个)盘形附着体,且伴随有毗连细胞。该种为由数十至上百个这样的细胞组成的单层群体。没有细胞外层。

产地、时代　挪威斯匹茨卑根;新元古代。

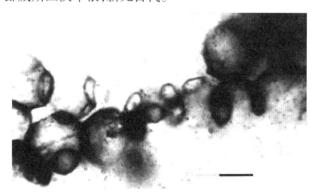

（引自 Butterfield *et al.* , 1994；图 5A）

深裂丝藻属　*Partitiofilum* Schopf and Blacic, 1971

模式种　*Partitiofilum gonguloides* Schopf and Blacic, 1971

属征　多细胞藻丝体,单列,不分枝,隔膜处没有收缩,仅在端部钝圆细胞基部稍有收缩;顶端微弱变细,横隔膜清楚,没有颗粒;未见明显衣鞘。单列藻丝体直至微弯曲,通常靠近顶端弯曲。藻丝体长达 55μm,其中间细胞为短圆柱形,其中部分细胞等直径,而多数细胞的长宽比为 1/2~2/3,即长 1.7~2.7μm,宽 3.7~4.7μm(平均长 2.4μm,宽 4.2μm)(通过测量藻丝体 28 个细胞大小)。在藻丝体顶端基部一般轻微收缩,呈现圆形、半球形的末端细胞(宽约 2.0μm),一般显现为薄的圆锥形冠。如若没有轻微的头饰,藻丝体末端呈现较大的钝圆形端细胞(宽约 3.5μm)。生殖结构未知。

雅科斯克深裂丝藻　*Partitiofilum yakschinii* Sergeev, Knoll and Grotzinger, 1995

1995 *Partitiofilum yakschinii* Sergeev, Knoll and Grotzinger, p. 29; figs. 15.5—15.8.

种征　短的单列藻丝体,不显收缩,它由子弹状平整的中间细胞构成。中间细胞长 1~5μm,宽 6~14μm;钝圆锥形末端细胞长达 5μm,宽 10μm。

描述　短的独根单列、不分叉藻丝体,有时显现模糊的细胞外鞘围绕。末端细胞为半球形,宽 5.5~9.0μm,长 2.5~4.5μm,宽与长比值为 2~3;中间子弹状细胞宽 6~14μm,长 1.5~5.0μm,两者比值为 2~7;藻丝体最大长度 65μm。横隔膜明显,两相邻细胞间有微弱间隔。

产地、时代　西伯利亚北部;中元古代 Billyakh 群。

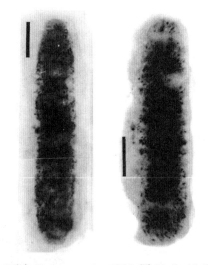

(引自 Sergeev *et al.*, 1995;图 15.5, 15.8)

古叉丝藻属　*Proterocladus* Butterfield, 1994

模式种　*Proterocladus major* Butterfield, 1994

属征　多细胞、单列、偶尔分枝的丝状体,具有胞间隔膜。细胞壁薄、光滑,圆柱形,其长度多变,但一般长大于宽。分枝通常在主轴下方至隔膜处,而分枝本身常有隔膜。顶端呈简单圆形或头状花序样。

赫尔曼古叉丝藻　*Proterocladus hermannae* Butterfield, 1994

1994 *Proterocladus hermannae* Butterfield, p. 23; figs. 7E—G.

种征　具有脆弱隔膜的丝体,丝体直径 7~14μm。

描述 多细胞、单列、偶尔分枝的丝体,丝体直径7~14μm,形成扩展的叶状体。细胞长度明显大于宽度。隔膜不常见或脆弱,通常与分枝相连接。每个细胞仅有一个分枝,它以直角从母细胞轴分歧,分歧角约90°;分枝与母细胞自由连通,其基部微收缩,在侧壁很少有锥形突出物。不多见细胞含有暗色的棒状物。末端为简单圆球形。

产地、时代 挪威斯匹茨卑根;新元古代。

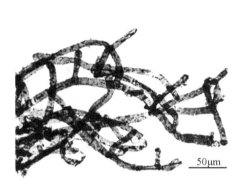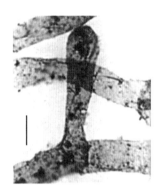

(引自 Butterfield *et al.*,1994;图 7E,G)

大古叉丝藻 *Proterocladus major* Butterfield,1994

1994 *Proterocladus major* Butterfield, p. 20; figs. 6A—J, 7C.

种征 具有坚实隔膜(直径10~35μm)的丝状体,近隔膜处明显收缩。

描述 多细胞、单列、偶尔分枝的丝体。细胞圆柱形,宽13~52μm,长52~731μm;具有圆形、粗强的隔膜,其直径10~32μm。分枝通常位于主轴隔膜之下,间或完全被二次轴向隔膜所分离,分歧角度45°~90°。每个细胞有一根或几根分枝,分枝直径平均为丝体主轴直径的80%。细胞壁光滑(具有特征性的微细折裂纹理)。显现圆球形顶端,偶尔呈现头状。

产地、时代 挪威斯匹茨卑根;新元古代。

(引自 Butterfield *et al.*,1994;图 6B—C,F)

古管鞘藻属 *Siphonophycus*(Schopf,1968),emend. Knoll *et al.*,1991

模式种 *Siphonophycus kestron* Schopf, 1968

属征 管形丝状的微体化石,没有间隔和分枝,朝向丝体末端稍显尖削或不显现。

截断的管体端部开放或封闭,末端多少呈现半球形。壁显示鲛粒至细微网状有机物质,它们可能保存为碳酸盐的外壁。

大型古管鞘藻 *Siphonophycus gigas* Tang, Pang, Xiao, Yuan, Ou and Wan, 2013

2013 *Siphonophycus gigas* Tang, Pang, Xiao, Yuan, Ou and Wan, p. 178; figs. 13I, N.

种征 该种标本直径 64~128μm,呈现扁平,不分叉,没有间隔的管状丝体,常变形,扭曲或褶曲。丝体直径 73~102μm(平均约 85μm),长达 1072μm。

产地、时代 安徽淮南地区;新元古代。

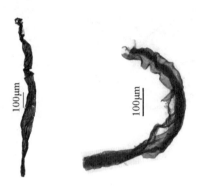

(引自 Tang *et al*., 2013;图 13I, N)

极北管鞘藻 *Siphonophycus thulenema* Butterfield, 1994

1994 *Siphonophycus thulenema* Butterfield, p. 64; fig. 22I.

种征 直径约 0.5μm 的种。

描述 不分枝、壁光滑的丝状微体化石,直径 0.5μm,长达几百微米。典型群集,形成次平行联合体或伸展的藻席。

产地、时代 挪威斯匹茨卑根;新元古代。

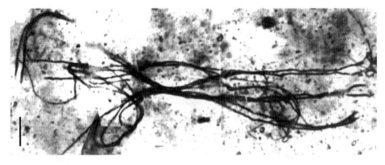

(引自 Butterfield *et al*., 1994;图 22I)

鳞状球藻属 *Squamosphaera* Tang, Pang, Yuan, Wan and Xiao, 2015

模式种 *Squamosphaera colonialica* (Jankauskas, 1979), comb. and emend. Tang, Pang, Yuan, Wan and Xiao, 2015

属征 膜壳为中等到大的球形,单层壁,带有斑点。膜壳附有适度数量宽圆形突起。

突起均匀分布,它们的基部连接;突起与膜壳腔自由连通。

群体鳞状球藻 *Squamosphaera colonialica*(Jankauskas, 1979), comb. and emend. Tang, Pang, Yuan, Wan and Xiao, 2015

1979 *Satka colonialica* Jankauskas, p. 53; figs. 1. 4—1. 6.

2015 *Squamosphaera colonialica*(Jankauskas, 1979), comb. and emend. Tang, Pang, Yuan, Wan and Xiao, p. 312; figs. 12—13.

修改种征 膜壳圆球形至香肠状,附有宽的或顶端钝圆的突起。突起均匀分布,它们与膜壳腔自由连通。膜壳长 80~500μm,宽 40~200μm;圆顶式的突起基部宽 5~30μm。

产地、时代 安徽栏杆;新元古代,沟后组。

(引自 Tang *et al.*,2015;图 12A,13C,13E)

胶连球藻属 *Symphysosphaera*(Yin C., 1992), emend. Liu, Xiao, Yin, C., Chen, Zhou and Li, 2014

模式种 *Symphysosphaera radialis* Yin C., 1992

属征 表面上如同腔囊胚的球形结构体,围绕腔体有一层小的球形细胞,有时腔体包含无组织的细胞。细胞层有时依附基膜或围绕着外包被。

基膜胶连球藻 *Symphysosphaera basimembrana* Liu, Xiao, Yin, C., Chen, Zhou and Li, 2014

2014 *Symphysosphaera basimembrana* Liu, Xiao, Yin, C., Chen, Zhou and Li, p. 134; figs. 111. 1—111. 12.

种征 基础膜状物支撑细胞层,没有外包被围绕,内腔中空。

产地、时代 湖北宜昌地区;埃迪卡拉纪,陡山沱期。

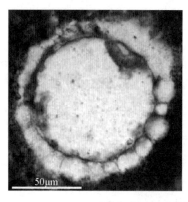

（引自 Liu *et al.*，2014；图 111.1，111.12）

伸展藻属 *Tanarium*（Kolosova，1991），emend. Moczydłowska，Vidal and
Rudavskaya，1993

模式种 *Tanarium conoideum*（Kolosova，1991），emend. Moczydłowska，Vidal and
Rudavskaya，1993

属征 抗酸有机质壁微体化石，膜壳中等至大的球形，轮廓圆形、椭圆形或不规则
形。从膜壳生出多种形状的突起和突出物，它们中空且与膜壳腔连通；它们呈现圆锥形
或圆柱形，其远端尖削或呈半球形。在同一标本，可出现简单或分叉的突起。

均匀伸展藻 *Tanarium elegans* Liu，Xiao，Yin，C.，Chen，Zhou and Li，2014

2014 *Tanarium elegans* Liu，Xiao，Yin，C.，Chen，Zhou and Li，p. 109；figs. 75.8—75.16，76.3.

种征 膜壳小球形，均匀规则分布许多锥形突起。突起中空，与膜壳腔连通，呈现渐
尖削至钝的末端。

产地、时代 湖北宜昌地区；埃迪卡拉纪，陡山沱期。

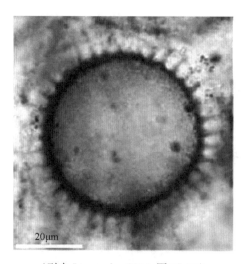

（引自 Liu *et al.*，2014；图 75.10）

宽大伸展藻 *Tanarium obesum* **Liu，Xiao，Yin，C.，Chen，Zhou and Li，2014**

2014 *Tanarium obesum* Liu，Xiao，Yin，C.，Chen，Zhou and Li，p. 113；figs. 76. 6，81. 1—81. 6，82. 1—82. 6.

种征 中等大小膜壳，具有较多相当长、尖锥形的异形突起；突起偶尔二分叉。

产地、时代 湖北宜昌地区；埃迪卡拉纪，陡山沱期。

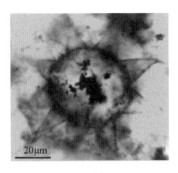

（引自 Liu *et al.* ，2014；图 81. 1，82. 4）

鲛刺球藻属 *Trachyhystrichosphaera*（**Timofeev and Hermann，1976**），
emend. Tang，Pang，Xiao，Yuan，Ou and Wan，2013

模式种 *Trachyhystrichosphaera aimika* Hermann *in* Timofeev *et al.* ，1976

属征 球形、卵形或有斑痕的大膜壳，附有许多小的中空、基部分开和明显异型的突起。突起不规则分布，且与膜壳腔自由连通。围绕突起可能存在外膜。膜壳中可有内体。

肠状鲛刺球藻 *Trachyhystrichosphaera botula* **Tang，Pang，Xiao，Yuan，**
Ou and Wan，2013

2013 *Trachyhystrichosphaera botula* Tang，Pang，Xiao，Yuan，Ou and Wan，p. 175；figs. 11，12A.

种征 膜壳两端呈钝圆形或香肠形；膜壳长 195~365μm（平均 284μm），宽 81~162μm（平均 112μm），长与宽比值 2. 0~4. 2。突起异形，呈现圆柱形或锥形；突起直径1. 7~8. 0μm，长 1~39μm。可能存在外层膜状物和有不规则内体。

产地、时代 安徽淮南地区；新元古代，刘老碑组。

（引自 Tang *et al.* ，2013；图 11E—F，11H）

极星鲛刺球藻　*Trachyhystrichosphaera polaris* Butterfield，1994

1994 *Trachyhystrichosphaera polaris* Butterfield, p. 47；figs. 19A—F, H.

　　种征　覆有棘刺的膜壳；突起直径3~5μm。

　　描述　暗色碳质的膜壳，球形，直径95~235μm，覆有棘刺，附有数量不等、杂乱分布的突起。突起直径3~5μm。紧密分布实心棘刺。在小的标本，棘刺窄细，呈毛发状；而在大的标本，棘刺间或融合外包被；包被物有或无。

　　产地、时代　挪威斯匹茨卑根；新元古代。

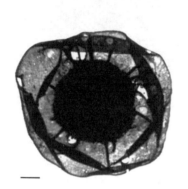

（引自 Butterfield *et al*. ，1994；图 19E，19H）

乌拉球藻属　*Urasphaera* Moczydłowska and Nagovitsin，2012

　　模式种　*Urasphaera capitalis* Moczydłowska and Nagovitsin，2012

　　属征　有机质壁抗酸微体化石，由大的、轮廓圆形至椭圆形（原本球形）膜壳构成。膜壳附有稀疏突起，它们较短，显示头状末端。突起不均匀分布，它们呈圆柱形，具有明显扩展的基部，并与膜壳壁角度接触；突起末端膨胀或窄细呈小头形；突起中空，且与膜壳腔连通。膜壳未见脱囊结构。

蘑菇突乌拉球藻　*Urasphaera fungiformis* Liu，Xiao，Yin，C. ，Chen，Zhou and Li，2014

2014 *Urasphaera fungiformis* Liu，Xiao，Yin，C. ，Chen，Zhou and Li，p. 119；figs. 87. 1—87. 7，88. 1—88. 4，89. 1.

　　种征　膜壳为中等到大的球形，均匀分布中等数量的突起。突起中空，与膜壳腔自由相通；突起基部宽，彼此分离且扩张，致使膜壳呈多角形；突起末端以下的中段收缩，末端外扩呈现蘑菇头形。

　　产地、时代　湖北宜昌地区；埃迪卡拉纪，陡山沱期。

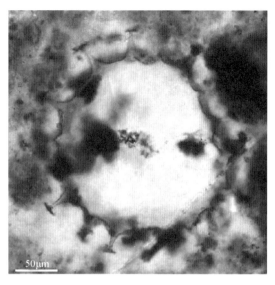

（引自 Liu *et al.* , 2014；图 87.1）

瓦尔基里藻属 *Valkyria* **Butterfield，1994**

模式种 *Valkyria borealis* Butterfield，1994

属征 复杂的碳质薄壁化石，在主体居中部位附有叶状裂片，偶尔有伸展的侧分枝。通常主体含有一个或更多暗色环绕末端的盘形物，以及界线模糊的居中条纹，中心部位呈现囊状（其直径大体与主体直径相同）。偶尔主体有端部次级隔离物，它们可能是从大的暗色中心体辐射偏离的结果。

北方瓦尔基里藻 *Valkyria borealis* **Butterfield，1994**

1994 *Valkyria borealis* Butterfield，p. 26；figs. 9A—F，10A—H，11.

种征 中央体长 100~1000μm，宽 20~200μm。

描述 薄壁碳质的腊肠状体，长 164~930μm，宽 25~182μm；附有 1~14 根侧面伸展物，侧轴仅见于主体的中间部位，从未见于末端；附着处有明显疤痕（直径 5~34μm）。侧轴呈典型的叶状构造，中空，无隔膜，单枝或分枝。主体常附有一个至几个环绕末端的暗色圆形体（直径约 30μm），它们或多或少有模糊的纵向中间条纹。在少数标本，末端部分有内含物，大致在被明显隔膜分隔主体的 1/3 处；这些标本附有大的、中间部位厚壁的膜壳和与之关联的结构物，它们占据主体直径的大部分。

产地、时代 挪威斯匹茨卑根；新元古代。

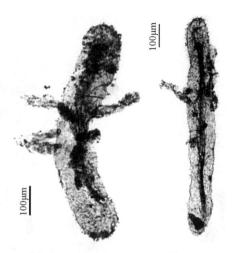

（引自 Butterfield *et al.* , 1994；图 9A—B）

古老念珠藻属　*Veteronostocale* Schopf and Blacic, 1971

模式种　*Veteronostocale amoenum* Schopf and Blacic, 1971

属征　多细胞藻丝体，单列、不分枝，其宽度朝向顶端显示均一，在隔膜处明显收缩；由相对同形的球形细胞组成，横隔膜清楚，没有颗粒，无衣鞘。单列藻丝体直至微弯曲，长达 43μm（不完整藻丝体）。藻丝体的中间细胞和端细胞呈球形至亚球形，由于挤压，可呈现筒形。细胞一般等直径或长宽比为 4:5，即长 1.8~2.6μm，宽 2.0~3.5μm（平均长 2.2μm，宽 2.3μm）（通过测量 6 根藻丝体的 74 个细胞）。生殖结构未知。

中等古老念珠藻　*Veteronostocale medium* Sergeev, Knoll and Grotzinger, 1995

1995 *Veteronostocale medium* Sergeev *et al.* , p. 32；figs. 9—12, 14.

种征　具有近相等直径细胞（4~7μm）的种。

描述　单列无包鞘的藻丝体，弯曲，不分叉，两细胞交接处强烈收缩；末端细胞与中间细胞没有区别。所有细胞几乎同样大小，呈亚圆球形或桶形，宽 5.0~6.5μm，长 4.5~7.0μm，长宽比值为 0.9~1.3。细胞间距为 1.0~1.5μm。隔膜清晰；丝体边壁明显。

产地、时代　西伯利亚北部；中元古代，Billyakh 群。

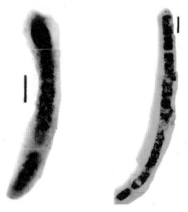

（引自 Sergeev *et al.* , 1995；图 12,14）

裕盛藻属　*Yushengia* Liu，Xiao，Yin，C.，Chen，Zhou and Li，2014

模式种　*Yushengia ramispina* Liu，Xiao，Yin，C.，Chen，Zhou and Li，2014

属征　小膜壳，附有许多中空、呈圆柱形、远端稍显尖出的突起。突起均匀分布，其远端偶尔有分叉，末端钝；突起基部与膜壳腔隔开，且被横壁间隔，分成小的室。

叉突裕盛藻　*Yushengia ramispina* Liu，Xiao，Yin，C.，Chen，Zhou and Li，2014

2014 *Yushengia ramispina* Liu，Xiao，Yin，C.，Chen，Zhou and Li，p. 129；figs. 98. 1—98. 4.

种征　小膜壳，均匀分布许多中空、圆柱形突起。突起些微尖削，基部隔离，其远端偶尔分叉，末端钝；突起与膜壳腔分隔，其内部被隔膜分隔为小室。

产地、时代　湖北宜昌地区；埃迪卡拉纪，陡山沱期。

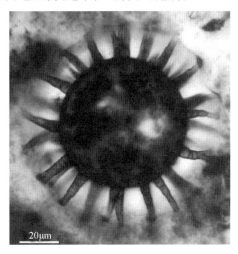

（引自 Liu *et al.*，2014；图 98.1）

二、隐孢子

真核生物界（Domain）：Eukarya Woese *et al.*（1990）

真核生物超群（Eukaryotic Super-group）：Archaeplastida Adl *et al.*（2005）

绿藻门（Phylum）：Chlorophyta Pascher（1914），emend. Lewis and McCourt（2004）

轮藻亚门（Subphylum）：Charophyta Migula（1897），emend. Karol *et al.*（2001）

非正式隐孢子分类（Informal taxon，Anteturma）：Cryptosporites Richardson，Ford and Parker（1984）

球形隐孢子群体　Globular cryptospore clusters

2015 Globular cryptospore clusters Vecoli，Beck，and Strother，p. 17；figs. 6. 1—6. 3.

种征　或多或少呈现二分体或四分体隐孢子的球形群体（直径小于 20μm），它们具有厚的同质壁，表面光滑。

产地、时代　北美；中奥陶世，大坪期（Dapingian）。

（引自 Vecoli *et al.*，2015；图 6.1—6.3）

平面隐孢子群体　**Planar cryptospore clusters**

2015 Planar cryptospore clusters Vecoli, Beck, and Strother, p. 18；figs. 6.4—6.7.

　　种征　无任何装饰的厚壁隐孢子的平面群体，明显二分体，宽约 10μm，长 10~20μm；它们以 16 个规则组成。在某些情况下，单个细胞的确切性质不明显；它们规则组构，形成平面的包封体，并与相邻类似包封体连接形成更大的隐孢子的孢子菌体。这些叶状体是由少数几个至多达 60 个包封体组成的大的花环形体。

　　产地、时代　北美；中奥陶世，大坪期（Dapingian）。

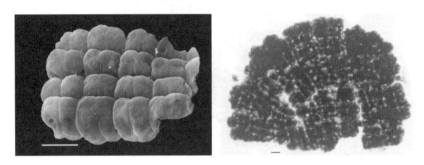

（引自 Vecoli *et al.*，2015；图 6.4，6.7）

隐孢子四分体　**Cryptospore tetrads**

2015 Cryptospore tetrads Vecoli, Beck, and Strother, p. 19；figs. 6.8—6.9.

　　种征　由四个孢子状的微体化石构成的组合，直径 10~30μm；具有厚的同质光滑壁，有或没有内壁。

　　产地、时代　北美；中奥陶世，大坪期（Dapingian）。

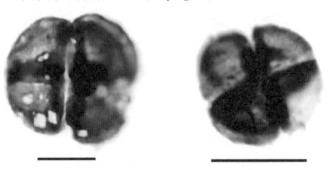

（引自 Vecoli *et al.*，2015；图 6.8—6.9）

厚密孢子体属　*Adinosporus* Strother，2016

模式种　*Adinosporus voluminosus* Strother，2016

属征　一个或多个无萌发孔、亚球形孢子状细胞紧密挤压，呈现变化多样的几何形状排列，壁单层或多层，它们可高度褶皱。个体壁的薄层可围绕两个或多个孢子状细胞；壁坚实无孔或有大的弓形褶。在平面观，包被边缘显著凸出，常见内增厚带横向附着孢子体。

芽凸厚密孢子体　*Adinosporus bullatus* Strother，2016

2016 *Adinosporus bullatus* Strother，p. 33；pl. Ⅱ，figs. 7，10，12.

种征　表面光滑，具有一个或多个呈方形或圆形、暗色、宽 1~3μm 的芽凸，它们嵌含在薄层壁之中。

描述　芽凸一般较少，每个孢子体有 1~2 个，有时更多。

产地、时代　美国田纳西州东部；寒武系第二统。

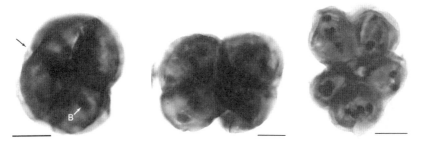

（引自 Strother，2016；图版 2，图 7，10，12。黑色箭头标示联合孢子的包被；"B"标示球形芽凸）

双胞厚密孢子体　*Adinosporus geminus* Strother，2016

2016 *Adinosporus geminus* Strother，p. 33；pl. Ⅲ，figs. 1—7.

种征　由两对（二分体）侧面紧压构成的孢子状有机质壁微体化石的四方体，在成对二分体的孢子连接是无明显结构的加厚中间带的。二分体的边缘显示中裂或光滑，以至形成椭圆形边缘。介于成对二分体间的缝线明显且完整，但没有显著加厚。中间物的壁厚度不一，常有陈旧折痕。单孢子体轮廓平整亚圆形至近似环形或半圆形。

描述　中等致密的壁，可有微弯曲褶皱均匀散布，并达到附着的中间平面。一暗色宽弓形赤道加厚（接触加厚）将各成对二分体分开为各个孢子，但两个二分体明显侧面紧压，且没有显著结构改变，因此，此时的孢子形态比它们在成对二分体中更为清晰。

产地、时代　美国田纳西州东部；寒武系第二统。

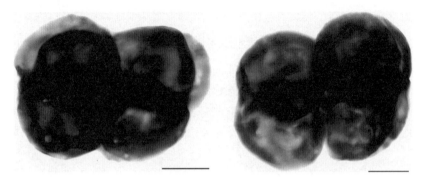

（引自 Strother, 2016；图版 3,图 1,4）

多皱厚密孢子体　*Adinosporus voluminosus* Strother, 2016

2016 *Adinosporus voluminosus* Strother, p. 33；pl. Ⅰ, figs. 1—2b；pl. Ⅱ, figs. 1—6.

种征　表面光滑,常有斑迹；孢子体边缘光滑,围绕内边缘不规则弯曲,但没有始终如一弯曲的典型脊。

描述　包裹可以成群,或以多少呈规则、平面行序的几何形态单独出现。

产地、时代　美国田纳西州东部；寒武系第二统。

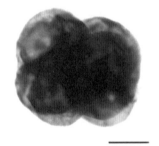 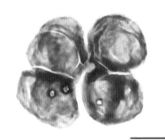 

（引自 Strother, 2016；图版 1,图 7,9,13）

厚壁孢子体属　*Spissuspora* Strother, 2016

模式种　*Spissuspora laevigata* Strother, 2016

属征　由小的球形孢子密集分组构成的四孢体,少见 3 个、5 个或更多孢子的集合体；它们没有清晰的接触改变。壁同质、致密,在透射光下,稍显斑点；壁表面光滑,没有褶皱。四孢体被薄的外膜包裹。

光滑厚壁孢子体　*Spissuspora laevigata* Strother, 2016

2016 *Spissuspora laevigata* Strother, p. 36；pl. Ⅳ, figs. 1—14.

种征　具有坚实壁的孢子状体,它们在聚集体中通常大小非常接近。

产地、时代　美国田纳西州东部；寒武系第二统。

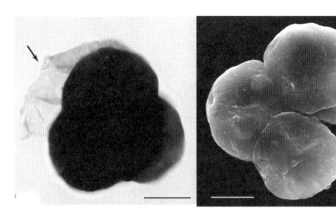

（引自 Strother, 2016；图版 4，图 1,5。箭头标示薄的外包被）

维达尔孢子体属 *Vidalgea* Strother，2016

模式种 *Vidalgea maculata* Strother，2016

属征 球形至亚球形孢子样细胞，单个或紧压形成规则或不规则几何形态的包封聚合；由一个或多个颗粒的薄层构成壁，壁明显斑驳状和半透明；包被孢子状体的最外薄层可有或没有杂斑。

斑点维达尔孢子体 *Vidalgea maculata* Strother，2016

2016 *Vidalgea maculata* Strother，p. 39；pl. Ⅴ，figs. 1—18.

种征 壁坚实，没有空穴或弓形褶。孢子状细胞一般不形成几何形态规则的包封体，而这些包封体中的单个孢子体大小可有变化。单个孢子体间的接触和壁可出现模糊的暗色带，而非离散的壁。平面观，包封体边缘都凸出，从不向中心收缩。表面由于壁薄层的颗粒性质而呈现斑点，这些颗粒直径 0.4~0.7 μm，它们是构成壁的不可分割部分，而非外部的雕饰。

产地、时代 美国田纳西州东部；寒武系第二统。

（引自 Strother, 2016；图版 5，图 2,5,13。箭头标示联合孢子的外包被）

参考文献

边立曾，张水昌，梁狄刚，等，2003. 塔里木盆地晚奥陶世古海藻果实状化石及塔中油田生物母质特征. 微体古生物学报，20（1）：89-96.

蔡德陵，毛兴华，韩贻兵，1999. $^{13}C/^{12}C$ 比值在海洋生态系统营养关系研究中的应用. 海洋与湖沼，30（3）：306-313.

陈世加，沈昭国，傅晓文，等，2001. 生物标志化合物在地层划分与对比中的应用. 地层学杂志，25（4）：288-291.

陈致林，王新洲，李树清，1989. 某些现代生物的标志化合物和地化意义. 地质科学研究院"石油地球化学"专刊：58-67.

李军，王怿，1997. 塔里木盆地井下疑源类. 微体古生物学报，14（2）：175-190.

李维新，朱仲嘉，刘凤贤，1982. 海藻学概论. 上海：上海科学技术出版社.

孟凡巍，等，2006. 通过 C_{27}/C_{29} 甾烷和有机碳同位素来判断早古生代和前寒武纪的烃源岩的生物来源. 微体古生物学报，23（1）：51-56.

王飞宇，边立曾，张水昌，等，2001. 塔里木盆地奥陶系海相源岩中两类生烃母质. 中国科学，31（2）：96-102.

王睿勇，刘志礼，周文，2003. 关于石油母质来源的探讨. 微体古生物学报，20（1）：80-88.

尹凤娟，薛祥熙，2001. 疑源类的早期辐射及其意义. 西北大学学报（自然科学版），31（5）：409-411.

尹磊明，1999. 论我国新元古代微体浮游植物化石及其生物地层意义. 古生物学报，38（2）：133-146.

尹磊明，2006. 中国疑源类化石. 北京：科学出版社.

袁训来，肖书海，尹磊明，等，2002. 陡山沱期生物群——一个认识早期多细胞生命的窗口. 合肥：中国科学技术大学出版社.

曾国寿，徐梦虹，1990. 石油地球化学. 北京：石油工业出版社.

郑永飞，陈江峰，2000. 稳定同位素地球化学. 北京：科学出版社.

Balme, B. E., Segroves, K. L., 1966. *Peltacystia* gen. nov.: A microfossil of uncertain affinities from the Permian of Western Australia. Journal of the Royal Society of Western Australia, 49: 26-31.

Berkaloff, C., Casadevall, E., Largeau, C., Metzger, P., Peracca, S., Virlett, J., 1983. The resistant polymer of the cell walls of the hydrocarbon-rich algae *Botryococcus braunii*. Phytochemistry, 22(2): 389-397.

Borjigin, T., Yin, L. M., Bian, L. Z., Yuan, X. L., Zhou, C. M., Meng, F. W., Xie, X. M., Bao, F., 2014. Nano-scale spheroids and Fossils from the Ediacaran Doushantuo Formation in China. The Open Paleontology Journal, 5(1): 1-9.

Brito, I. M., 1967. Silurian and Devonian Acritarcha from Maranhao Basin, Brazil. Micropaleontology, 13(4): 473-482.

Brock, J. J., Logan, G. A., Buick, R., et al., 1999. Archean molecular fossils and the early rise of eukaryotes. Science, 285(5430): 1033-1036.

Bujak, J. P., 1984. Cenozoic dinoflagellate cysts and acritarchs from the Bering Sea and northern North Pacific, DSDP Leg 19. Micropaleontology, 30(2): 180-212.

Bujak, J. P., Williams, G. L., 1981. The evolution of dinoflagellates. Canadian Journal of Botany, 59: 2077-2087.

Burmann, G., 1970. Weitere organische Mikrofossilien aus dem unteren Ordovizium. Palaontologische Abhandlungen, Abt. B, 3(3-4): 289-332.

Butterfield, N. J., Knoll, A. H., Swett, K., 1994. Paleobiology of the Neoproterozoic Svanbergfjellet Formation, Spitsbergen. Fossils and Strata, 34: 1-84.

Calandra, F., 1964. Sur un presume Dinoflagellé, Arpylorus nov. gen. du Gothlandien de Tunisie. C. R. Acad. Sci. Paris, 258: 4112-4114.

Combaz, A., Lange, F. W., Pansart, J., 1967. Les "Leiofusidae" Eisenack, 1938. Review of Palaeobotany and

Palynology, 1: 291-307.

Cramer, 1964. Some acritarchs from the San Pedro Formation (Gedinnien) of the Cantabric Mountains in Spain. Bulletin de la Societe beige de geologie, de paleontologie et d'hydrologie, 73(1): 33-38.

Cramer, F. H., Díez, M. del C. R., 1976. Acritarchs from the La Vid Shales (Emsian to lower Couvinian) at Colle, Leon, Spain. Palaeontographica, Abt. B, 158(1-4): 72-103.

Cramer, F. H., Díez, M. del C. R., 1977. Late Arenigian (Ordovician) acritarchs from Cis-Saharan, Morocco. Micropaleontology, 23(3): 339-360.

Deflandre, G., 1937. Microfossiles des silex cretaces. Deuxieme partie. Flagelles incertae sedis. Hystrichosphaerides. Sarcodines. Organismes divers. Annales de paleontologie, 26: 51-103.

Deflandre, G., 1954. Systematique des Hystrichosphaerides: surl'acception du genre Cymatiosphaera O. Wetzel. Compterendusommaire et bulletin de la Societegeologique de France, 4(9-10): 257-258.

Deflandre, G., Deflandre-Rigaud, M., 1962. Nomenclature et systematique des Hystrichospheres (sens. lat.), observations et rectifications. Revue de micropaleontologie, 4(4): 190-196.

Delabroye, A., Munnecke, A., Servais, T., Thijs, R. A., Vandenbroucke, T. R. A., Vecoli, M., 2012. Abnormal forms of acritarchs (phytoplankton) in the upper Hirnantian (Upper Ordovician) of Anticosti Island, Canada. Review of Palaeobotany and Palynology, 173: 46-56.

Derenne, S., Largeau, C., Berkaloff, C., Rousseau, B., Wilhelm, C., Hatcher, P. G., 1992. Non-hydrolysable macromolecular constituents from outer walls of Chlorella fusca and Nanochlorum eucaryotum. Phytochemistry, 31(6): 1923-1929.

Deunff, J., 1957. Microorganismes nouveaux (Hystrichospheres) du Devonien de'Amerique du Nord. Bulletin de la Societegeologique et mineralogique de Bretagne, nouvelle ser, 2: 5-14.

Deunff, J., 1961. Quelques precisions concernant les Hystrichosphaeridees du Devonien du Canada. Compterendusommaire des seances de la Societegeologique de France, 8: 216-218.

Deunff, J., Evitt, W. R., 1968. Tunisphaeridium, a new acritarch genus from the Silurian and Devonian. Stanford University Publications, Geological Sciences, 12(1): 1-13.

Deunff, J., Górka, H., Rauscher, R., 1974. Observations nouvelles et precisions sur les Acritarches a large ouverturepolaire du Paleozoiqueinferieur. Geobios, 7(1): 5-18.

Dorning, K. J., 1981. Silurian acritarchs from the type Wenlock and Ludlow of Shropshire, England. Review of Palaeobotany and Palynology, 34(2): 175-203.

Dong, L., Xiao, S. H., Shen, B., Zhou, C. M., 2009. Basal Cambrian microfossils from the Yangtze Gorges area (South China) and the Aksu area (Tarim block, northwestern China). Journal of Paleontology, 83: 30-44.

Downie, C., 1959. Hystrichospheres from the Silurian Wenlock Shale of England. Palaeontology, 2(1): 56-71.

Downie, C., 1963. "Hystrichospheres" (acritarchs) and spores of the Wenlock Shales (Silurian) of Wenlock, England. Palaeontology, 6(4): 625-652.

Downie, C., Sarjeant, W. A. S., 1963. On the interpretation and status of some hystrichosphere genera. Palaeontology, 6(1): 83-96.

Downie, C., Evitt, W. R., Sarjeant, W. A. S., 1963. Dinoflagellates, hystrichospheres, and the classification of the acritarchs. Stanford University Publications, Geological Sciences, 7: 1-16.

Eisenack, A., 1955. Chitinozoen, Hystrichosphären und andere Mikrofossilien aus dem Beyrichia-Kalk. Senckenbergiana Lethaea, 36(1-2): 157-188.

Eisenack, A., 1962. Mikrofossilienausdem Ordovizium des Baltikums. 2. Vaginatenkalk his Lyckholmer Stufe. Senckenbergiana Lethaea, 43(5): 349-366.

Eisenack, A., 1965. Ubereinige Mikrofossilien des samlandischen und norddeutschen Tertiars. Neues Jahrbuchfur Geologie und Palaontologie, Abhandlungen, 123(2): 149-159.

Eisenack, A., 1972. Kritische Bemerkung zur Gattung Pterospermopsis (Chlorophyta, Prasinophyceae). Critical remarks about Pterospermopsis. Neues Jahrbuch fÜr Geologie und Palaontologie, Monatshefte, 10: 596-601.

Eisenack, A., Cramer, F. H., Díez, M. del C. R., 1973. Katalog der fossilen Dinoflagellaten, Hystrichosphären und verwandten Mikrofossilien. Band III Acritarcha 1. Teil. Stuttgart: E. Schweizerbart'sche Verlagsbuchhandlung, p. 1104.

Eisenack, A., Cramer, F. H., Díez, M. del C. R., 1976. Katalog der fossilen Dinoflagellaten, Hystrichosphären und verwandten Mikrofossilien. Acritarcha, Band 4, Teil 2. Stuttgart: E. Schweizerbart'sche Verlagsbuchhandlung, p. 863.

Eisenack, A., Cramer, F. H., Díez, M. del C. R., 1979a. Katalog der fossilen Dinoflagellaten, Hystrichosphären und verwandten Mikrofossilien. Acritarcha, Band 5, Teil 3. Stuttgart: E. Schweizerbart'sche Verlagsbuchhandlung, p. 532.

Eisenack, A., Cramer, F. H., Díez, M. del C. R., 1979b. Katalog der fossilen Dinoflagellaten, Hystrichosphären und verwandten Mikrofossilien. Acritarcha, Band 6, Teil 3. Stuttgart: E. Schweizerbart'sche Verlagsbuchhandlung, p. 533.

Evitt, W. R., 1985. Sporopollenin dinoflagellagecysts: Their morphology and interpretation. Austin: American Association of Stratigraphic Palynologists Foundation, p. 333.

Fensome, R. A., Taylor, F. J. R., Norris, G., Sarjeant, W. A. S., Wharton, D. I., Williams, G. L., 1993. A classification of living and fossil dinoflagellates. Micropaleontology Society Special Publication, 7: 351.

Foster, C. B., 1979. Permian plant microfossils of the Blair Athol Coal Measures, Baralaba Coal Measures, and basal Rewan Formation of Queensland. Geological Survey of Queensland, Publication, 372: 1-244.

Garcia-Pichel, F., Johnson, S. L., Youngkin, D., Belnap, J., 2003. Small-scale vertical distribution of bacterial biomass and diversity in biological soil crusts from arid lands in the Colorado plateau. Microbial. Ecol., 46: 312-321.

Goodman, D. K., 1987. Dinoflagellate cysts in ancient and modern sediments. In: Taylor, F. J. R. (ed.), The Biology of Dinoflagellates. Botanical Monographs vol. 21. Oxford: Black-Well, pp. 649-722.

Granth, P. J., 1986. The occurrence of unusual C_{27} and C_{29} sterane predominances in two types of Oman crude oil. Organic Geochemistry, 9(1): 1-10.

Gray, J., Boucot, A. J., 1971. Early Silurian spore tetrads from New York: Earliest new world evidence for vascular plants? Science, 173(4000): 918-921.

Gray, J., Boucot, A. J., 1972. Palynological evidence bearing on the Ordovician Silurian paraconformity in Ohio. Geological Society of America Bulletin, 83: 1299-1313.

Grey, K., 2005. Ediacaran palynology of Australia. Memoirs of the Association of Australasian Palaeontologists, 31: 1-439.

Hashemi, H., Playford, G., 1998. Upper Devonian palynomorphs of the Shishtu Formation, Central Iran Basin, east-central Iran. Palaeontographica Abt. B, 246: 115-212.

Helby, R., Morgan, R., Partridge, A. D., 1987. A palynological zonation of the Australian Mesozoic. In: Jell, P. A. (ed.), Studies in Australian Mesozoic Palynology. Sydney: Association of Australasian Palaeontologists, pp. 1-94.

Jardine, S., Combaz, A., Magloire, L., Peniguel, G., Vachey, G., 1972. Acritarches du Silurien terminal et du Dévonien du Sahara Algerien. Comptesrendus 7ᵉ Congres international de stratigraphie et de geologie du Carbonifere, Krefeld, August 1971, 1: 295-311.

Knoll, A. H., 1993. Evolutionary history of prokaryotes and protists. In: Lipps, J. H. (ed.), Fossil Prokaryotes and Protists. Oxford: Blackwell Scientific, pp. 19-29.

Knoll, A. H., Swett, K., Mark, J., 1991. Paleobiology of a Neoproterozoic tidal flat/lagoonal complex: The Draken Conglomerate Formation, Spitsbergen. Journal of Paleontology, 65: 531-570.

Kokke, W. C. M. C., Fenical, W., Djerassi, C., 1981. Sterols with unusual nuclear unsaturation in three cultured marine dinoflagellates. Phytochemistry, 20: 127-134.

Kumar, H. D., 1985. Algal Cell Biology. Delhi: Affiliated East-West Press Private Limited, p. 201.

Le Hérissé, A., 1989. Acritarches et kystes d'algues Prasiniphycées du Silurien de Gotland, Suède. Palaeontographia Italica, 76: 1-298.

Le Hérissé, A., Paris, F., Steemans, P., 2013. Late Ordovician earliest Silurian palynomorphs from northern Chad and correlation with contemporaneous deposits of southeastern Libya. Bulletin of Geosciences, 88(3): 483-504.

Le Hérissé, A., Stewart, G., Molyneux, S. G., Miller, M. A., 2015. Late Ordovician to early Silurian acritarchs from the Qusaiba-1 shallow core hole, central Saudi Arabia. Review of Palaeobotany and Palynology, 212: 22-59.

Lister, T. R., 1970. The acritarchs and chitinozoa from the Wenlock and Ludlow Series of the Ludlow and Millichope areas, Shropshire. Palaeontographical Society Monographs, 124(528): 1-100.

Liu, P. J., Xiao, S. H., Yin, C. Y., Chen, S. M., Zhou, C. M., Li, M., 2014. Ediacaran acanthomorphic acritarchs and other microfossils from chert nodules of the upper Doushantuo Formation in the Yangtze Gorges area, South China. Paleontology Memoir, 72: 1-139.

Loeblich, A. R. Jr. , 1970. *Dicommopalla*, a new acritarch genus from the Dillsboro Formation (Upper Ordovician) of Indiana, U. S. A. Phycologia, 9: 39-43.

Loeblich, A. R. Jr. , Drugg, W. S. , 1968. New acritarchs from the Early Devonian (Late Gedinnian) Haragan Formation of Oklahoma, U. S. A. Tulane Studies in Geology, 6(4): 129-137.

Loeblich, A. R. Jr. , MacAdam, R. B. , 1971. North American species of the Ordovician acritarch genus *Aremoricanium*. Palaeontographica, Abt. B, 135(1-2): 41-47.

Loeblich, A. R. Jr. , Tappan, H. , 1976. Some new and revised organic-walled phytoplankton microfossil genera. Journal of Paleontology, 50(2): 301-308.

Loeblich, A. R. Jr. , Tappan, H. , 1978. Some Middle and Late Ordovician microphytoplankton from central North America. Journal of Paleontology, 52(6): 1233-1287.

Loeblich, A. R. Jr. , Wicander, E. R. , 1976. Organic-walled microplankton from the Lower Devonian Late Gedinnian Haragan and Bois d'Arc Formations of Oklahoma, U. S. A. , Part 1. Palaeontographica, Abt. B, 159(1-3): 1-39.

Margulis, L. , 1970. Origin of Eukaryotic Cells. New Haven: Yale University Press, p. 349.

Martin, F. , 1992. Uppermost Cambrian and lower Ordovician acritarchs and lower Ordovician chitinozoans from Wilcox Pass, Alberta. Geological Survey of Canada Bulletin, 420: 1-57.

Martin, F. , 1996. Systematic revision of the acritarch Ferromia pellita and its bearing on the lower Ordovician stratigraphy. Review of Palaeobotany and Palynology, 93: 23-34.

Martin, F. , Dean, W. T. , 1988. Middle and Upper Cambrian acritarch and trilobite zonation at Manuels River and Random Island, eastern Newfoundland. Geological Survey of Canada, Bulletin, 381: 1-91.

McCaffrey, M. A. , Moldowan, J. M. , Lipton, P. A. , Summons, R. E. , Peters, K. E. , Jeganathan, A. , Watt, D. S. , 1994. Paleoenvironmental implications of novel C_{30} steranes in Precambrian to Cenozoic age petroleum and bitumen. Geochimica et Cosmochimica Acta, 58: 529-532.

Mikhailova, N. S. , Turchenko, S. I. , 1986. Mikrofossilii pozdnego dokembriya Shpitsbergena i ikh stratigraficheskoe znachenie. Akademiya Nauk SSSR, Izvestiya, Seriya Geologicheskay, p. 18-25.

Milia, A. Di, Ribecai, C. , Tongiorgi, M. , 1989. Late Cambrian acritarchs from the *Peltura scarabaeoides* Trilobite Zone at Degerhamn (Öland, Sweden). Palaeontographia Italica, 76: 1-56.

Moczydłowska, M. , 1991. Acritarch biostratigraphy of the Lower Cambrian and the Precambrian Cambrian boundary in southeastern Poland. Fossils and Strata, 29: 1-127.

Moczydłowska, M. , 1998. Cambrian Acritarchs from Upper Silesia, Poland—Biochronology and Tectonic Implications. Fossils and Strata, 46: 1-121.

Moczydłowska, M. , 2005. Taxonomic review of some Ediacaran acritarchs from the Siberian Platform. Precambrian Research, 136: 283-307.

Moczydłowska, M. , Nagovitsin, K. E. , 2012. Ediacaran radiation of organic-walled microbiota recorded in the Ura Formation, Patom Uplift, East Siberia. Precambrian Research, 198-199: 1-24.

Moczydłowska, M. , Stockfors, M. , 2004. Acritarchs from the Cambrian Ordovician boundary interval on Kolguev Island, Arctic Russia. Palynology, 28: 15-73.

Moczydłowska, M. , Vidal, G. , 1986. Lower Cambrian acritarch zonation in southern Scandinavia and southeastern Poland. Geologiska Föreningens Istockholm Förhandlingar, 108: 201-223.

Moczydłowska, M. , Vidal, G. , 1988. Early Cambrian acritarchs from Scandinavia and Poland. Palynology, 12: 1-10.

Moczydłowska, M. , Vidal, G. , Rudavskaya, V. A. , 1993. Neoproterozoic (Vendian) phytoplankton from the Siberian Platform, Yakutia. Palaeontology, 36: 495-521.

Moldowan, J. M. , Dahl, J. , Huizinga, B. J. , Fago, F. J. , Hickey, L. J. , Peakman, T. M. , Taylor, D. W. , 1994. The molecular fossil record of oleanane and its relation to angiosperms. Science, 265: 768-771.

Moldowan, J. M. , Dahl, J. , Jacobson, S. R. , Huizinga, B. J. , Fago, F. J. , Shetty, R. , Watt, D. S. , Peters, K. E. , 1996. Chemostratigraphic reconstruction of biofacies: Molecular evidence linking cyst-forming dinoflagellates with pre-

Triassicancestors. Geology, 24(2): 159-162.

Mullins, G. L., 2001. Acritarchs and prasinophyte algae of the Elton Group, Ludlow Series, of the type Ludlow area. Monograph of the Palaeontographical Society, 615: 1-151.

Newton, E. T., 1875. On "Tasmanite" and Australian "white coal". Geological Magazine, 12(8): 337-342.

Patterson, G. W., 1971. The distribution of sterols in algae. Lipid, 6: 120-127.

Peters, K. E., Moldowan, J. M., 1993. The biomarker guide. Interpreting molecular fossils in petroleum and ancient sediments. Englewood Cliffs: Prentice Hall, p. 363.

Peters, K. E., Walters, C. C., Moldowan, J. M., 2005. The Biomarker Guide, 2nd ed. Cambridge: Cambridge University Press, p. 1155.

Playford, G., 1976. Plant microfossils from the Upper Devonian and Lower Carboniferous of the Canning Basin, Western Australia. Palaeontographica, Abt. B, 158: 1-71.

Playford, G., 1977. Lower to Middle Devonian acritarchs of the Moose River Basin, Ontario. Geological Survey of Canada, Bulletin, 279: 1-87.

Playford, G., Dring, R. S., 1981. Late Devonian acritarchs from the Carnarvon Basin, Western Australia. Special Papers in Palaeontology, 27: 1-78.

Playford, G., Rigby, J. R., 2008. Permian palynoflora of the Ainim and Aiduna formations, West Papua. Revista Española de Micropaleontología, 40(1-2): 1-57.

Playford, G., Wicander, R., 2006. Organic-walled Microphytoplankton of the Sylvan Shale (Richmandian: Upper Ordovician), Arbuckle Mountains, Southern Oklahoma, U. S. A. Oklahoma Geological Survey Bulletin, 148: 116.

Playford, G., Ribecai, C., Tongiorgi, M., 1995. Ordovician acritarch genera Peteinosphaeridium, Liliosphaeridium, and Cycloposphaeridium: Morphology, taxonomy, biostratigraphy, and palaeogeographic significance. Bollettino della Società Paleontologica Italiana, 34: 3-54.

Playford, G., González, F., Moreno, C., Al Ansari, A., 2008. Palynostratigraphy of the Sarhlef Series (Mississippian), Jebilet Massif, Morocco. Micropaleontology, 54: 89-124.

Quintavalle, M., Playford, G., 2008. Stratigraphic distribution of selected acritarchs in the Ordovician subsurface, Canning Basin, Western Australia. Revue de micropaléontologie, 51: 23-37.

Rasul, S. M., 1976. New species of the genus Vulcanisphaera (Acritarcha) from the Tremadocian of England. Micropaleontology, 22(4): 479-484.

Rauscher, R., 1969. Presence d'uneforme nouvelle d'Acritarchesdans le Devonien de Normandie. Comptes rendusommaire des seances de la Societegeologique de France, 8: 216-218.

Ribecai, C., Tongiorgi, M., 1999. The Ordovician acritarch genus Pachysphaeridium Burmann, 1970: New, revised, and reassigned species. Palaeontographia Italica, 86: 117-153.

Richards, R. E., Mullins, G. L., 2003. Upper Silurian microplankton of the Leintwardine Group, Ludlow Series, in the type Ludlow area and adjacent regions. Palaeontology, 46: 557-611.

Richardson, J. B., 1988. Late Ordovician and Early Silurian cryptospores and miospores from northeast Libya. In: El-Arnauti, A., Owens, B., Thusu, B. (eds.), Subsurface Palynostratigraphy of Northeast Libya. Benghazi: Garyounis University Publications, pp. 89-109.

Richardson, J. B., 1996. Lower and Middle Palaeozoic records of terrestrial palynomorphs. In: Jansonius, J., McGregor, D. C. (eds.), Palynology: Principles and Applications. Salt Lake City: American Association of Stratigraphic Palynologists Foundation, pp. 555-574.

Richardson, J. B., Ford, J. H., Parker, F., 1984. Miospores, correlation and age of some Scottish Lower Old Red Sandstone sediments from the Strathmore region (Fife and Angus). Journal of Micropalaeontology, 3: 109-124.

Sarjeant, W. A. S., 1978. Arpylorusantiquus Calandra, emend., a dinoflagellate cyst from the Upper Silurian. Palynology, 2: 167-179.

Sarjeant, W. A. S., Strachan, I., 1968. Freshwater acritarchs in Pleistocene peats from Staffordshire, England. Grana Palynologica, 8(1): 204-209.

Sarjeantt, W. A. S., Stancliffe, R. P. W., 1994. The Micrhystridium and Veryhachium complexes (Acritarchs:

Acanthomorphitae and Polygonomorphitae）：A taxonomic reconsideration. Micropaleontology, 40(1)：1-77.

Schepper, S. D., Head, M. J., 2014. New late Cenozoic acritarchs：Evolution, palaeoecology and correlation potential in high latitude oceans. Journal of Systematic Palaeontology, 12：493-519.

Schopf, J. W., Kudryavtsev, A. B., 2012. Biogenicity of Earth's earliest fossils：A resolution of the controversy. Gond. Res., 22(3-4)：761-771.

Schopf, J. W., 2000. Cradle of Life：The discovery of Earth's earliest fossils. Princeton：Princeton University Press, p. 392.

Segraves, K. L., 1967. Cutinized microfossils of probable nonvascular origin from the Permian of Western Australia. Micropaleontology, 13(3)：289-305.

Sergeev, V. N., Knoll, A. H., Grotzinger, G. P., 1995. Paleobiology of the Mesoproterozoic Billyakh Group, Anabar Uplift, Northern Siberia. Paleontological Society Memoir, 39：1-37.

Sergeev, V. N., Sharma, M., Shukla, Y., 2012. Proterozoic fossil cyanobacteria. The Palaeobotanist, 61：189-358.

Shimuzu, Y., Alam, M., Kobayashi, A., 1976. Dinosterol, the major sterol with a unique side chain in the toxic dinoflagellate, Gonyaulax tamarensis. Journal of the American Chemical Society, 98：1059-1060.

Staplin, F. L., 1961. Reef-controlled distribution of Devonian microplankton in Alberta. Palaeontology, 4(3)：392-424.

Staplin, F. L., Jansonius, J., Pocock, S. A. J., 1965. Evaluation of some acritarchous hystrichosphere genera. Neues Jahrbuchf Ur Geologie und Palaontologie, Abhandlungen, 123(2)：167-201.

Stockmans, F., Williere, Y., 1969. Acritarches du Famannien Inferieur. Academieroyale des sciences, des lettres et des beauxartes de Belgique, Classe des sciences, Memoires, 38：1-63.

Strother, P. K., 2016. Systematics and evolutionary significance of some new cryptospores from the Cambrian of eastern Tennessee, USA. Review of Palaeobotany and Palynology, 227：28-41.

Strother, P. K., Beck, J. H., 2000. Spore-like microfossils from Middle Cambrian strata：Expanding the meaning of the term cryptospore. In：Harley, M. M., Morton, C. M., Blackmore, S. (eds.), Pollen and Spores：Morphology and Biology. The Royal Botanic Gardens Kew, pp. 413-424.

Strother, P. K., Wood, G. D., Taylor, W. A., Beck, J. H., 2004. Middle Cambrian cryptospores and the origin of land plants. Memoirs of the Association of Australasian Palaeontologists, 29：99-113.

Talyzina, N. M., Moczydłowska, M. 2000. Morphological and ultrastructural studies of some acritarchs from the Lower Cambrian Lükati Formation, Estonia. Review of Palaeobotany and Palynology, 112：1-21.

Tang, Q., Pang, K., Xiao, S., Yuan, X., Ou, Z., Wan, B., 2013. Organic-walled microfossils from the early Neoproterozoic Liulaobei Formation in the Huainan region of North China and their biostratigraphic significance. Precambrian Res., 236：157-181.

Tang, Q., Pang, K., Yuan, X., Wan, B., Xiao, S., 2015. Organic-walled microfossils from the Tonian Gouhou Formation, Huaibei region, North China Craton, and their biostratigraphic implications. Precambrian Research, 266：296-318.

Tappan, H., Loeblich, A. R. Jr., 1971. Surface sculpture of the wall in Lower Paleozoic acritarchs. Micropaleontology, 17(4)：385-410.

Taylor, F. J. R., 1987. General group characteristics；special features of interest；short history of dinoflagellate study. In：Taylor, F. J. R. (ed.), The Biology of Dinoflagellates. Oxford：Blackwell Scientific, pp. 1-23.

Taylor, W. A., Strother, P. K., 2008. Ultrastructure of some Cambrian palynomorphs from the Bright Angel Shale, Arizona, USA. Rev. Palaeobot. Palynol., 151：41-50.

Timofeev, B. V., 1959. Drevneyshaya flora Pribaltiki i ee stratigraficheskoe znachenye (The ancient flora of Peribaltic and its stratigraphic significance). Leningrad：VNIGRI, p. 319.

Timofeev, B. V., German, T. N., Mikhailova, N. S., 1976. Mikrofitofossiliidokembriya, kembriyaiordovika. Leningrad：Akademiya Nauk SSSR, Institut Geologiii Geokhronologii Dokembriya, Leningradskoe Otdelenie, Izdatelskva Nauka, pp. 1-106.

Tiwari, R. S., 1964. New miospore genera in the coals of Barakar Stage (Lower Gondwana) of India. The Palaeobotanist, 12(3)：250-259.

Turner, R. E., 1984. Acritarchs from the type area of the Ordovician Caradoc Series, Shropshire, England.

Palaeontographica, Abt. B, 190(4-6): 87-157.

Uutela, A., Sarjeant, W. A. S., 2000. The Ordovician acritarch genera *Tranvikium* and *Ampullula*: Their relationship and taxonomy. Review of Palaeobotany and Palynology, 112: 23-38.

Uutela, A., Tynni, R., 1991. Ordovician acritarchs from the Rapla borehole, Estonia. Bulletin of the Geological Survey of Finland, 353: 1-135.

Vanguestaine, M., 1974. Espèces zonales d'Acritarches du Cambro-Trémadocien de Belgique et de l'Ardenne française. Review of Palaeobotany and Palynology, 18(1-2): 63-82, pls. 1-2.

Vecoli, M., 1999. Cambro-Ordovician palynostratigraphy (acritarchs and prasinophytes) of the Hassi-Rmel area and northern Rhadames Basin, North Africa. Palaeontographia Italica, 86: 1-112.

Vecoli, M., Beck, J. H., Strother, P. K., 2015. Palynology of the Ordovician Kanosh Shale at Fossil Mountain, Utah. Journal of Paleontology, 89(3): 1-24.

Verhoeven, K., Louwye, S., Paez-Reyesb, M., Mertens, K. N., Vercauteren, D., 2014. New acritarchs from the late Cenozoic of the southern North Sea Basin and the North Atlantic realm. Palynology, 38: 38-50.

Volkman, J. K., 1986. A review of sterol markers for marine and terrigenous organic matter. Organic Geochemistry, 9: 83-99.

Volkman, J. K., Barrett, S. M., Dunstan, G. A., Jeffrey, S. W., 1993. Geochemical significance of the occurrence of dinosterol and other 4-methyl sterols in a marine diatom. Organic Geochemistry, 20: 7-15.

Wasser, S. P., 1989. Algae. A Guide. Kiev: Naukova Dumka, p. 608 (In Russian).

Wellman, C. H., Richardson, J. B., 1993. Terrestrial plant microfossils from Silurian inliers of the Midland Valley of Scotland. Palaeontology, 36: 155-193.

Welsch, M., 1986. Die Acritarchen der htiheren Digermulgruppe, Mittelkambrium his Tremadoc Ost-Finnmark, Nord-Norwegen. Palaeontographica, Abt. B, 201(1-4): 1-109.

Wetzel, O., 1933. Die in organischer Substanzerhaltenen Mikrofossilien des baltischen Kreide-Feuersteinsmiteinem sediment-petrographischen und stratigraphischen Anhang. Palaeontographica, Abt. A, 77: 141-186.

Wicander, E. R., 1974. Upper Devonian Lower Mississippian acritarchs and prasinophycean algae from Ohio, U. S. A. Palaeontographica, Abt. B, 148(1-3): 9-43.

Wicander, E. R., Loeblich, A. R. Jr. 1977. Organic-walled microphytoplankton and its stratigraphic significance from the Upper Devonian Antrim Shale, Indiana, U. S. A. Palaeontographica, Abt. B, 160(4-6): 129-165.

Wicander, E. R., Playford, G., 1985. Acritarchs and spores from the Upper Devonian Lime Creek Formation, Iowa, U. S. A. Micropaleontology, 31(2): 97-138.

Wicander, E. R., Wood, G. D., 1981. Systematics and biostratigraphy of the organic-walled microphytoplankton from the Middle Devonian (Givetian) Silica Formation, Ohio, U. S. A. American Association of Stratigraphic Palynologists, Contributions Series, 8: 1-137.

Wicander, R., Playford, G., Robertson, E. B., 1999. Stratigraphic and palaeogeographic significance of an Upper Ordovician acritarch flora from the Maquoketa Shale, northeastern Missouri, U. S. A. The Paleontology Society Memoir, 51: 38.

Willman, S., Moczydłowska, M., 2008. Ediacaran acritarch biota from the Giles 1 drillhole, Officer Basin, Australia, and its potential for biostratigraphic correlation. Precambrian Research, 162: 498-530.

Withers, N., 1987. Dinoflagellate sterols. In: Taylor, F. J. R. (ed.), The Biology of Dinoflagellates. Oxford: Blackwell Scientific, pp. 316-359.

Wood, G. D., Clendening, J. A., 1982. Acritarchs from the lower Cambrian Murray Shale, Chilhowee Group, of Tennessee, U. S. A. Palynology, 6: 255-265.

Xiao, S., Zhao, C., Liu, P., Wang, D., Yuan, X., 2014. Phosphatized acanthomorphic acritarchs and related microfossils from the Ediacaran Doushantuo Formation at Weng'an (South China) and their implications for biostratigraphic correlation. Journal of Paleontology, 88: 1-67.

Yin, L. M., 1986. Acritarchs. In: Chen, J. Y. (ed.), Aspects Cambrian Ordovician Boundary in Dayangcha, China. Beijing: China Prospect Publishing House, pp. 314-373.

Yin, L. M. , 1990a. Microbiota from Middle and Late Proterozoic iron and manganese ore deposits in China. Spec. Publs. Int. Ass. Sediment. , 11: 109-118.

Yin, L. M. , 1990b. Coccoid microfossils from the Niyuan Formation (Upper Proterozoic) at Qingtongshan of Suxian, Anhui and their significance. Palaeontologica Cathayana, 5: 277-294.

Yin, L. M. , He, S. C. , 2000. Palynomorphs from the transitional sequences between Ordovician and Silurian of northwestern Zhejiang, South China. In: Song, Z. C. (ed.), Palynofloras and Palynomorphs of China. Hefei: Press of University of Science and Technology of China, pp. 186-197.

Yin, L. M. , Zhao, Y. L. , Peng, J. , Yang, X. L. , Li, X. F. , 2012. Cryptospore-like microfossils from the Cambrian Kaili Formation of eastern Guizhou Province, China. Journal of Guizhou University (Natural Science), 29 (Supplement 1): 17-23.

Yin, L. M. , Zhao, Y. , Bian, L. , Peng, J. , 2013. Comparison between cryptospores from the Cambrian Log Cabin Member, Pioche Shale, Nevada, USA and similar specimens from the Cambrian Kaili Formation, Guizhou, China. SCIENCE CHINA Earth Sci. , 56(5): 703-709.

拉—汉属种索引

C

E

F

M

R

S

二、新元古代疑源类和藻类

A

P

S

T

U

V

Y

汉—拉属种索引

C

D

G

H

J

K

L

M

N

P

Q

R

S

T

W

X

Y

Z

二、新元古代疑源类和藻类 ················ 315

B

三、隐孢子 ································· 335